金砖国家海洋极地
科技创新合作机制与未来模式

Cooperation Mechanism and Future Modality of Ocean and Polar Science
and Technology Innovation Among BRICS Countries

黄　晶◎主编　　陈其针　王文涛◎副主编

科学技术文献出版社
SCIENTIFIC AND TECHNICAL DOCUMENTATION PRESS

·北京·

图书在版编目（CIP）数据

金砖国家海洋极地科技创新合作机制与未来模式 / 黄晶主编. —北京：科学技术文献出版社，2021.12

ISBN 978-7-5189-8083-3

Ⅰ.①金… Ⅱ.①黄… Ⅲ.①海洋学—国际科技合作—研究 ②极地—国际科技合作—研究 Ⅳ.① P75 ② P941.6

中国版本图书馆 CIP 数据核字（2021）第 138167 号

金砖国家海洋极地科技创新合作机制与未来模式

策划编辑：郝迎聪 责任编辑：李晓晨 侯依林 责任校对：张吲哚 责任出版：张志平

出　版　者	科学技术文献出版社	
地　　　址	北京市复兴路15号　　邮编　100038	
编　务　部	（010）58882938，58882087（传真）	
发　行　部	（010）58882868，58882870（传真）	
邮　购　部	（010）58882873	
官　方　网　址	www.stdp.com.cn	
发　行　者	科学技术文献出版社发行　全国各地新华书店经销	
印　刷　者	北京时尚印佳彩色印刷有限公司	
版　　　次	2021 年 12 月第 1 版　2021 年 12 月第 1 次印刷	
开　　　本	710×1000　1/16	
字　　　数	263千	
印　　　张	17.25	
审　图　号	GS（2022）69号	
书　　　号	ISBN 978-7-5189-8083-3	
定　　　价	118.00元	

《金砖国家海洋极地科技创新合作机制与未来模式》
编委会

主　　　编：黄　晶

副　主　编：陈其针　王文涛

执行副主编：何　方　李宇航　王莹莹　张　涛　王金平

章节首席作者：第一章　王文涛　郑惠泽

第二章　李宇航　王金平　赵　鹏

第三章　安　晨　王莹莹

第四章　郑杰文　刘嘉玥

第五章　张　涛　舟　皞　吴林强

第六章　韩　鹏　李宇航　揭晓蒙

第七章　刘嘉玥　吴功成

第八章　郑苗壮　朱　琳　刘纪化

第九章　陈卓奇　赵秋阳　程　晓

第十章　何　方　李　黎

第十一章　揭晓蒙　王金平

第十二章　陈其针　王文涛　张　涛

序

当今世界正经历百年未有之大变局，新冠肺炎疫情威胁人类生命安全，国际贸易和投资急剧萎缩，全球治理不确定因素层出不穷。2017 年 1 月 18 日，习近平主席在联合国日内瓦总部发表题为《共同构建人类命运共同体》的主旨演讲指出，面向充满不确定性的未来，中国维护世界和平的决心不会改变，促进共同发展的决心不会改变，打造伙伴关系的决心不会改变，支持多边主义的决心不会改变。中国愿同联合国广大成员国、国际组织和机构一道，秉持和平、主权、普惠、共治原则，把深海、极地、外空、互联网等领域打造成各方合作的新疆域，共同推进构建人类命运共同体的伟大进程。

作为具有全球影响力的合作平台，金砖国家合作机制历经 15 年的发展，从无到有、从虚到实，已经形成以领导人会晤为引领，以安全事务高级代表会议、外长会晤等部长级会议为支撑，在经贸、财金、科技、农业、文化、教育、卫生、智库、友城等数十个领域开展务实合作的多层次架构，持续践行互惠互利、合作共赢的新理念，在各合作领域取得了突出进展。中国在金砖国家中经济总量最大，是金砖国家合作机制形成的首要推动者。2020 年 11 月 17日，习近平主席出席金砖国家领导人第十二次会晤并发表题为《守望相助共克疫情 携手同心推进合作》的重要讲话，强调金砖五国要坚持多边主义、团结协作、开放创新、民生优先、绿色低碳，守望相助共克疫情，携手同心推进合作。2021 年 9 月 9 日，习近平主席在金砖国家领导人第十三次会晤上的讲话中指出，我们在推进金砖合作的道路上，要顺应时代变化，做到与时俱进。各领域合作重点应该更加突出、更加务实，确保取得实效。金砖国家合作机制的合作意义已超出五国范畴，承载着新兴市场国家和发展中国家乃至整个国际社会的期望。

金砖国家合作机制奉行开放包容的合作理念，高度重视同其他新兴市场国家和发展中国家合作，建立起行之有效的对话机制。2017 年 9 月 3—5 日，在厦门举行金砖国家领导人第九次会晤期间举办了新兴市场国家与发展中国家对话会，金砖国家及埃及、几内亚、墨西哥、塔吉克斯坦、泰国五国领导人出席，围绕"深化互利合作，促进共同发展"的主题进行讨论。2018 年 7 月 25—27 日，在约翰内斯堡举行金砖国家领导人第十次会晤期间举办了"金砖 +"领导人对话会，金砖国家及安哥拉、阿根廷等 21 个对话会受邀国领导人或领导人代表，以及有关非洲区域组织负责人出席对话会，共商国际发展合作和南南合作大计，达成广泛共识。随着金砖国家合作机制的日趋成熟，今后或许会有更多的新兴市场国家和发展中国家加入进来，建设广泛的发展伙伴关系，进一步推进南南合作，在国际事务中承担起更为重要的作用。

金砖国家均拥有漫长的海岸线和广阔的专属经济区，俄罗斯之于北冰洋、印度之于印度洋、中国之于西太平洋、巴西和南非之于南大西洋均具有重要的影响力和相关利益。金砖国家在海洋、极地等新疆域开展科技创新合作不仅有助于各国充分发挥海洋区位优势，促进各自区域的海洋开发利用和海洋经济发展，也可提升金砖国家在全球海洋极地国际事务中的竞争力，为金砖国家未来经济发展提供新动力，具有重大意义。中国正处于从海洋大国到海洋强国的转型期，更是处于实现中华民族伟大复兴的关键时期，应主动在金砖国家海洋极地合作领域关键方向和重大问题上促成共识，推动金砖国家海洋极地科技创新合作取得务实新突破，共同构建海洋命运共同体，用合作共赢实际行动助力中国海洋强国建设，实现中华民族伟大复兴。

　　该书立足深化金砖国家海洋极地领域合作，提出并明确了下一步务实合作发展目标，为金砖国家在海洋极地科技创新合作方面指明了方向。正如习近平主席所说："我们都在同一艘船上。风高浪急之时，我们更要把准方向，掌握好节奏，团结合作，乘风破浪，行稳致远，驶向更加美好的明天。"我们相信，通过金砖国家海洋极地领域的务实合作，金砖国家的明天一定更加美好。

刘燕华

科技部原副部长

国家气候变化专家委员会名誉主任

2021 年 12 月

前　言

　　2001 年，美国高盛公司首席经济学家吉姆·奥尼尔发表的题为《全球需要更好的经济之砖》（*The World Needs Better Economic BRICs*）的报告中用巴西、俄罗斯、印度、中国四国英文名称首字母组成缩写词，首次提出 BRIC 概念。因 BRIC 拼写和发音同英文单词"Brick"（砖）相近，被称为"金砖四国"。2006 年，巴西、俄罗斯、印度和中国四国外长举行首次会晤，开启金砖国家合作序幕。为应对金融危机，2009 年 6 月"金砖四国"领导人在俄罗斯举行首次会晤，金砖国家间的合作机制正式启动。2010 年 12 月，南非正式加入金砖国家后，英文名称定为 BRICS，最初的"金砖四国"变为"金砖五国"。

　　金砖国家均为二十国集团成员，分布在美洲、欧洲、亚洲、非洲，国土面积占世界领土总面积超过 1/4，人口占世界总人口超过 2/5，2019 年经济总量约占世界的 1/4，贸易总额占世界的近 1/6，经济规模和活力为全球所瞩目。当前世界正经历百年未有之大变局，经济全球化遭遇逆流，保护主义、单边主义上升，金砖国家成为世界格局演变不可忽视的重要力量，在全球治理议程中发挥着越来越重要的作用。截至 2020 年年底，金砖国家领导人共进行了 12 次会晤和 9 次非正式会晤。

　　推动国际科技创新合作是提升国家核心竞争力的重要手段，金砖国家科技创新合作是金砖国家领导人会晤框架下的重要内容。2014 年 2 月 10 日，首届金砖国家科技创新部长级会议以"通过科技创新领域的战略伙伴关系推动公平增长和可持续发展"为主题,在南非开普敦举行。金砖五国科技部长或代表在会上介绍了各自国家的科技创新政策及成果,重申加强金砖国家务实合作,落实历届金砖国家领导人峰会提出的加强科技和创新领域合作倡议的意愿,并共同发表了《开普敦宣言》,确定了金砖国家框架下科技创新合作的重点领域和合作机制。2015年3月18日,第二届金砖国家科技创新部长级会议在巴西首都巴西利亚举行,签署了《金砖国家政府间科技创新合作谅解备忘录》,确定了包括海洋与极地科学在内的19个重点合作领域,为今后推进具体且务实的科技创新合作,携手应对全球经济社会的共同挑战搭建了一个框架。2020年11月13日,第八届金砖国家科技创新部长级会议以线上方式举行,确保了金砖国家科技创新合作在特殊时期的顺利推进,为未来合作提升了信心、指明了方向。

金砖国家濒临五大洋,横跨南北两极,海岸线总长约6.9万千米,海域总面积1950万平方千米,广阔的海洋和极地蕴含着丰富的自然资源及巨大的经济潜力。面对开发海洋资源、发展海洋产业、应对海洋灾害、维护海洋权益等方面的共同挑战,在当前国际形势发生深刻复杂变化和全球治理不确定性增加的情况下,开展金砖国家海洋极地科技创新合作有望成为中国参与全球海洋极地国际事务的重要抓手和关键突破点。2017年7月18日,第五届金砖国家科技创新部长级会议在杭州举行,正式成立了"海洋与极地科学"专题领域工作组,旨在推动金砖国家海洋极地科学研究和科技合作,并在2018—2020年分别于巴西、俄罗斯和印度召开3届工作组会议,各国代表围绕金砖国家海洋极地领域优先合作主题、共享航次和船时、《联合国海洋科学促进可持续发展十年规划(2021—2030年)》及工作组发展路线图等主题进行了深入讨论。

通过签署战略合作协议、开展合作研究项目、进行联合航次调查、建设科研合作平台等多种形式,中国与其他金砖国家加强了在海洋极地科技领域的创新合作,不断拓展合作深度和广度,取得了显著进步。金砖各国在海洋极地科技领域各有所长,如俄罗斯在极地、能源、深海等领域,印度在海洋灾害、气候变化等领域，南非在渔业资源、海洋运输等领域，巴西在深海油气、装备研发等领域处于世界先进水平，中国与其在海洋极地科技领域的创新合作仍有进一步扩展的巨大潜力。

本书系统论述了金砖国家概况及可持续发展目标进程，通过定量剖析金砖国家海洋和极地科研进展情况，梳理分析了各国的研究实力、重点方向及各国间的合作基础，重点围绕金砖各国在海洋和极地领域的战略、政策、规划及科研状况，详细梳理了金砖国家在海洋和极地领域参与国际组织合作状况，总结了前期的合作与挑战。通过探索金砖国家在海洋与极地科学领域的合作机制与未来模式，以期加强金砖国家海洋极地科技创新合作，形成优势互补，提高海洋极地领域整体研发能力和技术水平，共谱金砖科技创新合作新篇章，成为促进世界经济增长、完善全球治理和推动多边国际合作的重要力量。

本书的编写得到科技部国际合作司"金砖国家海洋与极地战略、政策与未来合作模式及机制研究"项目的支持，由中国 21 世纪议程管理中心、浙江大学、中国科学院西北生态环境资源研究院、中国地质调查局发展研究中心、天津大学、青岛海洋科学与技术试点国家实验室、自然资源部海洋发展战略研究所、中国石油大学（北京）、中山大学等单位的研究人员合作完成。编写过程中，得到了戴民汉院士、焦念志院士、刘燕华参事、杨惠根研究员的指导和建议，以及科技部国际合作司杨雪梅处长、周宇处长、肖蔚处长和李文静主管的支持，在此一并表示感谢。

由于本书涉及的国内外参考文献数量较大，国家和国际组织较多，编者在整理归纳过程中难免存在疏漏、偏颇之处，敬请专家及同行学者批评指正！

编　者

2021 年 12 月

目　录

第一章
金砖国家可持续发展目标进展

《联合国 2030 年可持续发展议程》设定 17 项目标和 169 项具体目标，涵盖经济、社会、环境三大领域。随着金砖国家成为维护世界和平、推动世界多极化发展和促进全球治理体系变革的重要力量，金砖五国将在推进世界可持续发展目标实现方面发挥作用（图 1-1）。

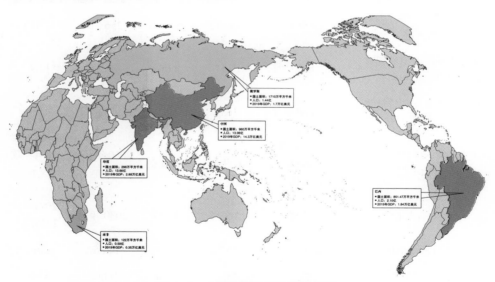

图 1-1　金砖国家地理位置及概况

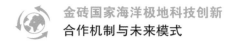

1.1 金砖国家概况

金砖国家国土面积占世界领土总面积的 26.46%，人口占世界总人口的 41.93%。2019 年五国经济总量占世界的 24.16%，贸易总额占世界的 16.27%，能源产量达 507 361 万吨油当量[1]。在国内生产总值方面，中国和印度优势明显；俄罗斯和中国具有较长的海岸线，而印度的"海岸线长度 / 国家面积"最大；在可持续发展目标（SDG）得分方面，中国得分最高，印度得分最低[1]；在碳达峰和碳中和方面，巴西和俄罗斯已实现碳达峰，巴西、中国和南非分别设置了实现碳中和 / 净零排放的目标年份（表 1–1）。

表 1–1　金砖国家基本情况 [2–6]

国家	巴西	俄罗斯	印度	中国	南非
2018 年能源产量 / 万吨油当量	29 568	148 413	57 356	256 214	15 810
2019 年一次能源消耗量 / 亿吨标准煤	4.23	10.17	11.62	48.35	1.84
2019 年二氧化碳排放量 / 亿吨	4.66	16.8	26.2	101.7	4.79
实现碳中和 / 净零排放目标年份	2050 年（政策宣示）；2060 年（提交联合国）	未设立	未设立	2060 年（政策宣示）	2050 年（政策宣示）
碳达峰年份	已实现	已实现	未公布	2030 年前	2021—2025 年
2019 年可再生能源占比	46.18%	12.12%	8.96%	14.86%	4.56%
2019 年城镇化率	87%	75%	34%	60%	67%
可持续发展目标得分（全球排名）	72.7（53）	71.9（57）	61.9（117）	73.9（48）	63.4（110）

1.1.1 巴西

巴西位于南美洲东部，北邻法属圭亚那、苏里南、圭亚那、委内瑞拉和哥伦比亚，西接秘鲁、玻利维亚，南接巴拉圭、阿根廷和乌拉圭，东濒大西洋，是南美洲国土面积最大的国家。巴西共分为 26 个州和 1 个联邦区，80% 国土位于热带地区，最南端属亚热带气候；北部亚马孙平原属赤道（热带）雨林气候，年平均气温 27 ~ 29 ℃；中部高原属热带草原气候，分旱、雨两季，年平均气温 18 ~ 28 ℃；南部地区年平均气温 16 ~ 19 ℃。巴西是联合国、世界贸易组织、美洲国家组织、拉美和加勒比国家共同体、南方共同市场等国际和地区组织，以及金砖国家、二十国集团、七十七国集团等多边机制成员国[7]。

巴西经济实力居拉美首位，位居世界第十二（2020 年），矿产、土地、森林和水资源十分丰富，铌、锰、钛、铝矾土、铅、锡、铁、铀等 29 种矿物储量位居世界前列。巴西农牧业发达，是多种农产品的主要生产国和出口国；工业体系较为完备，实力居拉美首位，石化、矿业、钢铁、汽车等工业较发达，民用支线飞机制造业和生物燃料产业在世界上居于领先水平；金融业较发达，服务业产值占国内生产总值近六成；能源结构方面，使用可再生能源较多。

巴西在生命科学、农业科学和动植物领域科研优势明显。重视大型科研基础设施建设，在海军水文调查船、地球系统科学、纳米技术、自然灾害预警和监测、地球资源卫星和地球同步通信卫星等方面具有一定的优势。巴西科技创新及通信部还成立了服务企业创新技术系统，可实现科研机构与企业共享科研设备和软件，促进了新产品开发和成果转化[8]。

1.1.2 俄罗斯

俄罗斯横跨欧亚大陆，西邻挪威、芬兰，西面有爱沙尼亚、拉脱维亚、立陶宛、波兰、白俄罗斯，西南面是乌克兰，南面有格鲁吉亚、阿塞拜疆、哈萨克斯坦，东南面有中国、蒙古和朝鲜，东面与日本和美国隔海相望，国土面积位居世界第一。俄罗斯由 22 个自治共和国、46 个州、9 个边疆区、4 个自治区、1 个自治州、3 个联邦直辖市组成，大部分地区处于北温带，以大陆性气候为主，温差普遍较大，1 月平均气温为 –5 ～ –40 ℃，7 月平均气温为 11 ～ 27 ℃。俄罗斯是联合国安全理事会五大常任理事国之一，在全球具有较强的影响力。俄罗斯与中国共同推动成立了上海合作组织（简称"上合组织"），参与建立了金砖国家、中俄印、中俄蒙等合作机制，是联合国、二十国集团、金砖国家、亚太经合组织、上合组织、亚洲相互协作与信任措施会议（简称"亚信会议"）等多边机制成员国 [9]。

俄罗斯自然资源十分丰富，森林覆盖面积达 1126 万平方千米，占国土面积的 65.8%，位居世界第一；木材蓄积量位居世界第一；天然气探明储量占全球探明储量的 25%，位居世界第一；石油探明储量占全球探明储量的 9%；煤蕴藏量位居世界第五；铁、镍、锡等蕴藏量位居世界第一；黄金储量位居世界第三；铀蕴藏量位居世界第七。

俄罗斯是基础科学研究传统强国，在物理、数学、地球科学、化学等科研领域世界领先，基础科学最高研究机构为俄罗斯科学院。

1.1.3 印度

印度东北部同中国、尼泊尔、不丹接壤，在东北部国土之间夹有孟加拉国，东部与缅甸为邻，东南部与斯里兰卡隔海相望，西北部与巴基斯坦交界，东临孟加拉湾，西濒阿拉伯海，是南亚次大陆最大的国家。印度是世界人口第二大国，具有丰富的文化遗产和旅游资源。中印在联合国、世界贸易组织、金砖国家、二十国集团、上合组织和中俄印等多边机制中保持着沟通与协调 [10]。

印度自然资源丰富，有矿藏近 100 种，其中云母产量位居世界第一，煤和重晶石产量位居世界第三。印度粮食生产基本能够实现自给；工业主要包括纺织、化工、钢铁、水泥、采矿和石油等，形成了较为完整的工业体系；20 世纪 90 年代以来，服务业发展迅速，占 GDP 比重逐年上升，已成为全球软件、金融等服务业重要出口国。

印度在信息技术、航空航天、能源环保、生物医药和海洋科技创新等方面具备一定优势。政府相继出台了"印度制造""数字印度""创业印度""智慧城市"等系列战略，以提升国家现代化水平，同时强调包括能源新政、战略铀储备计划、生物农业、国家超级计算机计划、深海勘探和海洋科考等重点领域的科技发展。

1.1.4 中国

中国位于亚洲东部、太平洋西岸，陆地面积约 960 万平方千米，大陆海岸线约 1.8 万千米，内海和边海水域面积约 470 万平方千米，海域分布有 7600 多个大小岛屿，其中台湾岛最大，面积为 35 798 平方千米。中国同 14 个国家陆地接壤，与 8 个国家海上相邻。中国省级行政区划为 4 个直辖市、23 个省、5 个自治区、2 个特别行政区，首都为北京[11]。中国参与了几乎所有政府间国际组织和 500 多项国际公约，成功主办过二十国集团、亚太经合组织、上合组织、亚信会议、金砖国家等多场峰会，创设了亚洲基础设施投资银行、金砖国家新开发银行等新多边金融机构[12]。

中国经济发展体现出了不断增强的全面性、协调性和可持续性，目前已成为拥有联合国产业分类中全部工业门类的国家，200 多种工业品产量居世界第一，制造业增加值自 2010 年起稳居世界首位。2020 年，中国国内生产总值比上年增长 2.3%，其中，第一产业增长 3.0%，第二产业增长 2.6%，第三产业增长 2.1%；第一产业增加值占国内生产总值增加值比重为 7.7%，第二产业增加值占比为 37.8%，第三产业增加值占比为 54.5%[13]。中国发展正在加快向绿色转型，协同推进经济高质量发展和生态环境高水平保护，国内生产总值单位能耗和二氧化碳排放逐年下降[14]。

2020 年，中国研发经费支出 24 426 亿元，同比增长 10.3%，占国内生产总值的 2.40%，其中基础研究经费支出 1504 亿元，比重首次超过 6%。2020 年授予专利 363.9 万件，同比增长 40.4%。

2020 年，中国"嫦娥五号"发射成功，首次完成中国月表采样返回；火星探测任务"天问一号"探测器成功发射；500 米口径球面射电望远镜（FAST）正式开放运行；"北斗三号"全球卫星导航系统正式开通；量子计算原型系统"九章"成功研制；全海深载人潜水器"奋斗者"号完成万米深潜，在科技创新方面取得了世界瞩目的成果。

1.1.5 南非

南非位于非洲大陆最南端，东濒印度洋，西临大西洋，北邻纳米比亚、博茨瓦纳、津巴布韦、莫桑比克和斯威士兰，全国大部分地区属热带草原气候，其印度洋西南端的好望角航线历来是世界上最繁忙的海上通道之一。南非是联合国、非洲联盟、英联邦、二十国集团等国际组织或多边机制成员国，2004年成为泛非议会永久所在地。南非2010年12月被吸纳为金砖国家合作机制成员，并于2013年3月在德班主办金砖国家领导人第五次会晤，于2018年7月在约翰内斯堡主办金砖国家领导人第十次会晤[15]。

南非属于中等收入发展中国家，也是非洲经济最为发达的国家，制造业、建筑业、能源业和矿业为其工业四大部门。南非制造业门类齐全、技术先进，产值约占国内生产总值的17.2%，主要包括钢铁、金属制品、化工、运输设备、机器制造、食品加工、纺织、服装等；电力工业较为发达，发电量占全非洲的2/3，其中约92%为火力发电；矿业生产历史悠久，具有完备的现代矿业体系和先进的开采冶炼技术，是南非经济的支柱，其中深井采矿等技术居于世界领先地位。

南非科技部提出着力推动卫生与生物技术、空间科技、能源安全、全球气候变化、人文社会学研究等方面的科技创新。南非首席科学家计划在吸引并留住世界一流科技人才、带动学科发展、培养科技骨干方面发挥着重要作用，现有约200名首席科学家；卓越中心计划旨在建立世界一流科研中心，支持并资助具有世界一流水平的科研群体，开展跨学科、跨机构的大规模研究，以占领世界科技前沿。南非政府重点支持天文学、古人类学、生物多样性、南极研究等明显具有地理优势领域的科技创新，同时还启动了氢和燃料电池技术旗舰项目，并围绕关键技术建立了若干产学研深度融合的能力中心。

1.2 金砖国家可持续发展目标进展

1.2.1 金砖国家可持续发展目标定量化评估

联合国可持续发展目标（SDGs）是对2000—2015年联合国千年发展目标（MDGs）的继承和发展，是一项由全球各国和各界广泛参与的，并通过协商谈判最终形成共识的，面向未来的一系列可持续发展目标。2015年9月，联合国193个成员国在峰会上正式表决通过17项可持续发展目标，包括169项子目标，涵盖了无贫穷与饥饿、健康、教育、性别平等、水与环境卫生、能源、创新与科技、气候变化等内容。依托可持续发展目标，联合国期望到 2030 年实现经济增长、社会包容与环境可持续性三者间的和谐发展，该目标体现了全球应对人类社会发展重大挑战的决心 [16]。

根据德国贝塔斯曼基金会① （Bertelsmann Stiftung）和可持续发展解决方案网络②（Sustainable Development Solutions Network，SDSN）共同完成的《2019 年可持续发展报告》（*Sustainable Development Report 2019*）[17]，2019 年金砖国家可持续发展目标的指标状况如图 1–2 和表 1–2 所示。

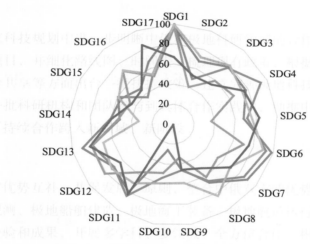

图 1–2　2019 年金砖国家可持续发展目标指标得分情况

对比可持续发展目标得分可以看出，金砖各国在 17 项指标整体得分方面趋于相近，但在各分项指标上的表现各具特点。例如，南非在"SDG1 无贫穷"方面的得分较低，与其他四国的高得分形成显著对比；印度在"SDG2 零饥饿"

---

① 贝塔斯曼基金会是德国最大的私人运营的非营利基金会，1977 年由 Reinhard Mohn 创立。
② 可持续发展解决方案网络由联合国前秘书长潘基文于 2012 年发起，旨在调动全球科学与技术专业资源，促进可持续发展和可持续发展目标的实施，解决实际问题。可持续发展解决方案网络正式通过后，致力于在国家及国际层面支持可持续发展目标的实施。

"SDG 5 性别平等""SDG 6 清洁饮水和卫生设施""SDG 7 经济适用的清洁能源"等方面的得分均低于其他四国，但在"SDG 12 负责任的消费和生产"方面得分高于其他四国。

表 1-2　2019 年金砖国家可持续发展目标指标得分情况

可持续发展目标	各国指标得分				
	巴西	俄罗斯	印度	中国	南非
SDG1 无贫穷	86.2	100.0	71.4	97.4	49.9
SDG2 零饥饿	62.1	45.6	42.6	71.9	52.5
SDG3 良好健康与福祉	76.9	78.1	58.8	81.1	48.7
SDG4 优质教育	84.6	97.2	80.2	99.7	78.1
SDG5 性别平等	67.5	67.2	33.2	76.3	80.1
SDG 6 清洁饮水和卫生设施	79.4	89.0	56.6	71.8	67.0
SDG 7 经济适用的清洁能源	94.0	91.2	65.4	76.9	79.0

续表

可持续发展目标		各国指标得分				
		巴西	俄罗斯	印度	中国	南非
8 体面工作和经济增长	SDG 8 体面工作和经济增长	72.6	75.5	83.2	87.4	61.2
9 产业、创新和基础设施	SDG 9 产业、创新和基础设施	48.8	50.1	28.7	61.9	45.0
10 减少不平等	SDG 10 减少不平等	25.6	54.0	49.0	59.5	0.0
11 可持续城市和社区	SDG 11 可持续城市和社区	78.3	82.3	51.1	75.1	77.9
12 负责任消费和生产	SDG 12 负责任的消费和生产	78.7	69.1	94.5	82.0	68.8
13 气候行动	SDG 13 气候行动	91.7	82.2	94.5	92.0	87.0
14 水下生物	SDG 14 水下生物	63.2	42.5	51.2	36.2	56.5
15 地地生物	SDG 15 陆地生物	60.9	66.2	51.1	62.7	59.1

续表

可持续发展目标	各国指标得分				
	巴西	俄罗斯	印度	中国	南非
SDG 16 和平、正义与强大机构	55.4	50.6	61.3	63.4	54.9
SDG 17 促进目标实现的伙伴关系	74.7	65.4	65.7	49.5	79.5
平均得分	70.6	70.9	61.1	73.2	61.5

根据《2020 年可持续发展报告：可持续发展目标与 Covid-19》（*Sustainable Development Report 2020 The Sustainable Development Goals and Covid-19*）[18]，2020 年金砖国家可持续发展目标得分情况如表 1-3 所示。

表 1-3　2020 年金砖国家可持续发展目标总体得分情况

可持续发展目标	巴西	俄罗斯	印度	中国	南非
总体得分	72.7	71.9	61.9	73.9	63.4
全球排名	53	57	117	48	110

对比可持续发展目标得分可以看出，在 166 个国家中，中国、巴西和俄罗斯三国的排名较为靠前，分别列第 48、第 53 和第 57 名；相比之下，南非和印度两国的排名较为靠后，分别列第 110 和第 117 名。

图 1-3 的指示板采用不同颜色表示金砖国家可持续发展目标 17 项指标的具体差异，绿、黄、橙、红 4 色依次表示实现可持续发展目标的距离。该报告同时采用"可持续发展目标趋势"评估各国完成可持续发展目标各项指标的进展，即用过去几年的历史数据计算某国迈进某项目标的速度，并推断该国能否在 2030 年前实现该目标。将 0-4 的评级分别转换为"四箭头系统"，红色（0-1

级）、橙色（1–2 级）、黄色（2–3 级）和绿色（3–4 级）箭头分别代表了"下降""停滞""适度改善""步入正轨"4 种趋势 [19]。

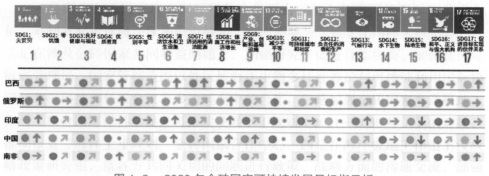

图 1–3　2020 年金砖国家可持续发展目标指示板

（1）巴西

巴西在"SDG7 经济适用的清洁能源"方面表现突出且步入正轨，在"SDG2 零饥饿""SDG3 健康与福祉""SDG4 优质教育""SDG8 体面工作和经济增长""SDG9 产业、创新和基础设施""SDG10 减少不平等""SDG12 负责任的消费和生产""SDG14 水下生物""SDG15 陆地生物""SDG16 和平、正义与强大机构"等方面差距较大。

巴西能源结构是世界上最为清洁的能源结构之一，符合可持续发展的要求，这极大地推动了"SDG7 经济适用的清洁能源"的实现。2014 年，巴西近40% 的能源供应来自可再生资源，而这一数据的世界平均水平仅为 13.2%。其中，巴西 15.7% 的能源供应来自甘蔗生物质，11.5% 来自水力发电，8.1% 来自木柴木炭，4.1% 来自碱液和其他来源（如风能、太阳能等）。目前，风能是巴西增长最快的能源，巴西风能协会称，巴西风能的装机容量 6 年后预计将增长近 300%。

巴西在"SDG2 零饥饿"方面受阻的主要原因在于本国农村具有明显的贫困特征。该国多年来存在普遍的土地集中、劳动力正规化程度极低、农村地区公共服务匮乏等现象，小农户获得土地和收入的机会较少。

巴西海岸带面积约为 51.4 万平方千米，其中的 32.4 万平方千米分布在 17

个州的沿海城市；在巴西 36 个大都市中，有 19 个位于沿海；2010 年的人口普查显示，占巴西全国总人口 24% 的 4570 万人生活在沿海地区，这些都给"SDG14 水下生物"的实现带来了巨大压力。

（2）俄罗斯

俄罗斯在"SDG1 无贫穷"方面的表现瞩目且步入正轨，在"SDG2 零饥饿""SDG3 健康与福祉""SDG10 减少不平等""SDG12 负责任的消费和生产""SDG13 气候行动""SDG14 水下生物""SDG16 和平、正义与强大机构""SDG17 促进目标实现的伙伴关系"等方面的差距较大。

俄罗斯 2018 年贫困线收入以下的人口占比为 12.6%，基本已经实现了消除极端贫困的目标。俄罗斯目前的国家脱贫政策提出，到 2024 年将全国贫困水平降低至少一半，未来将通过实施"劳动力生产率与就业支持"等国家活动推出新的支持机制，如社会契约和志愿服务等，进一步推动"SDG1 无贫穷"的实现。

"SDG2 零饥饿"的实现与俄罗斯公民生活质量的提高及生活环境的改善息息相关，前者有助于提升营养水平并增加人口预期寿命，而后者将减少与气候有关的自然灾害风险，并确保农业发展的稳定性。俄罗斯目前有 2090 万人需要多样化的优质食品，在实现"SDG2 零饥饿"的过程中主要面临着过量的食物消耗、不可持续的农业传统活动、较低的粮食安全与营养水平等三大问题[20]。

由于原料出口模式在经济发展中占据主导地位，俄罗斯制造业和非资源部门的发展相对不足，阻碍了"SDG12 负责任的消费和生产"的进展。在俄罗斯能源结构中，化石燃料的份额一直保持在 85% 左右。一直以来，以碳氢化合物为主的能源在生产和消费阶段均得到了直接和间接的补贴支持。目前对于改善俄罗斯能源结构一个消极的趋势是俄罗斯计划对在北极地区开采石油的投资者提供税收优惠和其他利好。

最新的《气候行动追踪评估》指出，俄罗斯政府气候变化减缓的战略与政策行动严重不足。俄罗斯联邦水文气象和环境监测局（Roshydromet）的评估指出，俄罗斯的气候变暖水平是全球平均水平的 2.5 倍，1976—2016 年俄罗斯的平均气温每 10 年上升 0.45 ℃。

俄罗斯在实现"SDG14 水下生物"的过程中面临的问题主要包括非法、未经报告和未受管制（IUU）的捕鱼活动、海洋污染及入侵物种，其中在远东地区的 IUU 捕鱼活动形势最为严峻，俄罗斯每年因 IUU 捕捞造成的损失高达 10 亿美元。

（3）印度

印度在"SDG13 气候行动"方面取得了显著成就且步入正轨，在"SDG1 无贫穷""SDG2 零饥饿""SDG3 良好健康与福祉""SDG5 性别平等""SDG6 清洁饮水和卫生设施""SDG7 经济适用的清洁能源""SDG9 产业、创新和基础设施""SDG10 减少不平等""SDG11 可持续城市和社区""SDG15 陆地生物""SDG16 正义与强大机构""SDG17 促进目标实现的伙伴关系"等方面的差距较大。

印度因其独特的地理和地质环境及丰富的气候多样性，极易受到气候诱发的自然灾害影响，因此高度重视"SDG13 气候行动"。最新的《气候行动追踪评估》指出，印度是采取了足够的气候变化应对政策，并将气温上升控制在 2 ℃以内的 6 个国家之一。在 2020 年的气候变化表现指数中，印度名列全球前十，原因在于其人均能源使用水平和排放量均较低。同时，印度严格遵守《联合国气候变化框架公约》提出的国家自主贡献，其气候行动战略在清洁高效的能源系统、韧性的城市基础设施和计划有序的生态恢复等方面均较为突出[21]。

印度的能源结构中优先考虑可再生能源的使用和能源效率的提高，在清洁能源革命的道路上遥遥领先。通过扩大可再生能源（太阳能、风能、水能和废物能源等）比重等措施，其能源结构正在迅速实现多样化。印度设立了可再生能源发电容量到 2030 年达到 450 吉瓦的宏伟目标，截至 2020 年 3 月 31 日已完成了 132.69 吉瓦发电容量安装，其中包括 34.62 吉瓦太阳能、37.69 吉瓦风能、10.00 吉瓦生物能、4.68 吉瓦小型水电能及 45.7 吉瓦大型水电能，相比 2014 年增长 75%。在全球范围内，印度可再生能源发电排第三、风力发电排第四、太阳能发电排第五。

截至 2019 年年底，印度将国内生产总值排放强度降低了 21%。印度设定了在 2005 年国内生产总值排放强度水平的基础上，到 2020 年降低 20% ~ 25%、到 2030 年降低 33% ~ 35% 的目标，以重申其对"SDG12 负责任的消费和生产"的承诺。印度支持的"可持续消费和生产十年方案框架"是一项加快向可持续消费和生产转型的全球承诺。

印度在"SDG2 零饥饿"方面的差距明显，该指标得分明显低于其他四国。目前印度营养不良人口占印度总人口的 14.5%，如能解决此问题，全球可朝着消除营养不良的可持续发展目标迈进 27.4%。

（4）中国

中国在"SDG1 无贫穷""SDG8 体面工作和经济增长"方面步入正轨且取得了瞩目成就；在"SDG7 经济适用的清洁能源""SDG14 水下生物""SDG17 促进目标实现的伙伴关系"等方面则存在较大差距。

在"SDG1 无贫穷"方面，中国高度重视扶贫工作，将消除贫困、改善民生、逐步实现共同富裕作为重要使命。按照习近平主席宣布的 2020 年实现现行标准下农村贫困人口全部脱贫的目标，中国大力实施精准扶贫精准脱贫的基本方略，建立健全脱贫攻坚责任体系、政策体系、投入体系、动员体系、监督体系和考核体系，取得了积极成效。目前，中国已实现全面脱贫，进入了乡村振兴和美丽中国建设的新阶段。与此同时，中国积极推动减贫的南南合作，为全球范围内实现"SDG1 无贫穷"做出了重要贡献。

在"SDG8 体面工作和经济增长"方面，中国秉持创新、协调、绿色、开放、共享的发展新理念，以供给侧结构性改革为主线，统筹推进稳增长、促改革、调结构、惠民生、防风险等工作，着力稳就业、稳金融、稳外贸、稳外资、稳投资、稳预期，推动高质量发展。主要取得了以下 5 个方面的进展：创新和完善宏观调控，经济保持平稳运行；加快供给侧结构性改革，发展新动能不断壮大；实施就业优先政策，重点群体就业平稳推进；强化政策实施和执法工作，确实保障劳动者合法权益；推进国际合作，帮助其他发展中国家更好地融入多边贸易体制。

尽管中国海洋环境质量整体企稳向好，局部区域生态系统得到修复、恢复，但仍处于污染排放和环境风险的高峰期、生态退化和灾害频发的叠加期，因此在"SDG14 水下生物"方面仍有较大提升空间。

（5）南非

南非在"SDG17 促进目标实现的伙伴关系"方面步入正轨且表现突出，在"SDG1 无贫穷""SDG2 零饥饿""SDG3 良好健康与福祉""SDG8 体面工作和经济增长""SDG10 减少不平等""SDG16 和平、正义与强大机构"等方面则存在较大差距。

在"SDG17 促进目标实现的伙伴关系"方面，南非是全球伙伴关系的积极参与方。南非认为，实施可持续发展目标所需的资金流动必须通过加强全球发展伙伴关系实现。2015 年 7 月举行的第三次发展筹资问题国际会议为发展中国家的筹资需求提供了一个框架，该框架与发展中国家执行手段的完整性有着本质关联。南非呼吁尽早履行对技术促进机制（TFM）和发展筹资《亚的斯亚贝巴行动议程》（AAAA）的全球承诺，同时提议在非洲大陆举办可持续发展目标科学、技术和创新多利益攸关方的论坛，将成为非洲讨论落实可持续发展目标科学、技术和工业的机遇。此外，南非还积极支持与其他非洲国家的合作研究项目，以更好地利用技术实现可持续发展目标。

在"SDG1 无贫穷"方面，尽管南非的贫困率从 2006 年的 51% 降至 2011 年的 36%，但随后又在 2015 年上升至 40%。过去 25 年，减贫一直是南非政府战略文件和计划的核心目标。粮食不安全及其造成的影响，特别是儿童发育的迟缓，构成了南非"SDG2 零饥饿"的主要挑战。

在涉及社会公平与平等的"SDG10 减少不平等""SDG16 和平、正义与强大机构"方面，南非所面临的问题尤为突出。《2018 年世界不平等报告》指出，南非是世界上收入最不平等的国家之一。这是其种族隔离制度在经济、社会和政治上带来的根深蒂固的排斥所造成的，在解决贫困、不平等和失业等方面造成了结构性"瓶颈"，且进一步削弱了在教育、卫生和住房等领域取得的进展。

南非基尼系数为 0.64，比全球平均水平高出逾 50%，是世界上最不平等的国家之一。实际上，南非基尼系数与世界上不平等程度排名第十的国家相比差距仍非常大，其不平等状况体现在社会的方方面面：贫富之间巨大的教育质量差距，使得边缘化人口的社会流动非常困难；黑人和其他有色人种，特别是青年人的贫困和失业率很高，对社会凝聚力构成了挑战；妇女容易遭受暴力，特别是性暴力，这导致全球在增强妇女政治权利方面明显倒退；在非正式居所居住的 11% 的城市人口没有水电和基本卫生服务。

南非经济属于资本密集型，在结构上体现为高度集中的垄断；随着大量非法资金的流入，高收入者的边际税率从 1990 年的 44% 下降到 2015 年的 41%；劳动力收入在国民收入中的份额从 1998 年的 55% 下降到 2008 年的 48%，随

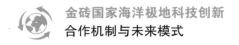

后由于工业、税收和劳动力市场政策的改善，从 2009 年起又稳步上升至 2018 年的 54%。

1.2.2 金砖国家可持续发展目标进展自评估

（1）巴西

在 "SDG1 无贫穷" 方面，巴西取得了重大进展，但仍受不确定因素制约。巴西已超额完成在千年发展目标中确定的将极端贫困人口减半的目标。然而受经济危机影响，与 2014 年相比，2015 年巴西贫困人口比例从 6.5% 上升到 7.8%，极端贫困人口比例从 2.6% 上升到 4.0% 左右。为克服这一危机，巴西结合正在实施的社会保障采取了相应的措施，把消除贫困的斗争重新置于国家发展战略的优先地位。

为促进 "SDG1 无贫穷" 的实现，巴西通过社会援助统一系统（SUAS）实施了国家社会援助政策（PNAS），在全国范围内组织社会援助提供福利、服务、方案和项目，从而减少贫困并改善最弱势人口的生活条件[22]。

在 "SDG14 水下生物" 方面，巴西以政府规划的形式制订计划，以促进海洋和海洋资源的保护和可持续利用，将有助于消除贫困、促进繁荣，并将不断变化的全球环境纳入考虑。巴西相继提出了 "海洋、海岸带和南极" 计划和 "国家海洋资源政策"（PNRM）计划，后者将开展有助于保护南极海洋生物资源的科学研究，旨在保证巴西在南极地区的参与度。

巴西通过 "SDG17 促进目标实现的伙伴关系" 积极提升在国际伙伴关系中的参与度。2016 年，巴西签署了一系列协议和承诺，以扩大并巩固巴西在国际经济和金融机构及论坛中的参与度，特别是在国际货币基金组织（IMF）中，巴西的份额从 1.78% 上升到 2.32%，同时在世界银行和二十国集团中的参与度也进一步得到提升。国际技术合作是巴西为促进机构和个人能力提升与拉丁美洲、加勒比、非洲、亚洲和大洋洲发展中国家广泛进行的一种重要且多样的合作方式，主要领域包括农业、公共卫生、教育、公共管理、城市开发、人权和环境等。

在应对气候变化 "国家自主贡献"（National Determined Contributions，NDC）方面，巴西于 2020 年 12 月 8 日向《联合国气候变化框架公约》提交了更新的国家自主贡献，重申 2025 年全国温室气体排放总量减少 37% 的承诺，并正式承诺 2030 年实现全国温室气体排放总量较 2005 年减少 43%，此外还提出了 2060 年实现气候中和（净零排放）的目标。巴西电力结构和能源消耗中的可再生能源占比呈上升趋势，过去两年间占比分别为 83.00% 和 46.10%[23]。

（2）俄罗斯

俄罗斯有着丰富的资源和发达的电力基础设施，在"SDG7 经济适用的清洁能源"方面表现较好。2018 年，俄罗斯 100% 的人口可以使用电力，86% 的家庭拥有供暖系统。在 2020 年世界营商环境排名中，俄罗斯在电力服务方面名列第七。为确保人人可获得可持续的现代化能源，俄罗斯一直在实施包括联邦能源安全指令和"能源开发"国家方案在内的一揽子国家政策措施。俄罗斯将其目标纳入各层面的行业战略规划文件，持续改进节能和能源效率管理系统。2007—2018 年，俄罗斯国内生产总值增长了 14%，而电力消耗量则下降了 12%[24]。

俄罗斯一直在努力改善人居环境，在"SDG11 可持续城市和社区"方面取得了显著成效。2015—2018 年，俄罗斯基本住房条件各项参数得到明显提升；2015—2018 年，俄罗斯住房可负担能力指数上升至 128%，一个三口之家攒够一套住房所需资金年限降至 3.2 年；城市平均污染率有所下降，2015—2018 年，来自固定污染源的固体废弃物排放量下降了 16.7%，固体悬浮物年均浓度增加了 8.3%；俄罗斯联邦于 2018—2024 年实施"住房与城市环境"国家项目，旨在将平均抵押贷款利率降至 7.9%，并将友好型城市份额增加到 60%。相关国家项目还旨在推进住房建设，构建居民直接参与打造舒适型城市环境的机制，逐步减少非宜居住房。俄罗斯城市和人口密集地区的环境改善是"环境"类国家工程（"Environment" National Project）的目标之一。

在"SDG14 水下生物"方面，2015—2018 年，俄罗斯管辖范围内自然特别保护区（Specially Protected Natural Areas，SPNA）的面积增长了 73%（从 2016 年年初的 1090 万公顷增加至 2018 年的 1890 万公顷），海岸带及海洋鱼类的生物多样性大幅增加。在战略层面，俄罗斯提出了《2030 年俄罗斯联邦海洋发展战略》。

在应对气候变化"国家自主贡献"方面，俄罗斯总统普京在 2015 年 11 月 30 日至 12 月 11 日举办的《联合国气候变化框架公约》第 21 次缔约方全体会议上发表讲话时指出，俄罗斯的国家自主贡献目标是截至 2030 年将温室气体排放量减少至 1990 年基准排放量的 70%。俄罗斯将通过节能和新纳米技术等措施实现这一目标 [25]。

（3）印度

印度正在极力推动"SDG1 无贫穷"的实现。作为世界上经济增长最快的主要经济体之一，印度正致力于稳步提高国内生产总值增长率，以在 2018—2023 年实现 8% 的年增长，到 2025 年成为 5 万亿美元体量的经济体。受经济快速增长的拉动，印度人均收入从 2015 年的 1610 美元增长到 2018 年的 2020 美元，增长了 25.5%。据估计，印度贫困率从 2004—2005 年的 37.2% 下降到 2011—2012 年的 21.9%[26]。

印度经济繁荣战略的一个关键支柱是创业活动，并高度重视"SDG8 体面工作和经济增长"。印度拥有全球第三大创业生态系统，近年来企业数量明显增长。2006—2014 年，新设企业数量的年增长率为 3.8%，2014—2018 年则达到了 12.2%。在世界银行营商便利度指数（EoDBIndex）中，印度在 190 个国家中的排名从 2014 年的第 142 位跃升至 2019 年的第 63 位。

印度积极部署智能城市规划，但其人居环境可持续性仍有较大的提升空间，在"SDG6 清洁饮水和卫生设施"方面，印度人口占世界总人口的 17%，却仅有地球上 4% 的淡水资源，并且其水需求量到 2030 年预计将是现有供应量的两倍。在卫生方面，印度几十年来一直积极开展相关工作。2014 年，仅有不到一半的印度家庭能够使用卫生设施，来自城市地区的废水和污水只有 30% 得到处理。直到 5 年前，估计每年仍有 40 万名 5 岁以下的儿童死于水导致的疾病。

印度在"SDG11 可持续城市和社区"方面存在较大挑战。印度是一个快速城镇化的国家，从农村地区向城市中心迁移的人口稳步增长。快速的城镇化增加了资源储备的压力，增加了对能源、水、卫生、公共服务、教育和医疗保健等的需求。受人口流动、人口自然增长、社会经济发展、环境变化及地方和国家政策等因素影响，印度城市范围在不断扩展，2011 年约有 3.77 亿人居住在城市地区，约占总人口的 31%。到 2030 年，印度的城市人口预计将增加至 6.06 亿左右，给住房、交通服务、清洁水供应和污水处理等已经不堪重负的城市基础设施带来更大的压力。

在应对气候变化"国家自主贡献"方面，印度于 2015 年 10 月 1 日宣布了新的气候计划，即印度国家自主贡献预案，其目标是将非化石燃料在其能源结构中的占比从当时的 30% 提高到 2030 年的 40% 左右，由此将在 2022 年增加 1.75 吉瓦的可再生能源发电能力。同时，印度承诺将在 2030 年把单位 GDP 排放强度在 2005 年的基础上降低 33% ~ 35%，并通过加强造林力度增加 25 亿 ~ 30 亿吨的碳汇。这一计划强调了增强气候变化韧性，同时对实现目标提供财政支持[27]。

（4）中国

在"SDG7 经济适用的清洁能源"方面，中国政府将能源领域可持续发展目标融入国家规划，制定了《能源生产和消费革命战略（2016—2030）》《能源发展"十三五"规划》《可再生能源发展"十三五"规划》，明确能源发展中长期目标、短期目标和主要任务。中国能源贫困问题基本消除，能源结构调整步伐加快，清洁能源装备技术不断升级，国际合作交流进一步加强[28]。

中国正在积极推动"SDG9 产业、创新和基础设施"，加快建设安全高效、智能绿色、互联互通的基础设施；加强工业化和信息化融合，提高工业的包容性和可持续性；加强金融服务，中小企业融资环境持续优化；大力实施创新驱动发展战略，不断提升持续创新能力；推进共建"一带一路"倡议，深化国际发展合作，为其他发展中国家提供基础设施、工业化和信息化支持。

在落实"SDG11 可持续城市和社区"的过程中，中国政府将保障公民居住权作为全面建成小康社会的重要任务，推进新型城镇化、城乡绿化和气候适应型城市建设。人居环境持续提升，城市交通系统日渐完善，城乡绿色发展取得较大进步，文化遗产得到有效保护，人均负面环境影响进一步减少，抵御灾害能力和城镇可持续发展能力进一步增强。

为实现"SDG14 水下生物"目标，中国全面实施以生态系统为基础的海洋综合管理，建立海洋生态红线制度，不断提升开发利用海洋资源和保护海洋生态环境的能力与水平。同时，积极开展国际合作，为推动全球落实有关可持续发展目标做出积极贡献。

在"SDG17 促进目标实现的伙伴关系"方面，中国在扎实推进本国可持续

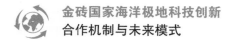
发展目标落实工作的同时，积极推动南南合作，帮助其他发展中国家提升自主发展能力，促进共同发展，努力缩小南北差距。中国致力于共建"一带一路"倡议与 2030 年可持续发展议程等全球、地区和国别发展战略的深度对接，为发展中国家落实 2030 年可持续发展议程注入新的强劲动力。

在应对气候变化"国家自主贡献"方面，习近平主席于 2020 年 12 月 12日在气候雄心峰会上宣布了中国国家自主贡献的新举措。到 2030 年，中国单位国内生产总值二氧化碳排放将比 2005 年下降 65% 以上；非化石能源占一次能源消费比重将达到 25% 左右；森林蓄积量将比 2005 年增加 60 亿立方米；风能、太阳能发电总装机容量将达到 12 亿千瓦以上 [29]。

（5）南非

在"SDG7 经济适用的清洁能源"方面，南非可再生能源发电量有所增加，但对煤炭的依赖度仍高居不下。在政府的支持下，可再生能源在能源终端消耗中的份额从 2013 年的 14.6% 增长至 2015 年的 26.2%。2012—2018 年，受大规模可再生能源项目推动，南非的可再生能源发电装机容量增加了 3.9 吉瓦。根据 2018 年 11 月签署的 27 份电力采购协议（PPA）项目，计划增加 2.3 吉瓦的可再生能源发电装机容量。然而，目前南非 77% 的电力仍由煤炭供应 [30]。

在"SDG13 气候行动"方面，南非积极参与全球减排行动，提振气候应对雄心。南非在衡量气候变化和限制碳排放的行动中发挥着主导作用，在国家、省和地方层面都采取了有助于减轻和适应气候变化影响的战略。南非致力于实施"国家自主贡献值行动"计划，以减少温室气体排放。另外，南非积极通过立法和制定政策来履行其国际义务，如《国家环境管理空气质量法》《碳税法》，以及最近启动的《国家气候变化适应力战略草案》；设立气候变化跨部委委员会、颁布《气候变化法案》和促进可再生能源发展是相关议程中的关键行动，南非通过努力全面实施《巴黎协定》在国际和国家层面提振气候应对雄心。南非与卢旺达和尼日利亚一道，在 2017 年 11 月于德国举行的第 23 届《联合国气候变化框架公约》缔约方大会上启动了非洲循环经济联盟。南非向国际社会提交的国家自主贡献值由缓解、适应和实施方式 3 个不同部分组成，在2009 年减排承诺的基础上，提出了 2025 年和 2030 年的减排范围。除了在国家层面开展全球行动之外，南非还于 2018 年 8 月召开了塔拉诺阿对话（Talanoa

Dialogue）。塔拉诺阿对话是 2020 年《巴黎协定》全面实施之前的第一次多边对话，是南非和其他各方展示其对《巴黎协定》坚定承诺的重要机会。南非在关键经济部门实施了一套全面的战略、政策和部门计划，以减少温室气体排放，其中包括"综合资源"计划、"能源效率"战略、"工业政策行动"计划、"绿色运输"战略、"南非农业和林业气候变化适应与缓解"计划及"国家废弃物管理"战略等。

在"SDG14 水下生物"方面，南非海洋渔业发展潜力巨大。南非通过立法和制定政策框架强调海洋资源可持续发展的重要性，同时采用先进技术研究海洋环境并实施有助于促进可持续性的法规。海洋政策的最新变化旨在利用现有机遇解决运输成本效率较低、固定商船队缺乏、进出口贸易相对薄弱等问题。2014 年启动的"海洋经济"战略为扩充南非的海洋运输提供了动力，同时将一些较小的港口，如诺洛斯港和圣约翰港纳入了"综合海洋经济"计划。"海洋经济"战略指出，受南非鱼类需求增长的拉动，水产养殖业将具有极大的增长潜力。尽管水产养殖业占全球鱼类产量的近一半，但南非的水产养殖业在本国鱼类产量中的比重不到 1%。该领域为农村，特别是偏远的沿海社区发展提供了巨大的潜力。

在应对气候变化"国家自主贡献"方面，南非 2015 年以来取得了重大进展。南非林业、渔业和环境部部长 Barbara Creecy 于 2021 年 3 月 30 日提交了更新的国家自主贡献草案，供利益相关者磋商，其国家自主贡献最终目标仍在更新中[31]。

1.3 小 结

（1）金砖国家在可持续发展方面存在巨大潜力

随着全球治理结构的深度调整，金砖国家未来在全球可持续发展中将扮演越来越重要的角色。金砖国家在国家资源禀赋和科技研发布局方面具有各自的特点和侧重，在可持续发展目标方面具有较强的互补性，且均表现出积极进取的态势。因此，金砖国家未来创新发展和相关合作的潜力巨大。

（2）金砖国家在经济发展和可持续发展方面的全球影响力将进一步提升

金砖国家各自具有独特的发展优势。例如，巴西和南非巨大的资源储量，中国强大的工业和制造业能力，印度在软件和制药领域的独特优势，俄罗斯在重工业领域的固有优势。这些独特的优势将促进金砖国家在未来全球经济和可持续发展中发挥更大作用[32]。

参考文献

［1］Bertelsmann Stiftung. 可持续发展报告 2020[EB/OL].[2021−05−01].https://s3.amazonaws.com/sustainabledevelopment.report/2020/2020_sustainable_development_report.pdf.

［2］中华人民共和国外交部 . 金砖国家 [EB/OL].[2021−05−01].https://www.fmprc.gov.cn/web/gjhdq_676201/gjhdqzz_681964/jzgj_682158/jbqk_682160.

［3］中华人民共和国国家统计局 . 金砖国家概况及经济社会指标比较 [EB/OL]. [2021−05−01]. http://www.stats.gov.cn/ztjc/ztsj/jzgjlhtjsc/jz2018/201811/P020181127539509564823.pdf.

［4］国际能源署 . 巴西概述 [EB/OL].[2021−05−01].https://www.iea.org/countries/brazil.

［5］国际能源署 . 世界能源统计年鉴（2020 年）[EB/OL].[2021−05−01].https://www.bp.com/content/dam/bp/business−sites/en/global/corporate/pdfs/energy−economics/statistical−review/bp−stats−review−2020−full−report.pdf.

［6］Our World in Data. 各国二氧化碳与温室气体排放概述 [EB/OL].[2021−05−01].https://ourworldindata.org/co2−and−other−greenhouse−gas−emissions.

［7］中华人民共和国外交部 . 巴西国家概况 [EB/OL].[2021−05−01].https://www.fmprc.gov.cn/web/gjhdq_676201/gj_676203/nmz_680924/1206_680974/1206x0_680976.

［8］许鸿 . 中国 − 金砖国家科技创新合作现状与对策建议 [J]. 科技中国，2021(3):43−47.

［9］中华人民共和国外交部 . 俄罗斯国家概况 [EB/OL].[2021−05−01].https://www.fmprc.gov.cn/web/gjhdq_676201/gj_676203/oz_678770/1206_679110/1206x0_679112.

［10］中华人民共和国外交部 . 印度国家概况 [EB/OL].[2021−05−01].https://www.fmprc.gov.cn/web/gjhdq_676201/gj_676203/yz_676205/1206_677220/1206x0_677222.

［11］中华人民共和国中央人民政府网 . 中国国情 [EB/OL].[2021−05−01].http://www.gov.cn/guoqing/index.htm.

［12］中华人民共和国中央人民政府网 . 谱写中国特色大国外交的时代华章 [EB/OL].[2021−05−01].http://www.gov.cn/guowuyuan/2019−09−23/content_5432243.htm.

［13］中华人民共和国国家统计局 . 中华人民共和国 2020 年国民经济和社会发展统计公报 [EB/OL]. [2021−05−01]. http://www.stats.gov.cn/tjsj/zxfb/202102/t20210227_1814154.html.

［14］中华人民共和国中央人民政府网 . 统计报告展示新中国成立 70 年经济社会发展伟大飞跃（2）：产业结构持续优化升级 [EB/OL].[2021−05−01].http://www.gov.cn/xinwen/2019−07/02/content_5405189.htm.

［15］中华人民共和国外交部 . 南非国家概况 [EB/OL].[2021−05−01].https://www.fmprc.gov.cn/web/gjhdq_676201/gj_676203/fz_677316/1206_678284/1206x0_678286.

［16］薛澜，翁凌飞 . 中国实现联合国 2030 年可持续发展目标的政策机遇和挑战 [J]. 中国软科学，2017(1):1−12.

［17］Bertelsmann Stiftung. 可持续发展报告 2019[EB/OL].[2021−05−01].https://www.sdgindex.org/reports/sustainable−development−report−2019.

［18］Bertelsmann Stiftung. 可持续发展报告 2020：可持续发展目标与 COVID−19[EB/OL].[2021−05−01].https://sdgindex.org/reports/sustainable−development−report−2020.

［19］周全，董战峰，潘若曦 .2019 年实现可持续发展目标所需转变及其指数和指数板全球报告分析与政策建议 [J]. 环境与可持续发展，2021(1):95−101.

［20］俄罗斯国家可持续发展联盟 .2020—2030 俄罗斯的十年行动 [EB/OL].[2021−05−01].https://action4sd.org/wp−content/uploads/2020/09/Russia−VNR−report−2020.pdf.

［21］CarbonBrief. 印度碳简报 [EB/OL].[2021−05−01].https://www.carbonbrief.org/the−carbon−brief−profile−india.

［22］巴西总统府总秘书处 . 巴西自愿审查可持续发展目标实施进展综合报告 [EB/OL].[2021−05−01].https://sustainabledevelopment.un.org/content/documents/15766Brazil_English.pdf.

［23］巴西联邦政府网 . 巴西提交其《巴黎协定》自主贡献值 [EB/OL].[2021−05−01].https://www.gov.br/mre/en/contact−us/press−area/press−releases/brazil−submits−its−nationally−determined−contribution−under−the−paris−agreement.

［24］俄罗斯联邦政府分析中心 . 俄罗斯自愿审查可持续发展目标实施进展综合报告 [EB/OL].[2021−05−01].https://sustainabledevelopment.un.org/content/documents/26962VNR_ 2020_Russia_Report_English.pdf.

［25］俄罗斯卫星通讯社 . 俄总统普京：截至 2030 年将温室气体排放量减少至 1990 年排放量的 70%[EB/OL].[2021−05−01].http://sputniknews.cn/russia/201511301017195547.

［26］印度门户网 . 印度自愿审查可持续发展目标实施进展综合报告 [EB/OL].[2021−05−

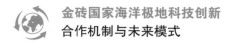

金砖国家海洋极地科技创新
合作机制与未来模式

01].https://niti.gov.in/writereaddata/files/India%20VNR_Final.pdf.

［27］世界资源研究所.解读印度国家自主贡献的五大看点 [EB/OL].[2021-05-01].https://www.wri.org.cn/node/41317.

［28］中华人民共和国外交部.中国自愿审查可持续发展目标实施进展综合报告 [EB/OL].[2021-05-01].http://switzerlandemb.fmprc.gov.cn/web/ziliao_674904/zt_674979/dnzt_674981/qtzt/2030kcxfzyc_686343/P020190924779471821881.pdf.

［29］中华人民共和国中央人民政府网.习近平在气候雄心峰会上发表重要讲话 [EB/OL].[2021-05-01].http://www.gov.cn/xinwen/2020-12/13/content_5569136.htm.

［30］联合国.南非自愿审查可持续发展目标实施进展综合报告 [EB/OL].[2021-05-01].https://sustainabledevelopment.un.org/content/documents/24474SA_VNR_Presentation__HLPF_17_July_2019._copy.pdf.

［31］南非政府网.南非 Barbara Creecy 部长于 3 月 30 日提交国家自主贡献方案 [EB/OL].[2021-05-01].https://www.gov.za/speeches/determined-contribution-climate-change-29-mar-2021-0000?gclid=EAIaIQobChMIieixytSn8AIVixBgCh0VwwAmEAAYASAAEgLt1fD_BwE#.

［32］IMPAKTER.金砖国家在实现 2030 议程中的巨大潜力 [EB/OL].[2021-05-01].https://impakter.com/huge-potential-role-brics-achieving-2030-agenda.

第二章
金砖国家海洋与极地领域
研究文献计量

通过对科技文献进行统计分析，可以定量化了解研究领域的发展特征。本章采用文献计量分析方法对世界主要海洋国家及金砖五国海洋与极地研究文献进行了统计分析，以更加全面地了解其研究现状和研究侧重点等。

2.1 数据来源、分析方法及内容

2.1.1 数据来源和分析方法

文献数据来源于 Web of Science 数据库的 SCI-E 和 SSCI 索引。鉴于海洋研究领域与极地研究领域的学科属性不同，海洋研究领域和极地研究领域检索策略分别为："海洋研究领域"采用学科检索；"极地研究领域"采用主题关键词检索。

在"2.2 主要海洋国家海洋与极地研究状况"章节，为了解金砖国家在海洋与极地研究领域方面在全球的整体水平，分别对不同年份的数据进行了限定：长周期发文量变化分析采用 2000 年、2010 年和 2020 年 3 个年份的数据；与世界主要海洋国家的对比，采用 2011—2020 年 10 年的数据。

为对近年来金砖国家海洋与极地研究的现状、热点及合作状况进行分析，在"2.3 近 5 年金砖国家海洋与极地研究领域文献统计分析"章节，我们截取

了 2016—2020 年的数据开展相关分析。基于海洋和极地研究领域的文献数据，采用文献计量和社会网络等方法开展分析。其中，文献数据的前期处理、数据清洗等采用科睿唯安的 Derwent Data Analyzer 软件，国家和机构的合作分析采用科学知识图谱软件 VOSviewer 软件完成。

2.1.2　分析内容

基于以上数据和方法，分别对海洋和极地研究领域文献进行了分析，主要内容包括金砖国家海洋和极地研究领域论文的总体状况、期刊收录情况、研究热点分析和合作发文分析。

2.2　主要海洋国家海洋与极地研究状况

2.2.1　发文量变化

为了解金砖国家及世界主要海洋国家在海洋与极地研究领域发文量方面的长期变化情况，我们截取了 2000 年、2010 年和 2020 年主要海洋国家发文量数据，以观察发文量变化情况。可以看出，在海洋研究方面，美国维持着较强的优势，中国则增长势头迅猛，在近 10 年中一举超越美国，成为发文量最大的国家。金砖国家中的其他四国发文量较少，但均有不同程度的增长。极地研究方面，美国依旧是一枝独秀，俄罗斯和中国增长势头迅猛。主要海洋国家 2000 年、2010 年和 2020 年海洋研究领域和极地研究领域发文量变化情况如图 2-1 和图 2-2 所示。

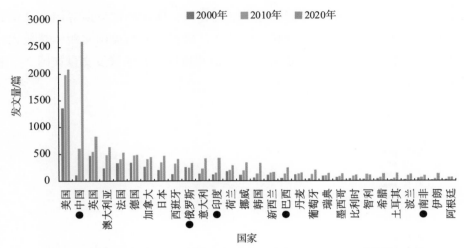

图 2-1　主要海洋国家 2000 年、2010 年、2020 年海洋研究领域发文量变化

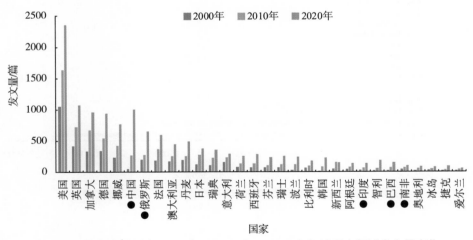

图 2-2　主要海洋国家 2000 年、2010 年、2020 年极地研究领域发文量变化

2.2.2　发文量 10 年总量对比

为揭示金砖国家海洋与极地研究领域发文总量在全球的地位，我们对近 10 年海洋与极地研究领域的发文总量进行了统计，发现中国在海洋研究领

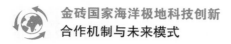

域的发文量与美国、英国等传统海洋强国相当，印度和俄罗斯等国发文量其次。在极地研究方面，俄罗斯和中国发文量较多，但与美国差距依然较大。主要海洋国家 2011—2020 年海洋研究领域和极地研究领域发文量如图 2-3 和图 2-4 所示。

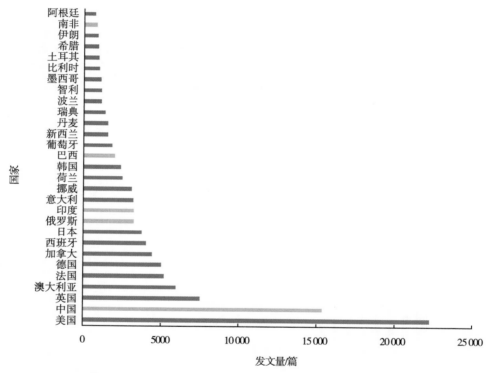

图 2-3　主要海洋国家 2011—2020 年海洋研究领域发文量

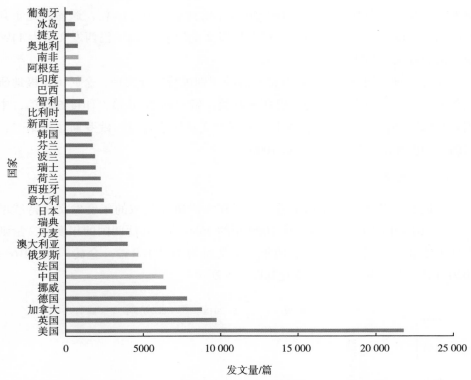

图2-4 主要海洋国家2011—2020年极地研究领域发文量

2.3 近5年金砖国家海洋与极地研究领域文献统计分析

本部分数据采集的时间区间选为2016—2020年。鉴于海洋研究领域与极地研究领域的学科差异性，本研究分别对两个领域进行检索和分析，"海洋研究领域"得到15 339篇文献数据，"极地研究领域"得到8784篇文献数据。

2.3.1 总体状况

（1）发文量总体情况

对文献全部作者的国别进行统计发现，金砖国家海洋研究领域近5年发文量的差异较大。其中，中国 2016—2020 年发文量为 10 113 篇，遥遥领先于其他四国。印度发文量为 1910 篇，俄罗斯发文量为 1718 篇，巴西发文量为 1190 篇，南非发文量为 408 篇。

在极地研究领域，对文献全部作者的国别进行统计发现，金砖国家极地研究领域近 5 年发文量分别为：巴西 660 篇，俄罗斯 2876 篇，印度 540 篇，中国 4188 篇，南非 520 篇。总体上，中国发文量居于首位，俄罗斯位列第二，巴西、印度和南非的发文量不足 1000 篇。

（2）发文量 5 年变化

从近 5 年发文量的变化来看，中国在海洋研究领域的年度发文量持续增长，从 2016 年的 1452 篇增长至 2020 年的 2680 篇，其他四国的年度发文量则总体上变化不显著，其中南非的年度发文量均不足 100 篇。金砖国家 2016—2020 年海洋研究领域发文量变化如图 2-5 所示。

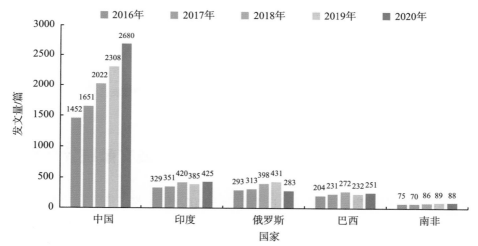

图 2-5　金砖国家 2016—2020 年海洋研究领域发文量变化

在极地研究方面，中国和俄罗斯的发文量呈整体增长趋势，其中中国的年度发文量连续 5 年增长，巴西、印度和南非三国的年度发文量在 100 篇左右，变化并不明显。金砖国家 2016—2020 年极地研究领域发文量变化如图 2-6 所示。

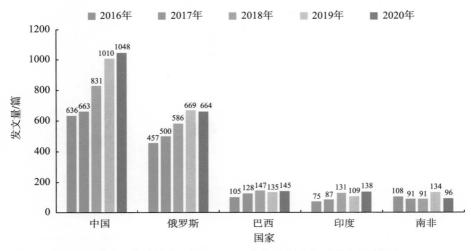

图 2-6　金砖国家 2016—2020 年极地研究领域发文量变化

（3）论文综合影响力分析

通过对金砖国家海洋研究领域发文的被引情况等指标进行统计，可以发现各国海洋研究领域发文的影响力。从表 2-1 和图 2-7 可以看出，中国在海洋研究领域发文量和总被引频次方面均具有明显的优势。在篇均被引频次和被引 ≥ 50 次论文比例方面，南非和巴西则优势明显。

表 2-1　金砖国家海洋研究领域发文影响力统计

国家	发文量/篇	总被引频次/次	篇均被引频次/（次/篇）	被引 ≥ 50 次论文比例	H 指数	未被引用论文比例
巴西	1190	5872	4.93	0.662%	25	22.83%
俄罗斯	1718	4963	2.89	0.174%	16	36.12%
印度	1910	5890	3.08	0.052%	21	38.45%
中国	10 113	43 404	4.29	0.252%	42	28.32%
南非	408	2933	7.19	1.463%	22	18.78%

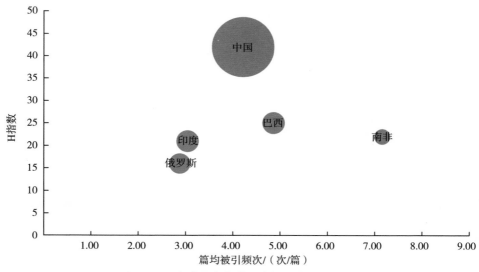

图 2-7 金砖国家海洋研究领域发文影响力

从表 2-2 和图 2-8 可以看出，中国和俄罗斯在极地研究领域发文量和总被引频次方面具有明显的优势。在篇均被引频次和被引 ≥ 50 次论文比例方面，南非则优势明显。

表 2-2 金砖国家极地研究领域发文影响力统计

国家	发文量 / 篇	总被引频次 / 次	篇均被引频次 / （次 / 篇）	被引 ≥ 50 次论文比例	H 指数	未被引用论文比例
巴西	660	6440	9.76	2.671%	31	20.03%
俄罗斯	2876	18 660	6.49	1.789%	51	29.79%
印度	540	4637	8.54	3.480%	30	22.16%
中国	4188	34 279	8.19	2.352%	63	22.39%
南非	520	7492	14.41	5.075%	33	14.47%

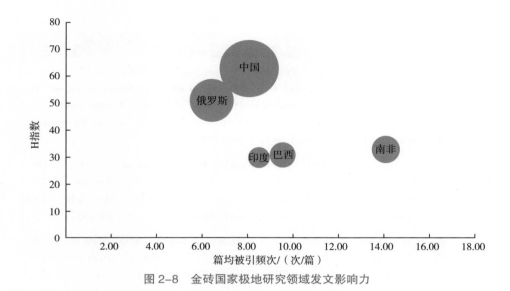

图 2-8　金砖国家极地研究领域发文影响力

2.3.2　研究热点分析

（1）海洋领域

1）关键词

为了解金砖国家海洋研究方面关注的方向，我们对近 5 年来各国发文中的关键词出现频次进行了统计，结果发现：在海洋研究方面，巴西出现较多的关键词为 Brazil、Estuary、Numerical modeling、Mangrove、Climate change 等；俄罗斯出现较多的关键词为 Numerical modeling、Black sea、Remote sensing 等；印度出现较多的关键词为 Bay of Bengal、India、Arabian sea、Indian Ocean 等；中国出现较多的关键词为 Numerical modeling、South China Sea、East China Sea、Model test 等；南非出现较多的关键词为 South Africa、estuary、Climate change、Upwelling、Mesoscale eddies 等。各国关键词出现频次如表 2-3 所示。

表 2-3　金砖国家海洋研究方面关键词统计

国家	关键词（频次）
巴西	Brazil(55)、Estuary(30)、Numerical modeling(23)、Mangrove(22)、Climate change(21)、Marine protected areas(15)、Deep sea(13)、Stable isotopes(13)、Southwestern Atlantic(13)、Zooplankton(13)、Diet(12)、South Atlantic Ocean(12)、Eutrophication(12)、Nutrients(11)、South Atlantic(11)、Finite Element Method(11)、Hydrodynamics(11)、Phytoplankton(11)、Model test(11)
俄罗斯	Numerical modeling(107)、Black sea(42)、Remote sensing(36)、Arctic(29)、Sea of Okhotsk(27)、Climate change(26)、Temperature(23)、Barents sea(23)、Distribution(22)、Climate(21)、Atmosphere(21)、Turbulence(19)、Abyssal(19)、Arctic Ocean(19)、Kara sea(18)、Sea ice(17)、Zooplankton(17)、Tropical cyclone(17)
印度	Bay of Bengal(109)、India(65)、Arabian sea(60)、Indian Ocean(35)、New record(34)、Phytoplankton(29)、Salinity(26)、Nutrients(25)、Mangrove(25)、Distribution(23)、Diversity(21)、Tropical cyclone(21)、Chlorophyll(20)、Sea surface temperature(20)、Climate change(20)、Remote sensing(19)、Fish(18)、Copepods(17)、Upwelling(17)、Chlorophyll a(17)
中国	Numerical modeling(302)、South China Sea(295)、East China Sea(118)、Model test(97)、Vortex-induced vibration(94)、Remote sensing(90)、Yellow Sea(80)、Sediment(76)、CFD(73)、Mesoscale eddies(72)、Sediment transport(70)、Phytoplankton(69)、Bohai Sea(65)、Wave(63)、Northern South China Sea(61)、Hydrodynamics(60)、China(59)、Fluid-structure interaction(59)、Sea surface temperature(57)
南非	South Africa(20)、Estuary(13)、Climate change(12)、Upwelling(11)、Mesoscale eddies(10)、Marine protected areas(10)、Agulhas Current(9)、Food web(9)、Stable isotopes(8)、Temperature(8)、Southern Ocean(8)、Fisheries management(7)、Water masses(6)、Numerical modeling(6)、Chlorophyll a(5)、Diet(5)、primary production(5)、Micronekton(5)、Pinniped(5)、Benguela(5)、Southern Benguela(5)、Trophic level(5)、Management(5)

2）学科领域

从金砖国家海洋研究方面发文所涉及的学科领域来看，主要涉及海洋学、工程学、海洋与淡水生物学、气象与大气科学等学科领域，如图 2-9 所示。

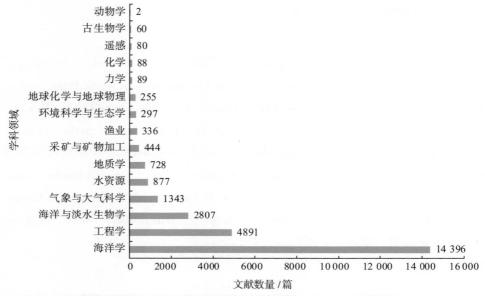

图2-9　金砖国家海洋研究方面发文涉及的学科领域发文量

　　金砖国家海洋研究方面发文所侧重的学科领域不尽相同。例如，除了五国均占据明显数量优势的海洋学以外，中国在工程学领域发文比重较大，俄罗斯在气象与大气科学领域发文比重较大，南非和巴西在海洋与淡水生物学领域发文比重较大，如图2-10所示。

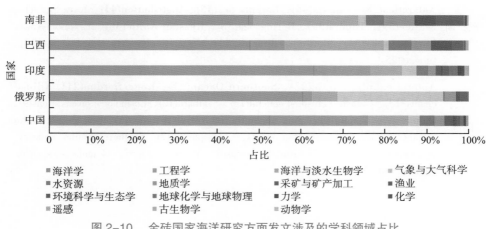

图2-10　金砖国家海洋研究方面发文涉及的学科领域占比

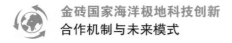

（2）极地领域

1）关键词

统计发现，巴西在极地研究方面出现较多的关键词为 Antarctica、Taxonomy、Southern Ocean、Climate change、Antarctic、Fungi、Extremophiles、Antarctic Peninsula 等；俄罗斯出现较多的关键词为 Arctic、Climate change、Permafrost、Arctic Ocean、Russia、Antarctica、Siberia 等；印度出现较多的关键词为 Antarctica、Arctic、Southern Ocean、Kongsfjorden、Climate change、Galaxies: clusters: general、Svalbard 等；中国出现较多的关键词为 Arctic、Climate change、Sea ice、Antarctica、Arctic Ocean、Antarctic、Arctic Oscillation、China 等；南非出现较多的关键词为 Antarctica、Southern Ocean、Climate change、Prince Edward Islands、Seabirds、South Africa、Marion Island、Arctic、Galaxies: clusters: general 等，如表 2-4 所示。

表 2-4　金砖国家极地研究方面关键词统计

国家	关键词（频次）
巴西	Antarctica(89)、Taxonomy(20)、Southern Ocean(19)、Climate change(19)、Antarctic(16)、Fungi(16)、Extremophiles(16)、Antarctic Peninsula(15)、Galaxies: clusters: general(14)、Trace elements(13)、Ecology(9)、Diversity(9)、Seabirds(9)、Stable isotopes(8)、King George Island(8)、Mosses(8)、Morphology(8)、Remote sensing(8)、South Atlantic(7)、Gravitational lensing: weak(7)
俄罗斯	Arctic(335)、Climate change(93)、Permafrost(85)、Arctic Ocean(67)、Russia(62)、Antarctica(58)、Siberia(46)、Barents Sea(45)、Distribution(43)、Kara Sea(41)、Sea ice(39)、Tundra(39)、Bering Sea(38)、Russian Arctic(36)、Taxonomy(32)、Biogeography(31)、Bottom sediments(31)、New species(30)、Laptev Sea(29)、Climate(25)
印度	Antarctica(30)、Arctic(23)、Southern Ocean(21)、Kongsfjorden(21)、Climate change(13)、Galaxies: clusters: general(13)、Svalbard(12)、Cosmology: observations(9)、Diatoms(9)、Glacier(9)、Sun: magnetic fields(8)、Nutrients(8)、Sea ice(8)、Indian Ocean(7)、Indian Summer Monsoon(7)、Chlorophyll a(7)、Southern annular mode(7)、Holocene(7)、Snow(6)、Schirmacher oasis(6)、Black carbon(6)、Remote sensing(6)、Himalaya(6)、India(6)

续表

国家	关键词（频次）
中国	Arctic(162)、Climate change(130)、Sea ice(122)、Antarctica(103)、Arctic Ocean(65)、Antarctic(58)、Arctic Oscillation(58)、China(53)、Tibetan Plateau(51)、Arctic sea ice(46)、Atmospheric circulation(43)、ENSO(42)、GRACE(42)、Permafrost(41)、Precipitation(38)、Antarctic krill(35)、Remote sensing(34)、Temperature(32)、Sea ice concentration(30)、Sea surface temperature(29)
南非	Antarctica(30)、Southern Ocean(30)、Climate change(27)、Prince Edward Islands(16)、Seabirds(15)、South Africa(13)、Marion Island(13)、Arctic(11)、Galaxies: clusters: general(10)、Sub−Antarctic(10)、Stable isotopes(9)、Sea ice(9)、Pinniped(9)、Cosmic background radiation(8)、Cosmology: observations(7)、Biogeography(7)、Distribution(7)、Antarctic(7)、Gravitational lensing: weak(6)

2）学科领域

金砖国家在极地研究方面整体上主要关注环境科学与生态学、地质学、气象与大气科学和海洋学等学科领域，如图 2-11 所示。

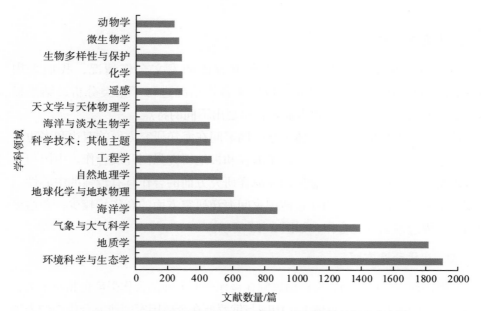

图 2-11　金砖国家极地研究方面发文涉及的学科领域发文量

金砖国家极地研究方面发文所侧重的学科领域不尽相同。中国在气象与大气科学领域发文比重较大，而俄罗斯在地质学领域发文比重较大，如图 2-12 所示。

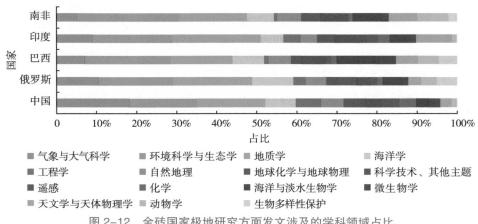

图 2-12　金砖国家极地研究方面发文涉及的学科领域占比

2.3.3　发文合作分析

（1）海洋研究方面

为了直观地呈现金砖国家海洋研究方面的发文合作情况，我们采用 VOSviewer 对金砖国家海洋研究领域发文合作情况进行了聚类分析，结果显示，金砖五国在海洋研究合作方面各自呈现出不同的特点。

从发文合作角度来看，总体上金砖国家间在海洋研究方面的双边和多边合作并不紧密，而分别更倾向于与传统海洋和极地研究强国开展合作。中国与金砖各国均有一定的合作，在金砖国家海洋研究方面的合作具有较强的中心性。印度、俄罗斯、南非和巴西在金砖国家间海洋研究方面的合作均较少，普遍更倾向于与周边国家开展合作，如图 2-13 所示。

（2）极地研究方面

与海洋研究方面相似，金砖国家间在极地研究方面的合作强度也相对不大，但具有较大的提升空间。总体上，中国与俄罗斯在金砖国家间研究合作中的表现较为突出，其他金砖三国合作表现一般，发文量相对较少。

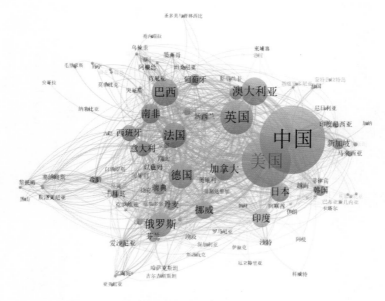

图2-13　金砖国家海洋研究方面发文合作情况

2.3.4　机构状况

（1）主要研究机构

通过对金砖国家发文量较多的机构进行分析可知，在海洋研究方面，巴西主要研究机构为圣保罗大学（Universidade de São Paulo）、里约热内卢联邦大学（Federal University of Rio de Janeiro）和伯南布哥大学（University of Pernambuco）等；俄罗斯主要研究机构为俄罗斯科学院（Russian Academy of Sciences，RAS）、罗蒙诺索夫国立大学（Lomonosov Moscow State University，MSU）、圣彼得堡国立大学（Saint Petersburg State University）等；印度主要研究机构为印度理工学院（Indian Institute of Technology）、印度科学与工业研究理事会（Council of Scientific & Industrial Research，CSIR）、印度农业研究理事会（Indian Council of Agricultural Research，ICAR）等；南非主要研究机构为开普敦大学（University of Cape Town）、尼尔森曼德拉大学（Nelson Mandela University）和罗德斯大学（Rhodes University）等，如表2-5所示。

表2-5 金砖国家海洋研究方面主要研究机构

排名	巴西		俄罗斯		印度		中国		南非	
	机构	发文量/篇	机构	发文量/篇	机构	发文量/篇	机构	发文量/篇	机构	发文量/篇
1	圣保罗大学（Universidade de São Paulo）	269	俄罗斯科学院（Russian Academy of Sciences, RAS）	1292	印度理工学院（Indian Institute of Technology）	285	中国科学院	1720	开普敦大学（University of Cape Town）	169
2	里约热内卢联邦大学（Federal University of Rio de Janeiro）	176	罗蒙诺索夫莫斯科国立大学（Lomonosov Moscow State University, MSU）	172	印度科学与工业研究理事会（Council of Scientific & Industrial Research, CSIR）	154	中国海洋大学	1584	尼尔森曼德拉大学（Nelson Mandela University）	94
3	伯南布哥大学（University of Pernambuco）	73	圣彼得堡国立大学（Saint Petersburg State University）	95	印度农业研究理事会（Indian Council of Agricultural Research, ICAR）	103	青岛海洋科学与技术国家实验室	1296	罗德斯大学（Rhodes University）	46
4	圣卡塔琳娜联邦大学（Universidade Federal de Santa Catarina）	71	远东联邦大学（Far Eastern Federal University）	53	印度国家海洋研究所（National Institute of Oceanography, NIO）	94	自然资源部	1109	夸祖鲁-纳塔尔大学（University of KwaZulu-Natal）	41
5	弗鲁米嫩塞联邦大学（Universidade Federal Fluminense）	68	俄罗斯国立水文气象大学（Russian State Hydrometeorological University, RSHU）	51	安纳马莱大学（Annamalai University）	51	中国科学院大学	816	南非水生生物研究所（South African Institute for Aquatic Biodiversity）	25

在极地研究方面，巴西主要研究机构为圣保罗大学（Universidade de São Paulo）、里奥格兰德大学（University of Rio Grande）、里约热内卢联邦大学（Federal University of Rio de Janeiro）；俄罗斯主要研究机构为俄罗斯科学院（Russian Academy of Sciences，RAS）、罗蒙诺索夫国立大学（Lomonosov Moscow State University，MSU）、圣彼得堡国立大学（Saint Petersburg State University）；印度主要研究机构为印度理工学院（Indian Institute of Technology）、印度科学与工业研究理事会（Council of Scientific & Industrial Research，CSIR）、印度地球科学局（Ministry of Earth Sciences）等；南非主要研究机构为开普敦大学（University of Cape Town）、比勒陀利亚大学（University of Pretoria）、约翰内斯堡大学（University of Johannesburg）等，如表2-6所示。

（2）研究机构合作情况

研究机构是国际合作的重要单元，为反映海洋和极地研究方面金砖国家重要研究机构合作情况，我们选择了金砖各国主要研究机构，并对其在国际机构合作中的状况进行了聚类分析。其中，颜色相同代表属于同一组聚类，合作较为紧密。

1）海洋研究方面

根据金砖国家主要研究机构间在海洋研究方面的整体合作状况可以看出，中国海洋大学、中国科学院、浙江大学及上海交通大学在机构层面的合作表现出较强的实力，但其合作对象主要以欧美等海洋强国为主，与金砖国家合作的力度尚显不足，具有较大的提升潜力。俄罗斯科学院在海洋研究方面与中国科学院具有一定的合作基础，而中国与其他金砖国家代表性机构，如南非开普敦大学、巴西圣保罗大学、印度理工学院等的合作则较少。

2）极地研究方面

根据金砖国家主要研究机构间在极地研究方面的整体合作状况可以看出，金砖国家极地研究的主要研究机构与海洋研究的主要研究机构基本一致，各国主要研究机构的合作圈相对独立。俄罗斯科学院对外合作的显示度较强，与中国科学院及欧洲相关研究机构具有一定的合作基础。其他金砖国家代表性机构，如巴西圣保罗大学、南非开普敦大学和印度理工学院等在金砖国家间的合作则较少。

表2-6 金砖国家极地研究方面主要研究机构

排名	巴西		俄罗斯		印度		中国		南非	
	机构	发文量/篇	机构	发文量/篇	机构	发文量/篇	机构	发文量/篇	机构	发文量/篇
1	圣保罗大学（Universidade de São Paulo）	221	俄罗斯科学院（Russian Academy of Sciences, RAS）	1755	印度理工学院（Indian Institute of Technology）	55	中国科学院	1472	开普敦大学（University of Cape Town）	196
2	里奥格兰德大学（University of Rio Grande）	82	罗蒙诺索夫莫斯科国立大学（Lomonosov Moscow State University, MSU）	408	印度科学与工业研究理事会（Council of Scientific & Industrial Research, CSIR）	45	中国科学院大学	505	比勒陀利亚大学（University of Pretoria）	101
3	里约热内卢联邦大学（Federal University of Rio de Janeiro）	60	圣彼得堡国立大学（Saint Petersburg State University）	218	印度地球科学局（Ministry of Earth Sciences）	39	南京信息工程大学	289	约翰内斯堡大学（University of Johannesburg）	55
4	南里奥格兰德联邦大学（Federal University of Rio Grande do Sul）	41	俄罗斯南北极研究中心（Arctic and Antarctic Research Institute, AARI）	145	印度国家极地与海洋研究中心（National Centre for Polar and Ocean Research, NCPOR）	68	中国海洋大学	263	斯泰伦博什大学（Stellenbosch University）	54
5	米纳吉拉斯联邦大学（Universidade Federal de Minas Gerais）	41	新西伯利亚国立大学（Novosibirsk State University, NSU）	82	印度国家海洋研究所（National Institute of Oceanography, NIO）	27	青岛海洋科学与技术国家实验室	252	尼尔森曼德拉大学（Nelson Mandela University）	51

2.4 小 结

①从金砖国家发文量的长周期变化来看，中国在海洋和极地研究方面的论文增长较为显著。俄罗斯在极地研究方面具有较强的实力。印度、巴西和南非在海洋和极地研究方面与世界海洋强国差距明显。从全球范围来看，金砖国家海洋和极地研究的总体体量和影响力与美国等世界海洋强国具有较大的差距。相对于其他金砖国家，中国在海洋与极地研究方面的发文总量最大，与欧美日等海洋强国差距相对不大。

②在海洋研究方面，金砖国家主要侧重对邻近海域的研究，各国在深远海及其他全球性海洋问题方面尚不具备坚实的研究积累。俄罗斯在极地研究方面具有独特的优势，其在极地研究方面的论文产出远高于海洋领域，这与其重视北极战略地位的国策有重要关系。由于研究规模普遍不大，从文献计量的角度来看，金砖国家与美国等传统海洋强国相比，在海洋和极地研究领域没有十分显著的优势方向，但从另一个角度来看，未来增长潜力较大。

③在国际合作上，中国在海洋研究方面对外合作的强度较为突出，与金砖国家均有一定的合作。金砖其他四国海洋研究方面的主要国际合作对象均为美国等海洋强国。在极地研究方面，中国和俄罗斯具有一定的对外合作，但规模有限。中国科学院、俄罗斯科学院、巴西圣保罗大学、印度理工学院、南非开普敦大学是金砖国家中开展研究合作的主要机构。

第三章
巴西海洋与极地领域研究概况

巴西位于南美洲东部，东濒大西洋，海岸线长度约为 7400 千米，国土面积 851.49 万平方千米，共有 26 个州，其中 15 个州位于大西洋沿岸，此外，巴西拥有四大海岛：罗卡斯环礁、费尔南多·迪诺罗尼亚群岛、特林达迪和马丁瓦斯群岛、圣佩德罗和圣保罗群岛 [1]。巴西高度重视海洋与极地科技创新，推行了一系列海洋与极地战略规划，旨在保护海洋与极地资源，增强海洋与极地领域整体科技水平和能力。

3.1 海洋领域

3.1.1 战略、政策和规划

巴西海洋管理的法律与政策依据主要包括宪法和国家海洋政策。巴西拥有漫长的海岸线和广阔的海域，海洋运输业和海洋石油工业在国家经济中占有重要地位，90% 的贸易通过海运。巴西于 1988 年制定新宪法，提出了海洋空间的概念，并建立巴西领海制度，将巴西专属经济区、大陆架资源及海岸带列为"国家财富"。随后，巴西颁布了一系列国家海洋政策，如表 3-1 所示，以指导国家海洋管理机制，协调各类海洋活动，确保国家的社会、经济、环境与安全利益。

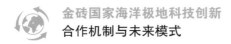
表 3-1　巴西海洋主要战略、政策及规划

年份	名称	主要负责机构
2000	《国家保护区管理系统法》（9.985 号法令）	渔业和水产养殖特别秘书处（SEAP）、水产养殖和渔业国家理事会（CONAPE）
2000	《深水油气技术研发计划》（PROCAP3000）	巴西国家石油公司、巴西石油管理局
2002	《圣保罗州渔业和水产养殖法典》	渔业和水产养殖特别秘书处（SEAP）
2005	《国家海洋资源政策》（PNRM）	部际海洋资源委员会秘书处（SECIRM）
2009	《南大西洋和赤道周边国际海域矿物资源勘探开发计划》（PROAREA）	部际海洋资源委员会（CIRM）
2011	《深水油气技术研发计划》（PROCAP 未来愿景）	巴西国家石油公司、巴西石油管理局
2014	《国家知识平台计划》	巴西科技部
2018	《石油创新计划》	巴西矿业能源部、巴西国家能源政策委员会
2020	《海洋资源部门计划》（第十版）（PSRM）	部际海洋资源委员会（CIRM）

（1）海洋产业管理政策

巴西颁布一系列法律指导海洋活动，规范海洋管理。海洋产业相关法律有《促进和保护渔业活动法》《石油投资法》（第 9.478 号）、《环境政策法》（第 6.938 号）、《港口法》、《旅游法》等，规定了海洋产业发展的法律边界。第 9.478 号法令是巴西石油天然气工业的基本法，明确了石油天然气工业在巴西能源政策中的地位和作用，制定了石油天然气工业经营管理的各项法规。2018 年，巴西颁布了第 9.312 号和第 9.313 号法令，创建特林达迪和马丁瓦斯群岛、圣佩德罗和圣保罗群岛两大海洋保护区。此举一方面是为了加强对海洋生物多样性的保护和可持续利用，维护巴西保护环境、履行国际公约的良好国际形象；另一方面是为了扩大巴西在南大西洋的军事影响力，谋求军事和政治战略利益。

（2）海洋产业扶植政策

巴西政府制订了海洋产业扶植计划，通过采取直接投入、财政补贴等方式支持海洋产业发展。为扶持本国海洋渔业，巴西曾严禁国外资本进入海洋捕捞行业。2018年，巴西政府实施了一系列"石油创新计划"，公布了一揽子石油创新刺激和补贴政策，以推动自主深海采油工程技术的研发和利用[2]。巴西实施港口系统私有化，有条件地延长私营企业经营权，鼓励国营和私营港口间展开竞争，同时要求沿海航运的船舶必须由巴西船厂建造。2019年，巴西政府对盐下层海洋油田勘探区块进行拍卖，吸引外国企业参与油气勘探开发，同时加大力度提高海工装备国产化率，以加快本国深海油气开采装备制造技术的提升。

（3）海洋资源政策

巴西部际海洋资源委员会（CIRM）[3]协调开展《海洋资源部门计划》（PSRM）的若干行动，以保护及可持续开发海洋资源。

专栏 3-1　海洋资源部门计划
目　　标：通过海洋学监测、气候研究、自然资源的开发和保护，进一步加强对领海、专属经济区的管控。
协调部门：部际海洋资源委员会秘书处。
政府部门：外交部（MRE）、农业、畜牧与供应部（MAPA）、矿产和能源部（MME）、科技创新及通信部（MCTIC）、环境部（MMA）、教育部（MEC）、巴西海军（EMA和DHN）、渔业和水产养殖特别秘书处（SEAP/PR）。
科研机构：巴西环境与可再生自然资源研究所（IBAMA）、奇科·门德斯生物多样性保护研究所（ICMBio）。

该计划的第一版着重于为巴西的海洋环境及其资源的可持续利用提供有效方法，随后的版本则促进了科学研究、技术开发和观测系统的发展，通过"海洋、沿海地区和南极洲"主题计划政策，增强了巴西在国际水域、海洋岛屿的影响力。2020年11月16日颁布的《海洋资源部门计划》第十版，保持了由学术及政府机构共同参与的管理模式，强调了通过环境和生物多样性监测手段推动该领域科学技术创新的发展思路。

2005年2月23日，巴西颁布部际海洋资源委员会制定的《国家海洋资源政策》，目的在于调查、勘探、开发和利用领海、专属经济区和大陆架的生物、矿藏与能源资源，促进国家社会与经济发展，创造新的就业机会。主要内容包括：提出海洋资源科研、勘探与开发的基本原则（海洋资源适度开发，确保对领海和大陆架进行综合管理，海洋资源保护、勘探与开发应与国家的财政预算相适应，鼓励私营企业参与等）；制定各项涉海政策与战略计划间的协调机制（国家各部委涉海政策的协调）；完善政府各项海洋资源工作督促检查措施；加强海洋资源保护立法工作；鼓励对国家管辖海域以外的海洋资源进行开发；推进涉海教育研究机构的建设规划。

3.1.2 涉海政府管理机构和决策机构

（1）管理机构

巴西的海洋管理工作采用高层决策与协调和部门分工相结合的模式，高层决策与协调机构是部际海洋资源委员会，具体涉海工作由各有关政府职能部门负责（图3-1）。

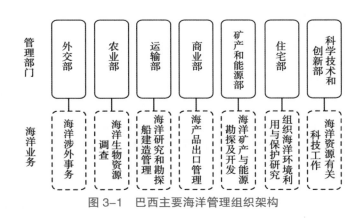

图3-1 巴西主要海洋管理组织架构

主要涉海部门的职责如下。

①外交部：负责海洋涉外事务，向部际海洋资源委员会和有关部门通报涉外海洋政策重要事项和协调各部门间涉外海洋事务[3]；

②农业部：组织海洋生物资源调查研究，负责与海洋资源的保护、生产与消费等有关的工作；

③运输部：对海洋研究和勘探船的建造进行管理并提供支援，其下属的国

家水路运输局负责船舶航行与人员安全等海事管理与执法工作；

④商业部：负责促进船舶与海洋仪器与设备的研究与发展及海产品出口管理；

⑤矿产和能源部：负责海洋矿产与能源资源的勘探与开发[4]；

⑥住宅部：针对住宅问题，组织海洋环境利用与保护研究；

⑦科学、技术和创新部：负责组织与海洋资源研究、勘探、开发与管理有关的科学技术工作[5]。

（2）决策机构

联邦宪法是巴西海洋管理的最高法律依据，它规定了联邦、州和市政府的海洋管理职责、原则和基本关系。联邦政府负责制定海洋管理中具有普遍意义的政策，州政府执行这些政策并制定相应的执行标准和细化项目。市政府根据当地的具体情况，制定配套法规来补充和完善联邦及各州制定的政策。

3.1.3　涉海科研机构

巴西国家石油公司（Petrobras）是一个以石油为主体、上下游一体化跨国经营的国家石油公司。1963年，巴西国家石油公司研究中心（CENPES）成立，位于里约热内卢联邦大学科技园内，是巴西最重要的涉海油气资源科研机构，也是深水油气领域全球知名研究中心之一。CENPES占地面积超过30万平方米，含227个实验室，试验装置达到8000余台，投资近7亿美元。

专栏3-2　巴西国家石油公司研究中心

CENPES是巴西国家石油公司最重要的工程技术研发基地。中心致力于前沿的勘探技术、油藏模拟、深水及超深水技术、重质油、提高采收率、盐下层、精细化工、油气运输、天然气、可再生能源与生物燃料、环境、气候变化等能源相关领域的研究。其与14所巴西著名大学建立了联合实验室，还与位于里约热内卢联邦大学科技园内的斯伦贝谢、TechnipFMC、贝克休斯、GE、泰纳瑞斯等设备及油服企业开展密切的科研合作。除CENPES，巴西国家石油公司还拥有其他重要的科研基地，如福塔莱萨（天然气与生物质转化）、Guamar（生物燃料）、Aracaju（油田开发）、Miranga（二氧化碳技术）、Taquipe（油气井技术）、南圣马特乌斯（精细化工）。

巴西主要海洋科研机构及所在城市如表 3-2 所示。

表 3-2　巴西主要海洋科研机构及所在城市

序号	科研机构	所在城市
1	巴西国家石油公司研究中心（CENPES）	里约热内卢
2	巴西里约热内卢联邦大学（UFRJ）	里约热内卢
3	巴西圣保罗大学（USP）	圣保罗
4	巴西国家海洋与水运研究院（INPOH）	里奥格兰德
5	南极环境研究国家科学技术所	里约热内卢
6	南极研究中心	圣保罗
7	极地青年科学家联盟	圣保罗
8	南大河州联邦大学（UFRGS）	南里奥格兰德州

巴西里约热内卢联邦大学（Federal University of Rio de Janeiro，UFRJ）建立于 1920 年，设有 49 个院系，拥有 3000 余名教师，是全球最重要的石油技术研究机构之一。其 COPPE 工程研究院拥有国际一流的专家学者和实验条件，在深水石油技术领域颇有建树，同时为巴西深水工业界及学术界培养了大批人才，为巴西国家战略计划 PROCAP 3000（3000 米深水采油技术突破）做出重要贡献。该研究院主要研究方向包括：船舶与海洋浮式平台设计及制造、海洋工程结构物设计开发、水下生产系统的设计制造及安装、水动力学、结构力学、模型试验技术及相关理论、海洋钻井工艺及安全可靠性评估、海洋工程新材料、海洋新能源开发利用等。其与本领域内许多顶级大学和科研机构都有密切往来，如麻省理工学院、加州大学、佛罗里达大学、纽卡斯尔大学、挪威科学技术大学等。除此之外，海洋工程系还是巴西海军、巴西国家石油公司等机构的工程项目重要合作者。

巴西圣保罗大学[6]（Universidade de São Paulo，USP），属于圣保罗州政府所资助维持的 3 家公立大学之一。该校于 1934 年创办，为巴西第一所，同时也是现今规模最大的现代综合性高等学校。圣保罗大学是巴西最大的公立大学和最重要的研究机构，其下属的圣保罗大学海洋研究所（IO-USP）[5] 成立于

1946 年，其主要的研究内容包含 4 个主题：生态系统结构和功能、生物资源的可持续利用、环境影响及海岸管理、海洋和河口生物的分类学和生态生理学。IO-USP 在国家层面开展了各种各样的研究活动，并积极参与国际计划。该研究所的主要目标是了解复杂的海洋生态系统，合理和可持续利用海洋资源，研究大西洋水体的循环模式及物质和热量的传输机制。

巴西国家海洋与水运研究院成立于 2013 年，其主要目标是促进生物和地质海洋学领域的科学和技术发展，研究领域包括海洋—大气相互作用、海洋渔业和水产养殖、港口研究、沿海和海底工程、海洋生物多样性、海洋能等。

3.1.4 研发计划与科研项目

巴西十分重视技术创新和整合应用，为保持在全球深海油气勘探开发方面的领先优势，实施了系列技术攻关计划，积极开展科研项目，稳步推进海洋开发技术发展和创新，深水勘探不断取得进展，探明油气储量和产量大幅增加。

（1）研发计划

1）系列深水油气技术研发计划

巴西在深水及超深水油气勘探领域拥有众多先进技术，先后实施了深水油田开采技术创新和开发计划（PROCAP）（表 3-3）、"海洋稠油创新计划"（PROPES）、"提高采收率计划"（PRAVAP），使巴西在深水、超深水、复杂盐下层、海上稠油开采方面实现海洋工程技术及装备跨越发展，其"FPSO+ 水下油气生产系统"开发模式被业内称为"巴西模式"。

表 3-3 深水油田开采技术创新和开发计划（PROCAP）

计划	年份	目标	研究内容
PROCAP 1000	1986—1991	构建 1000 米水深油气勘探开发能力	岩土工程、海洋气象数据收集、系泊、隔水管、水下设备和浮式生产装置
PROCAP 2000	1993—1999	构建 2000 米水深油气勘探开发能力	2500 米深卧式采油树、钻井隔水管、超深水细长井、用于 RJS396 地区的水下生产系统装备

计划	年份	目标	研究内容
PROCAP 3000	2000—2010	构建 3000 米水深油气勘探开发能力	井控、智能化油田、钻井与完井设备、超深水钻井和完井流体、盐下钻井、超深水油井完整性、人工举升、钢制悬束式立管、柔性立管、3000 米水下设备、非常规生产体系、超深水固井、浮式采油储油卸油系统（FPSO）和单柱平台新船体设计、深部电阻率成像测井等
PROCAP 未来愿景	2011—至今	开发新技术，满足超深水盐下油气藏高效勘探开发的需要	新一代生产系统、建井、油藏和生产组织四大领域

系列研发计划使得巴西深海作业能力不断加强，跨国石油公司纷纷进入巴西，深海开发科技创新与发展走向快车道。

2）圣佩德罗和圣保罗群岛计划

巴西第二项重大海洋计划是圣佩德罗和圣保罗群岛计划（PROARQUIPELAGO），旨在增强其在南大西洋的地位。该计划以部际海洋资源委员会（CIRM）第 1号决议的形式设立，并在圣佩德罗和圣保罗群岛建立了"研究事务工作组"。

专栏 3-3　圣佩德罗和圣保罗群岛计划

目标：占领该海岛并设立研究站点。

措施：

①更名。圣佩德罗和圣保罗群岛之前一直被称为"岩礁"，CIRM 1996 年的第 1 号决议提议采取必要法律措施将"圣佩德罗和圣保罗岩礁群"的名称改为"圣佩德罗和圣保罗群岛"。

②占领整个群岛。1998 年，PROARQUIPELAGO 研究站点在圣佩德罗和圣保罗群岛揭牌，CIRM 正式认定"自此，当地保持常住人口"。

成果：确立了对该区域 200 海里内专属经济区和大陆架所享有的权利。

意义：推动巴西在圣佩德罗和圣保罗群岛区域的科研项目，包含地震、地质、地理、生物、渔业等领域。

3）南大西洋和赤道周边国际海域矿物资源勘探开发计划

2009 年 9 月，部际海洋资源委员会（CIRM）推出了南大西洋和赤道周边国际海域矿物资源勘探开发计划（PROAREA）。与前述几个计划相比，

PROAREA 其所涉及的活动针对巴西管辖以外的海域。

专栏 3-4　南大西洋和赤道周边国际海域矿物资源勘探开发计划

目标：
①收集产勘查开发相关资料；
②获取矿产开发活动和环境管理必要的技术、经济和环境信息；
③增强巴西在赤道海域、南大西洋地区的地位。
研究内容：
①系统地整合信息；
②评估海底矿产资源潜力；
③研究在经济、技术、环境和法律上的可行性；
④在与国际海底管理局（ISA）缔结合同的基础上进行海底矿产资源的勘察开发。
计划进展：
巴西已针对在南大西洋和赤道周边国际海域进行矿产资源勘察开发，向 ISA 提交了工作计划。2013 年 12 月，巴西提出通过国有性质的矿产资源勘查公司（CPRM）在该海域开发富钴结壳的申请。CPRM 工作计划中提到的海域位于里奥格兰德地区，距离里约热内卢约 1500 千米。该工作计划得到 ISA 法律和技术委员会认可后，获得 ISA 理事会的通过。ISA 和 CPRM 于 2015 年 11 月 9 日签订了关于许可后者进行海底矿产资源勘察开发的合同，合同期限首期为 15 年。依据 CPRM 提交的工作计划，项目执行分为 3 个阶段，每个阶段为期 5 年。第一阶段是进行海洋勘探研究，第二阶段是对该区域的矿物、结构和地貌特征进行评估，第三阶段是提出可供选择的区域，对其中已探明的矿产资源从经济、环境和技术方面进行可行性研究。

4）石油创新计划

2012 年，巴西政府公布了一揽子刺激和补贴政策，并实施了"石油创新计划"。政府还投入 15 亿美元用于推动石油工程和生产技术的创新研发，以推动自主深海采油工程技术的研发和利用[6]。

巴西国家石油公司 2016 年近 1/3 的资金用于投资 111 所国内外大学，并且根据巴西国家石油公司公布的《2018 — 2022 年商业管理计划》，继续投入约 72 亿美元用于工程技术的研发。

（2）科研项目

1）"蓝色亚马孙"项目

2010 年 8 月，巴西部际海洋资源委员会（CIRM）第 3 号决议决定设立巴西大陆架扩展计划小组委员会，并对巴西在200海里外仍未获得大陆架界限委员会（CLPC）认可的区域进行评估，CIRM第3号决议规定："尽管没有最终确定200海里之外区域大陆架的延伸界限，巴西有权事先评估在200海里以外大陆架上进行研究的授权请求。这一请求的基础是2004年交由CLPC审议的扩展划界提案。"

"蓝色亚马孙"项目引发了广泛的社会反响和关注，联邦参议院还倡议设立"蓝色亚马孙日"。2015年6月，巴西联邦众议院宪法与司法委员会（CCJ）以"不容置疑"的形式通过了参议院提案。"蓝色亚马孙日"提议最初确定为每年12月10日，以纪念《联合国海洋法公约》的通过之日。但巴西众议院文化委员会提出修改设立日并得到了CCJ的认可，众议院宪法、司法和公民委员会最终批准了参议院第7903/14号法案，将11月16日，即《联合国海洋法公约》的生效之日定为"蓝色亚马孙日"[7]。

2）特林达德岛科研项目

2007年5月，巴西部际海洋资源委员会（CIRM）通过了特林达德岛科研计划（PROTRINDADE），由海洋资源部门计划小组委员会监督其活动，目的是推动特林达德岛及其附属岛屿的科学研究活动，2011年12月，建立了特林达德岛研究站（ECIT），并开始在巴西海军许可的条件下，在特林达德和马丁瓦斯群岛及其附属海域建造用于科研人员生活的基础设施及科研设施。

3.2 极地领域

3.2.1 战略、政策和规划

巴西作为南美国家，其战略重心一直位于南大西洋和南美洲地区，21世纪以来，巴西开始积极介入南极事务，深化对南极治理和全球事务的参与度，并循序渐进地参与北极事务，借此提升本国国际影响力。

（1）深度介入南极治理，提升巴西国际影响力和话语权

巴西借助多边合作舞台，积极参与区域和全球事务。在南极领域国际论坛上，巴西南极计划（PROANTAR）一直是热点问题。在IBSA（由印度、巴西和南非组成的论坛）科学技术工作组的议程及金砖国家主导的科学、技术和创

新计划（ST & I）中，也已开始涵盖南极主题。对巴西来说，南极大陆既是有效提升南美洲国家间合作的重要平台，又是金砖国家等新兴经济体之间亟待拓展的合作领域，更是确保和提升巴西大国地位的重要渠道。

（2）借助南极科考，推动科技创新并带动相关产业的发展

南极科考是巴西实现科技创新和产业发展相互融合的重要平台，有利于提升科技创新水平和相关经济产业竞争力。南极科考促进了古生物学、社会学、政治地理和国际关系等研究，开拓了新的探索领域，如传染病的载体、人类生物学、极端情况下极地医疗学。在南极开展的国家科学项目也促进了矿产资源勘查公司（CPRM）等企业的发展。

此外，巴西积极参与南极事务，借助《南极条约》体系规则，加强了与其他国家及相关国际组织在科研领域的国际合作，共享南极观测资料和研究成果，带动国家生产力水平提高，服务于本国国家利益的实现。

（3）研究所主导的管理模式

巴西南极考察采用研究所主导的管理模式，由研究机构优化配置各种资源组织科学考察，提升极地考察能力，维护国家在南极的实质性权益，制订其南极政策和中长期南极科考计划。

（4）巴西南极计划

巴西于 1975 年加入《南极条约》，并于 1982 年启动了巴西南极计划（PROANTAR）。巴西加入《南极条约》，研究国际科学的最前沿领域，为国家科学界创造了更多空间和海底探索的机会。PROANTAR 以多学科和多机构合作的方式促进了其在南极洲的研究活动，该区域研究的发展保证了巴西作为《南极条约》协商缔约国的地位，从而确保了其在协商条约会议期间充分行使关于决定该大陆未来的权利。在过去的 30 多年中，PROANTAR 在海洋学、生物学、冰川学、地质学、气象学等多个领域的研究项目年平均 20 余个。

3.2.2　极地政府管理机构

巴西的南极政策由不同的政府部门分管，其中还包括联邦大学和研究所。另外，军队（特别是空军和海军）也在巴西南极计划中发挥着重要作用（表 3-4）。

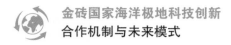
表 3-4　巴西主要极地政府管理机构

序号	机构	简介
1	科技部南极研究国家委员会	①负责制订南极科研计划，跟踪南极科研项目的执行状况，参与南极科研国际合作项目，向巴西国内其他政府部门有关南极事务决策提供咨询意见； ②负责促进巴西南极计划与国际南极研究机构的联系，了解各国南极计划的活动和成果； ③关于南极科学政治的咨询部门
2	部际海洋资源委员会	隶属巴西海军，负责南极科学考察站的维护和运营，为前往南极大陆和南大洋进行科学考察的科学家提供后勤保障
3	南极事务国家委员会	负责为巴西总统南极事务决策提供咨询意见，该委员会是总统的国家顾问委员会，负责规划和执行国家南极事务政策，该委员会直接联系巴西外交部和总统
4	支持巴西南极计划的议会联合会	议会各委员会常设的联合会，负责监督巴西南极计划及南极利益，包括经费、工作进展等。联合会设 1 名主席，共有 175 名成员

3.2.3　极地科研机构和决策机构

巴西非常重视南极科研机构的设立和资源整合[7]，目前在南极乔治王岛上建有费拉兹基地。此外，巴西还建立了数个专门从事南极研究的实验室和科研机构，包括里约热内卢联邦大学"南极环境研究国家科学技术所"、圣保罗大学"南极研究中心"、"极地青年科学家联盟"（Association of Polar Early Career Scientists）巴西分支机构等。

3.2.4　科研项目与资金投入

巴西政府于 2014 年 5 月发布《巴西 2013—2020 年南极科学计划》，该文件根据南极地区和南美洲环境的联系，确定了 5 个科学研究优先领域（冰冻圈在环境系统和气候变化中的角色；气候变化对南极生态系统生物复杂性的影响及其与南美洲的联系；南大洋地区的气候变化及其敏感性；南极在冈瓦纳大陆演化和破裂及南大西洋演化过程中的角色；南极地区高层大气动力学及其与南美洲的联系），着重强调对影响南美洲尤其是巴西的过程研究。此外，该文件还强调了另外 4 个方面的研究，即对新兴领域的研究、南北极之间的联系研究、培养巴西南极研究专家及增进巴西南极研究成果在国际社会上的传播和影响力。《巴西 2013—2020 年南极科学计划》对巴西南极计划有着巨大的指导意义，标志着南极科研与开发项目在巴西日渐成熟。巴西政府在南极开发中投入的充足资金，保证了南极科考的平稳有序进行，资金投入如表 3-5 和表 3-6 所示。

表 3-5　2012—2018 年南极开发经费（海军与国会）

年份	海军 / 万美元	国会 / 万美元
2012	234	45
2013	194	—
2014	168	22
2015	128	—
2016	128	77
2017	92	20
2018	40	65

表 3-6　2019 年巴西南极计划联邦资金投入

目录	资金投入 / 万美元
可自由支配资金	1080
购置 3 架飞机	1140
科考站研究支出	1710
空运支出	285
购置 1 艘极地船	6050

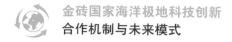

3.2.5 极地科考（站）和基础设施

（1）极地科考（站）

国家南极项目管理委员会（COMNAP）是成立于 1988 年的国际协会，其目的是促进南极科学研究，促进国际伙伴关系发展，提供信息交流的机会和向《南极条约》体系提供来自巴西南极计划专业知识库的客观、实用的非政治性建议，根据"COMNAP（2017）"调研，在南极建立研究基地的国家共计 30 个，有 10 个国家不止一个科考站，但巴西等 9 个国家仅有一个常年站，阿根廷、智利、俄罗斯和美国在南极大陆建立的科考站数量较多，说明科考站等基础设施对南极大陆科考具有重要作用。

专栏 3-5　费拉兹司令科学考察站（EACF）

费拉兹司令科学考察站（简称"费拉兹站"）于 1984 年投入运行，但在 2012 年的一场火灾中被烧毁，为重建这一科考站，巴西于 2015 年进行国际招标，中国电子进出口有限公司中标承建。重建工程始于 2016 年年底，采用了中国 10 多年前开始应用的全装配式建造模式。与中国合作对于确保残骸清除和紧急重建至关重要。该站由 226 个集装箱式的模块组成，分东区、西区和技术区，配有实验室、设备用房、图书馆和生活娱乐等各类设施，于 2020 年 3 月完成设备调试并正式交付。新科考站总面积逾 4900 平方米，全站可容纳 60 余人。新站工程建设克服了南极恶劣的自然条件和物流、交通等多种困难，项目设计采用了多项新技术，充分考虑利用绿色环保能源，为全站提供安全、舒适的环境空间。中国企业与巴西合作建设费拉兹站的积极合作，为后期中巴南极科学与技术研发合作奠定了良好的基础。

（2）基础设施与后勤保障

巴西国家石油公司和海军于 2020 年 8 月续签了支持巴西及其南极洲科学任务的协议，5 年内巴西国家石油公司将继续支持海洋资源部门计划（PSRM）和巴西南极计划（PROANTAR）的科学任务，整个执行过程项目经费约 4 亿雷亚尔（约合人民币 4.6 亿元），用于石油和天然气的勘探和开发。协议规定，巴西国家石油公司必须投资金额相当于大油田生产总收入的 1% 用于购置设备，巴西国家石油公司与巴西海军之间的合作保证了用于培训、维护和科研的燃料，在部际海洋资源委员会（CIRM）协调下进行各种行动和计划，保证项目进展的连续性及气象和海洋学数据监测设备的使用[8]。

根据巴西海军与 OI 公司（巴西最大的固定电话运营商）之间的合作协议，国家电信局（ANATEL）和科技部参与在新的费拉兹站上安装了先进的电信系统。在南极大陆工作的巴西科学家和军事人员拥有了集成通话和高速互联网的移动（蜂窝）网络，整个科考站无线覆盖，通过卫星接收电视信号。

巴西空军的 C-130 飞机是巴西和南极地区之间人员和货物运输的主要方式之一。每年，科考队都会得到运输集团第一中队飞机物资运输支持，每次南极行动期间要进行 10 次飞行，在冬季（该地区的冰盖不允许船只接近）期间，则通过降落伞把新鲜食品、设备、药品和信件等物品空投到南极大陆科考站。

里奥格兰德市南极后勤站（ESANTAR-RG）是部际海洋资源委员会（CIRM）与里奥格兰德联邦大学（FURG）合作组建的。ESANTAR-RG 投入运行已有37 年以上，它为与巴西南极计划（PROANTAR）相关的南极探险队提供后勤支持。里奥格兰德（Rio Grande）是巴西最南端的城市，有一个大型海港，是大型科考船的战略要地（主要是支援船 Ary Rongel-H44 及极地船 Almirante Maximiano-H41）。南极行动每年一次，通常在 10 月至 11 月开始，支援船从里约热内卢驶向冰冷的大陆，里奥格兰德是巴西船只的最后停靠站，同时里奥格兰德市南极后勤站也为南极科考站提供了支援。该后勤站的职责包括寄送和费拉兹站材料的保管、维护、获取、分发等，材料包括专用服装、冰上使用的车辆、露营材料（帐篷、发电机、防水油布、电线杆等），以及登山工具、食品、药品和其他用品。除了派出两艘船以外，部际海洋资源委员会和巴西空军合作，定期进行支援飞行，通常每年 10 趟航班，大都集中在南半球的夏季月份，在这些航班上，后勤站向南极洲的研究小组递送更多材料，还为访问该地区的小组（如议员、新闻工作者、军事人员和各种机构科研人员）提供服装（图 3-2）。

（3）科考船

巴西拥有两艘科考船 Almirante Maximiano（H41）和 Ary Rongel（H44），它们配备了直升机停机坪和机库，最多可操作两架 HelibrásUH-13Esquilo 直升机，其基本情况如表 3-7 所示。

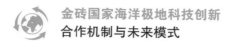

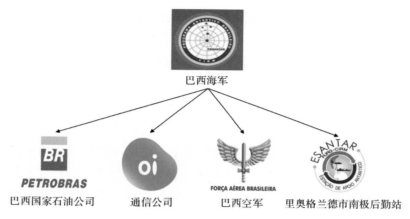

巴西海军

巴西国家石油公司 通信公司 巴西空军 里奥格兰德市南极后勤站

图 3-2 极地基础设施建设机构合作示意

表 3-7 科考船基本参数

Ary Rongel（H44）	总长	75.3 米
	型宽	13.0 米
	吃水	5.3 米
	设计航速	14.5 节
	总吨位	1959 吨（标准） 3686 吨（满载）
	定员	70 人（其中 22 名科学家）
	船载设施	直升机停机坪、两架 HelibrásUH-13Esquilo 直升机
Almirante Maximiano（H41）	总长	93.4 米
	型宽	13.4 米
	吃水	6.59 米
	设计航速	13 节
	总吨位	3865 吨（标准） 5450 吨（满载）
	船载设施	直升机停机坪、两架 HelibrásUH-13Esquilo 直升机

3.3 小 结

①巴西颁布了相对完备的海洋政策，涉及海洋管理、海洋产业和海洋资源保护等领域[8]，积极谋划介入南极事务，增强在本区域的影响力；

②建立了海洋与极地管理、协调机制，设有部际海洋资源委员会协调海洋与极地资源开发，指导国家海洋管理，南极考察采用科学主导的管理模式，由研究机构优化配置各种资源组织科学考察，确保国家的社会、经济、环境与安全利益；

③海洋与极地科学研究基地主要分布在巴西东南部沿海地区，具有优越的地理位置，机构间交流合作密切，是国家海洋与极地领域科学研究的中坚力量；

④巴西政府增加资金投入，并在南极建立费拉兹站开展研究，推行巴西南极计划，循序渐进参与北极事务。

参考文献

［1］巴西联邦政府官网.国家地理概况 [EB/OL].[2021-03-20].https://www.gov.br/pt-br.

［2］吴林强，张涛，郭洪周，等.巴西海洋油气工业发展成功经验及启示 [J].国际石油经济，2018，2610:32-41.

［3］巴西部际间资源管理委员会官网.部际间资源管理委员会职能介绍 [EB/OL].[2021-03-20].https://www.marinha.mil.br/secirm.

［4］巴西矿产与能源部官网.矿产与能源部职能介绍 [EB/OL].[2021-03-21].https://www.gov.br/mme/pt-br.

［5］巴西科学、技术和创新部官网.科学、技术和创新部职能介绍 [EB/OL]. [2021-03-21].https://www.gov.br/mcti/pt-br.

［6］巴西圣保罗大学官网.巴西圣保罗大学简介 [EB/OL].[2021-04-20].https://www5.usp.br.

［7］亚历山大·佩雷拉·达席尔瓦.巴西的海洋政策及其对海洋法的立场 [J].拉丁美洲研究，2017，39(2):110-121，157-158.

［8］SHADMAN M，SILVA C，FALLER D，et al.Ocean renewable energy potential，technology，and deployments: A case study of Brazil[J].Energies，2019，12（19）:3658.

第四章
俄罗斯海洋与极地领域研究概况

俄罗斯北临北冰洋的巴伦支海、白海、嗜拉海、拉普捷夫海、东西伯利亚海和楚科奇海，东濒太平洋的白令海、鄂霍茨克海和日本海，西连大西洋的波罗的海、黑海和亚速海。海岸线长达 3.4 万千米，是一个有着悠久海洋历史传统的海洋大国。俄罗斯作为北极周边地区最为重要的国家之一，俄属北极地区面积达 882 万平方千米，约占整个北极地区的 53%，远大于加拿大和美国北极地区面积。漫长的海洋边界、广阔的领海和海洋经济区、丰富的自然资源、寒冷的气候等构成北冰洋和北极地区对俄罗斯的特殊重要性。尤其近几十年来，随着全球气候变化，在北极开辟海上运输航道成为可能，俄罗斯致力于打造北方海航道，强化其在北极的特殊战略地位，使北极更好地为俄罗斯的国家安全与经济发展服务。

4.1 海洋领域

4.1.1 战略、政策和规划

俄罗斯是一个有着悠久海洋历史传统的海洋大国，长期致力于海洋强国战略目标。2000 年以来，俄罗斯相继出台了一系列战略规划性文件（表 4-1），其海洋战略越来越主动积极，架构起俄罗斯海洋战略部署框架。为保障海洋战略部署任务的落地实施，俄罗斯也相继出台了海洋政策文件，将参与全球治理与维护海洋权益密切结合，以《联合国海洋法公约》为基础参与解决全球其他对俄罗斯重点海域的划界谈判，实现其涉海利益最大化，同时也为与相邻国家

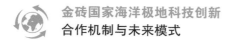
开展合作创造良好条件 [1]。

表 4-1　俄罗斯海洋战略、政策及规划

签发年份	文件名称	内容要点
2001	《俄罗斯联邦 2020 年前海洋学说》	明确了俄罗斯海洋战略的目标与原则，标志着俄罗斯海洋战略基本形成，自此进入了积极拓展海洋利益的新阶段
2001	《俄罗斯联邦政府关于海洋部门的决定》	明确设立俄罗斯联邦政府海洋委员会及其主要任务与相关工作
2010	《2030 年前俄罗斯联邦海洋发展战略》	明确了至 2030 年俄罗斯参与全球海洋治理和维护海洋权益的战略部署
2011	《俄罗斯联邦"世界洋"目标纲要》	
2011	《世界海洋环境研究子纲要》	
2011	《俄罗斯在世界海洋的军事战略利益子纲要》	明确了俄罗斯谋划世界海洋权益、开展各项海洋活动与海洋利益拓展等方面的法律、资金和机制保障
2011	《建立国家统一的世界海洋信息保障系统子纲要》	
2011	《世界海洋和南北极的矿物资源分纲要》	
2015	《俄罗斯联邦海洋学说》	针对世界地缘政治局势的新变化，提出了俄罗斯海军和海洋活动未来发展的重点
2017	《2030 年前国家军事海洋活动政策基本原则》	确定了当今时期俄罗斯的海洋利益、面临的海上安全威胁、海洋政策的方向及海军建设的重点

（1）《俄罗斯联邦海洋学说》（2015 年版）

2015 年 7 月，俄罗斯总统普京签署《俄罗斯联邦海洋学说》，明确规定了俄罗斯的海洋战略目标，涵盖了俄罗斯战略部署的四大职能（海上运输活动、开发和保护世界海洋资源、海洋科学研究、海军和其他海事活动）和六大地区

（大西洋、北极、太平洋、印度洋、里海和南极）发展方向，详细论述了俄罗斯在世界海洋活动中的具体政策及 8 项重点任务：降低俄罗斯联邦北极地区面临的国家安全威胁；发展克里米亚地区的基础设施建设；强化在黑海地区的战略地位；确保在大西洋地区的足够存在；优先在本国造船厂建造船只；保持在地中海的常态化存在；加强北方舰队力量；遏制北约逼近俄罗斯边境的势头。海洋学说的实施有助于俄罗斯的可持续发展，有效地保护了俄罗斯联邦在海洋中的国家利益，提高和维持了其国际声誉，加强了其作为海洋强国的地位。

海洋学说中提出增加基础和应用科学资助，确保海洋活动和海事潜能的可持续发展，加强俄罗斯联邦的国家安全，减少自然灾害和人为灾害造成的损害。长期任务是对海洋环境、资源和海洋空间，以及与世界海洋有关的问题提供系统研究；加强对世界海洋的认识，确保有效执行和保护俄罗斯联邦的国家利益；建立和发展全国（跨行业）科技联合体；发展国际合作，包括在海事活动领域有关国际组织框架内的活动。

（2）《2030 年前国家军事海洋活动政策基本原则》

2017 年 7 月，俄罗斯总统普京签署《2030 年前国家军事海洋活动政策基本原则》，由俄罗斯政府负责落实实施。该文件是确定俄罗斯国家海洋政策及其实施机制的基本文件，是俄罗斯海军进行海洋军事活动和武器装备建设的顶层指导文件。

该文件分析了当前俄罗斯所面临的来自海洋方面的威胁，提出了 2030 年前俄罗斯在海洋军事活动领域的政策目标、任务和优先方向及其落实机制，明确了海军和联邦安全局在俄罗斯海上军事实力架构中的地位。俄罗斯联邦的海洋军事活动是以维护国防安全为目的，研究、开发和利用世界海洋进行的国家活动，是与保卫俄罗斯联邦国家利益和安全有关的海上军事活动，属于国家最优先的活动。该文件从国防安全、经济、外交活动、生态安全等领域确定了俄罗斯海洋军事活动的任务，明确了海洋军事活动优先发展方向与海军在防范军事冲突和实现战略威慑中的主要任务。该文件是在国际形势和俄罗斯周边安全环境发生重大变化的背景下发布的，是俄罗斯开展海洋军事活动、加强海军建设的基本指导思想和行动纲领。

4.1.2 涉海政府管理机构和决策机构

俄罗斯海洋管理体系主要包括联邦总统、联邦议会、联邦政府各相关涉海部门及地方各级政府机构。各相关涉海部门根据职能负责所管辖范围内的工作，如自然资源部负责海洋资源勘探、开发、利用和保护工作，俄罗斯安全委员会负责制定俄罗斯联邦在世界大洋的安全战略方针。针对涉海部门层次多、科学技术综合性强等特点，俄罗斯建立了综合协调和决策咨询机制，包括成立俄罗斯联邦政府海洋委员会（以下简称"海洋委员会"），以及建立多部门多学科专家咨询委员会、跨部门协调委员会等。

海洋委员会成立于 2004 年 6 月 11 日，是俄罗斯最高级别的海洋事务协调机构。委员会由 1 位主席、3 位副主席、29 位委员组成。主席由联邦副总理担任，联邦运输部部长、工业贸易部部长、海军舰队总司令分别担任副主席，委员主要由联邦各涉海部门的高层官员、沿海地区州长、相关科研机构及俄罗斯船主协会主席组成。海洋委员会下设 9 个跨部门委员会和 1 个常设秘书处（图 4-1），主要任务是确保落实《俄罗斯联邦海洋学说》规定的任务，研究国家海洋政策及其相关问题并提出相应解决方案。

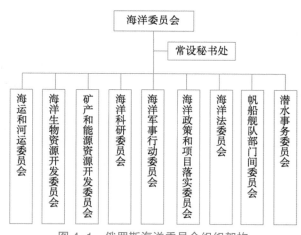

图 4-1 俄罗斯海洋委员会组织架构

海洋委员会的任务包括：①协调各部门落实《俄罗斯联邦海洋学说》、保障海洋活动、分析国外海洋强国开发和利用海洋潜力的趋势、确定实施和通过俄罗斯联邦海洋领域的新文件，以及解决俄罗斯联邦海洋活动中出现的问题，完善国际合作的法律基础，在国际海洋领域国际谈判中捍卫俄罗斯的利益，完成俄罗斯在海洋活动领域和在建设、改造及修理船舶方面的专项纲要，开发世界海洋矿物和生物资源，提高俄罗斯海洋活动在解决地缘政治、安全、经济、对外政策和社会等领域任务的能力，解决研究和开发世界海洋中出现的问题。②为保障俄罗斯联邦海洋活动进行科技综合研究，向大众传媒介绍俄罗斯联邦海洋活动的相关信息。③确定海洋政策的目标和任务，以及俄罗斯联邦从国家政策和相应的国际纲领出发开展海洋活动的纲领。

4.1.3　涉海科研机构

　　俄罗斯涉海科研机构主要分为四大类：俄罗斯科学院下属研究机构、国家与部委级科研机构、高等院校科研机构与企业科研机构。俄罗斯主要涉海科研机构基本上集中在圣彼得堡。涉海研究机构的基本情况如表 4-2 所示，其中，代表性研究所概况介绍如下。

表 4-2　俄罗斯主要涉海科研机构

序号	机构名称	简介
1	俄罗斯科学院希尔绍夫海洋研究所	总部设在莫斯科，另有圣彼得堡分所、加里宁格勒大西洋分所、格林瑞克南方分所等，主要研究海洋学基础理论
2	俄罗斯科学院远东分院	位于符拉迪沃斯托克，现有科研人员 1461 人，包括 13 名院士，主要研究方向包括海洋学、生物学等，并与中国山东省科学院签署了科技合作协议
3	俄罗斯中央造船工艺科学研究院	位于圣彼得堡，是一个大型科艺科研机构，是俄罗斯造船工业主导工艺中心
4	俄罗斯中央水文仪器科研院	位于圣彼得堡，是各类海水下技术的主要科学研究和设计制造研究院
5	全俄渔业与海洋科学研究所	位于莫斯科，是渔业部门的主要科学研究所，协调渔业科研工作计划和项目的完成，确保俄罗斯联邦所有渔业科研单位工作的高效性
6	圣彼得堡国立海洋技术大学	位于圣彼得堡，是俄罗斯培养世界级海洋工程师和专家的大学

续表

序号	机构名称	简介
7	圣彼得堡国立水上交通大学	位于圣彼得堡，是俄罗斯最重要的海洋与水上交通高等学校，设有船舶制造、航海等专业，致力于培养核能源船只人才
8	国立海洋大学	位于圣彼得堡，设有船舶驾驶培训学院、船舶学院等
9	俄罗斯国立水文气象大学	位于圣彼得堡，是世界上第一个水文气象方面的高等学府
10	俄罗斯科学院远东分院海洋调查自动化特种装备设计局	位于南萨哈林斯克，主要研究、开发、制造和引进适用于海洋科学研究的专用机械设备等

（1）俄罗斯科学院希尔绍夫海洋研究所[①]

希尔绍夫海洋研究所成立于 1946 年，是俄罗斯海洋学领域规模最大的研究中心，主要目标在于研究世界海洋和俄罗斯海域的海洋学基础理论，特别是海洋动力学和生物结构等问题，并开展对海洋的物理、化学、生物和地质过程的调查研究，奠定科学基础，预测地球气候变化，合理利用海洋资源，维护生态安全。希尔绍夫海洋研究所总部设在莫斯科，下辖 39 个实验室和若干研究组，分别从事海洋物理学、海洋地质学、海洋生物学及海洋工程的综合研究。

大西洋舰队基地和太平洋舰队基地是希尔绍夫海洋研究所科考船基地。研究所拥有规模庞大的科考船队及卓越的载人深潜器，包括 3 艘大型（6000 吨级）科考船"Akademik Mstislav Keldysh"号、"Akademik Sergei Vavilov"号和"Akademik Ioffe"号，2 艘中型（超过 1000 吨）科考船"Professor Shtockman"号和"Rift"号，3 艘小型（不到 1000 吨）科考船"Shelf"号、"Aquanaut"号和"Aquanaut-2"号，以及"米尔"号、"双鱼座"号、"阿古斯"号等载人潜水器。

（2）俄罗斯科学院远东分院太平洋海洋研究所[②]

太平洋海洋研究所始建于 1973 年，是俄罗斯科学院远东分院下属的主要

---

① 俄罗斯希尔绍夫海洋研究所官网（https://ocean.ru）。

② 俄罗斯太平洋海洋研究所官网（https://www.poi.dvo.ru）。

研究单位之一，主要从事海洋水体的水物理、水化学和水体物综合研究，海洋和大气的能量与物质交换及其相互作用研究，太平洋地质、地球物理、地球化学及其矿物资源研究，海洋调查新方法的开发与新技术的研制，遥控方法与技术的开发与应用研究，海洋地理数据库的创建与分析。研究所调查研究范围包括太平洋，以及菲律宾海、南中国海、日本海、鄂霍茨克海和白令海等亚太边缘海。研究所下设综合海洋室、海洋声学室、海洋与大气物理室、海洋化学室、海洋研究技术方法室、地质与地球物理室、信息技术室、卫星海洋室和生物化学技术室共 9 个研究室，另外设有 2 个日本海近岸观察站。

（3）俄罗斯科学院远东分院海洋调查自动化特种装备设计局 [①]

1978 年 3 月，苏联科学院决定以远东科技中心南萨哈林斯克综合研究所水生实验室为基础，组建海洋调查自动化特种装备设计科研机构，后更名为俄罗斯科学院远东分院海洋调查自动化特种装备设计局。该机构的主要任务包括研究、开发、制造和引进适用于海洋科学研究的专用机械设备，并确定以下研究方向：组建深海底栖自动站，用于监测及收集海洋内声学、地震和水文物理数据；研发与深海底栖自动站分离的同步测试自动系统，用于海洋问题的诊断和水生环境动态参数的监测；研制多参数线缆底栖监测站，用于监测声纳信号传播，以及影响信号传播的波浪、潮汐、季节条件、水下湍流、表面波、冰情和外源噪声（包括舰艇船噪声）等因素；研发可用于水文测量的核素自动化系统；研发水下电缆传输技术及岸上水文预测基站，预警破坏性海啸的发生；研究沿海居民的转移和港口船舶的风险规避，减少自然灾害给远东地区造成经济损失；研制深水监测站，用于监测远东海洋的地震活跃地区及核爆炸试验；研发无线电遥测系统，用于监测灯塔表面及海底折射波接收与记录数据。

（4）俄罗斯科学院远东分院海洋技术问题研究所 [②]

俄罗斯科学院远东分院海洋技术问题研究所成立于 1988 年 4 月 1 日。研究所致力于水下机器人、水文物理学、再生能源及海洋生态系统监测等相关技术研发。研究所的主要研究方向包括发展利用无缆自主式无人潜航器和探测海

① 俄罗斯科学院远东分院海洋调查自动化特种装备设计局官网（https://www.skbsami.ru）。
② 俄罗斯科学院远东分院海洋技术问题研究所官网（https://www.imtp.febras.ru）。

洋的新方法和原理研究、水文物理学研究、可再生资源和非传统动能研究、无人潜航器生态监测应用研究等。

（5）俄罗斯克雷洛夫中央科学研究院[①]

俄罗斯克雷洛夫中央科学研究院是俄罗斯最大的舰船及海洋装备综合科研机构，主要从事舰船水动力学、结构力学、声学、动力装置、概念设计等领域研究。该院研究涉及船队发展预测、船舶制造规划、船舶流体力学、船体结构牢固和震颤、船舶动力、核子辐射和生态安全性、舰船声学动力设备和机械等领域，保证俄罗斯军队、民用舰船及海洋工程结构物的设计与建造。

（6）俄罗斯圣彼得堡国立海洋技术大学[②]

俄罗斯圣彼得堡国立海洋技术大学是俄罗斯唯一一所培养优秀海洋专业工程师的大学。学校设立 3 个基础系，分别是海洋船舶设计、建造和使用，水上战艇和潜艇，石油天然气及海底矿物的开采技术方法。在极地装备技术方面，该校为各类冰区船舶与海洋平台提供有力的技术支持，参与了包括"阿斯特拉罕"型破冰船、LK60 核动力破冰船、"Polyarnaya Zvezda"半潜式冰区海洋钻井平台等极地装备设计建造。学校以全日制教育为基础，开设专业包括远洋勘探、海洋生物研究、海洋地质勘探、环境工程。学科专业设置特色突出，在造船和航海技术、航海基础构造系统、应用机械学、流体气体动力学和飞行动力学、材料处理、机器人、信息科学和计算机工程等领域的人才培养达到国际一流水平。

4.1.4　科研项目与资金投入

（1）科研项目

2021 年 1 月，俄罗斯总理米舒斯京签署一项法令，批准了"2021 年至2030 年前基础科学研究计划"。该计划由 6 个子计划构成（图 4-2），包括对国家重大挑战和完善战略计划体系的分析及预测研究、保障俄罗斯的竞争力和科学领先地位、确保大型科学装置和超科学级机构的基础及探索性研究、按

---

① 俄罗斯克雷洛夫中央科学研究院官网（https://www.krylov-centre.ru）。

② 俄罗斯圣彼得堡大学官网（https://www.smtu.ru）。

照《俄罗斯科技发展战略》的基础和探索性研究、由科技创新基金资助的基础和探索性研究活动、保障俄罗斯国防和国家安全的科学研究。该计划主要任务是激发俄罗斯的科学潜力，建立有效的科学研究管理系统，以提高科学对经济发展的重要性和需求。俄罗斯政府将为计划的实施提供超过 2.1 万亿卢布（折合 1884 亿元人民币）的经费支持，其中，海洋科学研究经费预计约 2000 亿卢布（折合 172 亿元人民币）。该基础科学研究计划是由俄罗斯科学院在其他部委和重要科研机构的参与下制订的。俄罗斯科学院是该计划的协调者，负责对俄罗斯科研机构和高校的科学技术活动进行科学与方法指导，并负责对科研机构获得的科学技术成果进行鉴定。该计划的执行者，除俄罗斯科学院外，还包括所有重要部委、政府科学和教育下属组织（莫斯科国立大学、库尔恰托夫研究所等）。

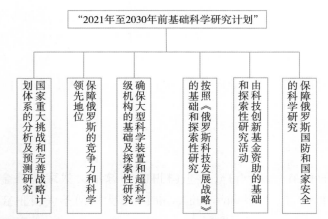

图 4-2　俄罗斯"2021 年至 2030 年前基础科学研究计划"子计划

（2）经费投入

俄罗斯联邦政府在经费投入力度上大力支撑其海洋强国战略。2018 年，俄罗斯的科研总经费增加到 600 亿卢布（折合 52 亿元人民币），海洋科学经费占比 10% 以上，即达到 60 亿卢布（折合 5.2 亿元人民币），居世界各国海洋科研经费投入力度的前沿水平。经费资助主要来自俄罗斯基础研究基金项目等预算内基金，另外俄罗斯技术发展基金作为预算外基金也发挥了重要作用。

近年来，俄罗斯不断减少俄罗斯科学院的经费投入，着力发展高等教育科研活动，包括海洋科研经费在内的大部分科研经费以竞争形式提供给各个大学，资金也以投标方式进行分配，充分调动了大学在海洋科研活动中的积极性、主动性，为俄罗斯海洋科技的发展注入了活力。

4.1.5　装备研发

俄罗斯在深海探测技术装备研发领域与美、日、法等国家并驾齐驱，处于世界领先水平，在俄罗斯世界海洋探测领域发挥了重要作用。

（1）载人潜水器

俄罗斯是目前世界上拥有载人潜水器最多的国家。比较著名的是 1987 年研发的 6000 米级"和平"系列载人潜水器，可持续开展长达 20 小时的高机动性下潜和探测，可以搭载 3 人，带有 12 套检测深海环境参数和海底地貌设备，在印度洋、太平洋、大西洋和北冰洋完成数千次科学考察任务。代表性任务包括"共青团号"核潜艇的核辐射探测、"泰坦尼克号"沉船的搜索和视频拍摄，以及"北极 –2007"海洋调查任务。"和平一号"载人潜水器如图 4-3 所示。

图 4-3　俄罗斯"和平一号"载人潜水器

（2）无人潜航器

"大键琴"是俄罗斯研制的深水无人潜航器，目前发展了"大键琴"1R（图4-4）和"大键琴"2R-PM两种型号。其中，"大键琴"1R已经在海军投入使用，"大键琴"2R-PM正处于研发中。"大键琴"系列无人潜航器携载摄像机、电磁探测器、声学分析器等探测设备，能够进行自主作业和按控制平台指令进行工作，主要用于搜索海底的武器装备残骸，进行海底环境研究和通信设备状态监视，执行多种军用和民用领域任务。"大键琴"1R在21世纪初研制，是"大键琴"系列无人潜航器的第一种型号，由位于符拉迪沃斯托克的俄罗斯科学院远东分院海洋技术问题研究所研制。试验期间，下潜到日本海及堪察加半岛的深海沟，在北极地区也进行了试用。2007年参加了北极考察活动，运载工具为"俄罗斯"号破冰船。此后在鄂霍次克海的搜索行动中，也使用了"大键琴"1R无人潜航器，目的是搜索沉入海底的放射性同位素源[2]。

图 4-4　俄罗斯"大键琴"1R 无人潜航器

俄罗斯"勇士"号无人潜航器是俄罗斯超深海下潜科研计划的组成部分。2017年9月启动研制计划，旨在开展深海科学研究。2020年5月8日下潜到马里亚纳海沟 10 028 米深处，下潜时间超过 3 小时。这是俄罗斯深海潜航器在全世界最深海沟进行的首次潜航行动，一举创下世界最深下潜纪录，具有重要的军事和科研价值。"勇士"号由自主无人下潜器、海底站和指挥控制设备组成，利用先进的人工智能技术，实行完全自动操控，能够自主判断分析并绕过障碍物寻找出口。

（3）深海空间站

1965 年，苏联船舶工业部成立深潜装备设计小组，开始进行核动力深海空间站研制工作，总设计单位是波浪设计局，后与机械制造设计装备局合并为孔雀石设计局。从 20 世纪 70 年代起，苏联与俄罗斯持续发展了 3 款 7 艘核动力深海空间站（表 4-3），主要用于开展海洋研究、地质研究、考古研究、地质勘探等作业，打捞坠入海里的飞机或其他设备，窃听敌方水下电缆，干扰敌方海底水下监听系统等任务 [3]。

表 4-3 苏联与俄罗斯已有深海空间站

型号	1910	18511	10831
代号	抹香鲸	X- 射线	Losharik
服役时间	1986 年	1986 年	2003 年
长 / 米	69	55	69 ~ 79
宽 / 米	7	—	5 ~ 7
最大潜深 / 米	700	—	6000
排水量 / 吨	1390	730	1600
配备	侧扫声呐、双光学潜望镜、高频表面光度计、摄像机、磁探仪、卫星导航等观导设备、遥控机械手装置、海水取样和分析系统等特殊装备，还设有多个辅助推进器，配置了坐底装置	—	机械手、岩石清理设备、电视抓斗等水下作业工具，探测海底地震形成断面用水声测量装备、测量海底沉积物深度的轮廓测定仪、侧扫声呐和多射线回声测深仪等设备

续表

型号	1910	18511	10831
任务/事件	完成大量科学研究、考察与搜救等任务，如1994年在南部巴伦支海的科学考察，2000年K-141"库尔斯克"号巡航导弹核潜艇的搜救工作	俄罗斯执行"北极2012"研究考察任务的主角	该深海空间站处于保密状态。2019年7月1日，水下突发火灾，造成14名俄罗斯海军军人丧生
概念图			

从2020年开始，俄罗斯鲁宾海洋中央工程设计局致力于建立一个由深海装备、海面舰艇及空中无人机共同组成的全球网络。该网络由大量深海潜艇、轻型水下航行器、水下照明设备、水面舰艇、无人机等共同组成。该项目致力于将海洋机器人与不同等级的航母、潜艇、水面舰艇等进行深度整合。该网络系统将网络原理应用于创建复杂的机器人综合系统，为海洋深处、海面、空中的各种装备建立统一的控制中心，为其提供导航、通信和控制等服务。

4.2 极地领域

4.2.1 战略、政策和规划

俄罗斯在国家战略层面上对南北极地区都给予了高度重视，联邦政府把南北极研究规划都纳入本国长远发展规划中。除美国之外，俄罗斯无疑对南北极科考与研究拥有绝对的实力和优势，这与其长期以来高度重视南北极的战略地位有关。近10年来，俄罗斯密集出台极地相关战略、政策和规划文件（表4-4），明确了俄罗斯对南北极的战略部署与法律保障体系。

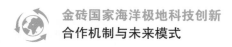
表 4-4　俄罗斯极地战略、政策和规划

签发或修订年份	名称	内容要点
2001	《俄罗斯 2001—2020 年期间海洋政策》	指出北冰洋地区是俄罗斯的五大战略重点区域之一，南北极和太平洋是俄罗斯海洋战略的重点
2008	《2020 年前及更远的未来俄罗斯联邦在北极地区的国家政策原则》	明确了俄罗斯联邦北极政策的主要目标、主要任务、战略重点、落实国家北极政策的机制、实现国家北极地区经济社会发展战略规划的办法，以及保障俄罗斯北极地区国家安全的措施
2009	《2030 年前俄罗斯能源战略》	将北极列为确保俄罗斯成为能源超级大国的地区之一，宣称俄罗斯希望加强俄罗斯能源公司的海外定位，为在北极开展精细能源项目提供有效的国际合作环境
2011	《截至 2020 年及之后俄罗斯联邦北极地区国家政策》	到 2020 年将北极建成俄罗斯最重要的能源战略基地，并维护其在北极区域的主导地位
2013	《俄罗斯 2013—2017 年南极科考计划》	支持俄罗斯对全球气候变化、冰川下的东方湖、地形测量、地图绘制的研究活动及为俄罗斯航空事业提供保障
2014	《2020 年前俄罗斯联邦北极地区社会经济发展国家纲要》	明确北极作为保障国家社会经济发展的战略资源基地，提出以重建北极基础设施和北极军事力量为核心的俄罗斯北极战略规划
2015	《2020 年前俄罗斯北极地区发展和国家安全保障战略》	提出了北极经济发展与北极领土安全并重的理念，强调未来国际政治将聚焦于能源争夺，北极是争夺的焦点地区之一，在争夺时不排除使用武力
2019	《2035 年北方航道基础设施发展规划》	制定了 11 个重点发展方向和共计 84 项具体措施，强化北方海航道在俄罗斯北极开发整体战略中的特殊意义
2020	《2035 年前俄罗斯联邦北极国家基本政策》	重申了俄罗斯在北极的利益，明确了俄属北极地区发展目标、主要方向和具体任务，对政策执行的制度保障和绩效评价等做出规定，是新时期指导俄罗斯北极开发和利用的战略性文件
2020	《2035 年前俄罗斯联邦北极地区发展和国家安全保障战略》	确定了提高北极地区经济发展水平的任务及解决措施

（1）《2035年北方航道基础设施发展规划》

2019年12月，俄罗斯总理梅德韦杰夫批准的《2035年北方航道基础设施发展规划》制定了11个重点发展方向和共计84项具体措施，确定了提高北极地区经济发展水平的任务，强化了北方海航道在俄罗斯北极开发整体战略中的特殊意义。规划将发展措施分为3个主要阶段，明确了一系列计划开展的活动、措施与工作方向等内容。

专栏4-1　《2035年北方航道基础设施发展规划》概况

实施阶段：2024年前、2030年前和2035年前。

系列活动：从发展基础设施到大型投资项目开发，从为通过北方航道准备过境运输的条件到解决北极地区的医疗和航行保障问题。特别提出由紧急情况部和国防部负责的紧急救援准备的问题。

主要内容：海港和集装箱码头的建设措施，应急－救援及辅助船队的建设措施，北方航道水域航海、水测保障设施的建设措施，核动力船队建设措施，促进发展北方航道水域内的货物运输、海上国际联运，建设海上物流中心的组织筹备措施，保证北方航道运输基地航空、铁路基础设施建设的措施，保障北航航道水域航海安全和通信的组织筹备措施，确保北方航道及沿岸基础设施建设能源供给的发展措施，确保北方航道水域内基础设施和医疗人才发展的措施，发展国有北极船舶制造业的措施，保障北方航道水域内生态安全的措施等内容。

解决措施：促进私人投资进入地质勘查领域；促进新油气及难采储量的开发；提高石油深加工能力；增加LNG和天然气化工产品的产量等。此外，投资者在对包括天然气供应在内的能源基础设施投资时，国家将提供支持。

到2035年，俄罗斯政府计划至少建造40艘北极船只，其中几艘是核破冰船。除了5艘LK60破冰船之外，俄罗斯还将建造3艘Lider级破冰船，并在整个区域内开辟宽阔的船道，以护送商船，配备120兆瓦发动机容量。此外，至少还将建造13艘新的水文测量船，其中包括一艘非常强大的具有顶级Arc7冰级的船舶。还计划至少建造16艘支援和救援船。该计划还概述了几艘船舶的升级和寿命的延长，其中包括核破冰船"Yamal""Taymyr""Vaygach"，以及核材料专用船"Lotta""Imandra""Serebryanka"。升级4个北极机场，修建铁路和海港，并促进对北极自然资源的大规模开采。

（2）《2035年前俄罗斯联邦北极国家政策的基本原则》

2020年3月，俄罗斯总统普京签署的《2035年前俄罗斯联邦北极国家政策的基本原则》提出将北方航道发展成具有全球竞争力的国际运输通道，明确将北极地区视为俄罗斯的最高国家利益。该文件要求俄罗斯加强双边和多边合作，并把其主要合作对象细分为北极四国（美国、加拿大、丹麦和挪威）、巴伦支海欧洲－北极理事会和北极理事会，推动北极理事会成为北极合作的关键区域合作协调机构。同时，该文件还强调与非北极圈国家建立互惠互利的合作关系。该文件的发布体现了俄罗斯对北极合作的一贯重视及提升其在北极话语权的最终政策目标。在积极推动北极合作的同时，俄罗斯也在积极强化其北极地区的军事存在，以应对北极军事化对其带来的安全挑战。

该文件确定北极科技发展方面的主要任务包括：加强北极优势学科领域的基础和应用性研究，实现北极科学研究的综合化、全景化；研究、贯彻北极开发过程中具有重大意义的技术，其中包括解决国防和社会安全领域任务的技术，研究应用于北极条件下的材料和技术；扩大对北极自然和人为造成的危险现象的研究，研究、贯彻在气候变化的条件下对危险现象进行预警的技术方法及提高生命财产安全的技术方法；研究、应用有效的工程技术决策，防止全球变暖情况下给基础设施带来的破坏；研究、发展保健措施，延长北极条件下居民的寿命；发展俄罗斯联邦科学技术考察船队。

（3）《2035 年前俄罗斯联邦北极地区发展和国家安全保障战略》

2020 年 10 月，俄罗斯总统普京签署《2035 年前俄罗斯联邦北极地区发展和国家安全保障战略》，在相应的总统令中责成俄罗斯联邦政府在 3 个月内批准实施《2035 年前俄罗斯联邦北极地区国家基本政策》及北极战略的统一行动计划。总统令还指出在北极的投资项目应推动科学密集型和高科技俄罗斯产品的生产。同时，根据该法令应把气候变暖认作是北极的主要危险和威胁。

在该战略中，俄罗斯阐述了北极地区发展状况和国家安全状况，指出北极地区生产的天然气占全俄罗斯产量的 80% 以上，石油占全俄罗斯产量的 17% 以上，北极大陆架蕴藏着超过 85.1 万亿立方米的天然气和 173 亿吨的石油，是俄罗斯矿物原料基地发展的战略储备。在该战略文件中指出实施该战略旨在保障俄罗斯在北极地区的国家利益，实现北极基本政策中确定的目标。该战略文件中涉及的不同领域战略部署任务如下。

专栏4–2　《2035年前俄罗斯联邦北极地区发展和国家安全保障战略》要点

（1）国防领域

在北极地区建立良好的作战制度，其中包括根据军事威胁的实际和预测情况保持俄罗斯联邦武装部队各集群及该地区其他部队和军事编队、机构的战备水平；驻扎在俄罗斯北极地区的武装部队必须配备现代化武器，必须改善驻扎基地的基础设施。

（2）社会领域

促进北极地区社会领域的发展，其中包括医疗保健系统和社会基础设施的现代化改造；消除对环境和经济活动的不利影响；保护北方少数民族文化；政府对住房和社会基础设施的支持。

（3）经济领域

在北极地区实行特殊经济制度，将有助于向循环经济的过渡，实现地质勘探领域的私人投资，创建新的工业生产项目并对现有工业生产项目进行现代化改造，以及发展科技密集型和高科技产业。此外，简化俄罗斯公民获取北极地区土地流程。

（4）航运建设和运输基础设施领域

政府对航运建设和海上运输（包括旅游业类）基础设施发展的支持：至少建造5艘22220型核动力破冰船、3艘Lider级核动力破冰船、16艘不同动力的紧急救援船和救援拖船、3艘水文测量船和2艘领航船。除海上运输基础设施外，还要发展北极地区的航空运输基础设施，在该地区建设机场和边检站。

（5）科技领域

指出了科技发展对北极地区发展的重要性，其中包括研发和应用在北极条件下开展经济活动所必需的新型功能材料和结构材料；开发可在北极自然气候条件下工作的车辆和飞行设备；开发保护北极地区居民健康和延长其寿命的技术；在北冰洋开展科考和水文研究，以确保该地区的航行安全。

（6）挑战和威胁

包括气候变暖（北极地区气候变暖的速度是全球平均速度的2～2.5倍），人口减少、生活质量落后、来自境外的有害和有毒物质感染风险、高职业风险、运输基础设施水平低、低效且具有不可持续性的柴油燃料使用比例高等。

基于俄罗斯在北极实践中实施的政策文件，可以发现其在北极的利益与大国地位的维护主要通过以下四方面实现。第一，积极参与并利用北极理事会平台巩固俄罗斯在北极和北冰洋的法律地位，反对北约和北极以外的国家介入北极事务。第二，主动借助《联合国海洋法公约》努力扩大俄罗斯北冰洋大陆架范围，不断寻找科学依据，向联合国大陆架划界委员会提出对北极海底大陆架的主权要求。第三，坚定推进北方海航道开通和相关设施建设，加大力度做好开通北方海航道的各项准备工作，包括建造油轮、破冰船队及建设港口铁路基础设施等。第四，着力完善北极地区军事设施，加强安全保障，加大北极地区军事部署与活动力度，为维护地缘战略安全及开发利用北极资源提供可靠保证。

4.2.2 极地政府管理机构

（1）俄罗斯政府管理体系

俄罗斯的极地科技体制是由联邦政府主导的多元化体制，联邦政府统一制定南北极政策和战略，而具体的管理实施工作由俄罗斯科学院和国家科学中心等的极地科研机构负责。

（2）俄罗斯联邦远东和北极发展部

俄罗斯联邦远东和北极发展部成立于 2019 年 2 月，其前身是俄罗斯远东发展部，负责制定俄罗斯联邦开发北极地带的国家政策、实施法律法规管理。俄罗斯联邦远东和北极发展部为俄罗斯北极地区 2021—2024 年的社会经济发展起草了新的国家计划，该计划将获得超过 226 亿卢布（折合 19.5 亿元人民币）的联邦资金。

（3）俄罗斯南北极研究所 [①]

俄罗斯南北极研究所（Arctic and Antarctic Research Institute，AARI）是俄罗斯南北极考察的组织、管理和研究机构，是俄罗斯最古老、最大的综合性极地研究机构，主要负责组建俄罗斯南极考察、管理考察站和科考船。其职责包括开发新的技术来测定和测量各种参数；收集、集成、分析和发布极地科学数据；为俄罗斯在两极的经济和国防等活动提供水文气象、水文物理和生态学数据与信息；规划、协调南北极科学研究工作，并提供考察站、科考船、飞机等后勤支持；培养高水平的科研人员等。

AARI 在南北极地区广泛开展海洋学、海冰物理学、海洋水与陆水、气象学、海—气相互作用、地球物理学、海冰研究、冰川学、极地地理学、水文化学、河流水文与水资源、生态学、船体及其他冰区工程到极地医学等领域的科学研究。研究所现有 17 个研究部门，建有极地博物馆、冰与水文气象信息中

---

① 俄罗斯南北极研究所官网（http://www.aari.ru）。

心、世界数据中心（海冰）、低温实验室、科研设备研发中心。AARI 负责管理的 8 个南极考察站中 6 个为全年站，可容纳 429 名度夏人员或 148 名越冬人员，并拥有多艘科考船。

4.2.3　极地科研机构和决策机构

俄罗斯的极地科研机构主要分为 3 个部分：第一部分是俄罗斯科学院及其下属的研究所；第二部分是国家科学中心涉及极地的研究所；第三部分是高等院校的研究机构（表 4–5）。

表 4–5　俄罗斯极地科研机构分布

序号	科研机构	所在城市	简介
1	圣彼得堡大学	圣彼得堡	俄罗斯第一所大学及重要的科研文教中心
2	俄罗斯国立水文气象大学	圣彼得堡	世界上第一个水文气象方面的高等学府。下设 5 个主要科系：气象学系、水文学系、海洋学系、生态和环境物理系、经济和人文系
3	俄罗斯国家水文研究所	圣彼得堡	俄罗斯最主要的水文科学研究机构，对国内从事各类水体研究的科研、学术和设计组织，具有协调作用
4	俄罗斯南北极研究所（AARI）	圣彼得堡	见 4.2.2 小节"（3）"
5	莫斯科国立大学	莫斯科	俄罗斯规模最大、历史最悠久的综合性研究型高等院校
6	俄罗斯科学院希尔绍夫海洋研究所	莫斯科	俄罗斯最大的综合性海洋研究所。主要研究海洋学基础理论，特别是海洋动力学和生物结构等问题，并开展对海洋物理、化学、生物和地质过程的调查研究，以及里海水位变化的专题研究
7	俄罗斯科学院地理研究所	莫斯科	见本段内容
8	俄罗斯科学院远东分院北极科研中心	马加丹	见本段内容

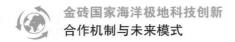
续表

序号	科研机构	所在城市	简介
9	俄罗斯科学院远东分院太平洋海洋研究所	符拉迪沃斯托克	俄罗斯科学院下属研究机构。主要研究方向：海洋水体的水物理、水化学和水体物综合研究；太平洋地质、地球物理、地球化学及其矿物资源研究；海洋调查新方法的开发与新技术的研制，遥控方法与技术的开发与应用，海洋地理数据库的创建与分析

俄罗斯科学院下属涉海研究所研究领域普遍涉及北极海域研究，如希尔绍夫海洋研究所、俄罗斯科学院远东分院太平洋海洋研究所、俄罗斯科学院地理研究所等研究机构。其中，俄罗斯科学院地理研究所主要负责一些大型的跨国研究项目，如"俄罗斯北极沿岸卫星水文学监测与环境变化评估""欧洲北极高危地区冰川数据整合"等。俄罗斯科学院远东分院北极研究中心成立于1991年，前身为俄罗斯科学院远东分院与阿拉斯加大学联合成立的北极国际研究中心。该中心旨在研究俄罗斯东北部极端气候条件下的本土和外来人口的生理适应性、生存能力和生态系统等。

设有极地研究机构的俄罗斯高等院校主要包括圣彼得堡大学国家水文研究所、莫斯科国立大学国际关系学院、俄罗斯国立水文气象大学国家经济和公共管理学院等。该类极地研究机构在俄罗斯联邦教育与科学部的统一协调下开展南北极研究工作。

4.2.4 科研项目与资金投入

（1）科研项目

1）俄罗斯2013—2017年南极科考计划

2013年1月，俄罗斯颁布《俄罗斯2013—2017年南极科考计划》，该计划支持俄罗斯对全球气候变化、冰川下的"东方湖"、地形测量、地图绘制的研究活动及为俄罗斯航天事业提供保障。该计划明确了俄罗斯南极科考活动的人员数量、可供使用的俄罗斯南极站、可供使用的季节性飞行基地、航空保障、能源保障、船只保障等规定。

专栏 4–3　《俄罗斯 2013—2017 年南极科考计划》规定事项

（1）人员数量

在不考虑科考船船员和飞机机组人员的情况下，每年俄罗斯南极科考队冬季组 110 人，其他季节组 120 人。

（2）可供使用的俄罗斯南极站

包括进度站、和平站、东方站、新拉扎列夫站、别林斯高晋站。

（3）可供使用的季节性飞行基地

包括友谊–4、联盟、青年、列宁格勒、俄罗斯、邦杰山（2015 年后投入使用）。

（4）航空保障

新拉扎列夫站机场和进度站机场为可以起降大中型飞机的冰雪机场，东方、青年、俄罗斯、友谊–4、邦杰山（2015—2017 年使用）等站点为可起降中小型飞机的冰雪机场。拥有 4 架 KA–32C 型直升机和 2 架中小型飞机。

（5）能源保障

每个南极站或季节性飞行基地 2013—2014 年供应柴油 1900 吨以上，2015 年后不少于 2150 吨，提供航空燃油 550 吨。

（6）船只保障

包括俄罗斯联邦水文和环境监测署所属的"菲奥德洛夫院士号"和"特列什尼科夫院士号"加强型破冰船，俄罗斯联邦地下资源署的"阿列克桑德·卡尔宾斯基院士号"科学考察船。

2）北极地区科学研究和环境监测

2019 年 2 月，俄罗斯总理梅德韦杰夫签署政府令，拨款 8.69 亿卢布（约合 0.13 亿美元）用于"穿越北极 –2019"考察活动项下的 2019 年北极地区科学研究和环境监测工作。该项目由俄罗斯国家科学中心与南北极研究所牵头实施。俄罗斯水文气象局下属的 4 艘科考船参与观测活动。该项目旨在恢复对北极盆地复杂科学的研究，并测试北极防冰平台运行的新技术。该科考活动共分为 4 个阶段（表 4–6），每个阶段都对北冰洋环境变化进行全面的跨学科研究。独特的数据可供科学家评估北极环境状态形成模式及其在现代全球变暖条件下可能发生的变化，改善北海航线水域安全航行所必需的天气和气候预报模型，该项目将致力于恢复俄罗斯对其边缘北极海域的自然环境状况和污染的国家综合监测系统。

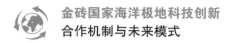

表 4-6　俄罗斯 2019 年北极地区科学研究和环境监测工作任务

科考阶段	起航日期	持续时间	科考船	科学计划
第一阶段	3 月	100 天	Akademik Treshnikov	利用现代技术手段、浮标系统、直升机的大规模海洋调查、冰与船的观测、海底监测研究海洋—冰—大气系统和近空间
第二阶段	5 月	26 天	Mikhail Somov	监测巴伦支海水域的自然环境。水文气象观测、冰情和野生动植物监测将沿着船只的路线进行
第三阶段	7 月	18 天	Professor Molehanov	在白令海和巴伦支海进行综合研究项目，并将其作为俄罗斯大学学生教育项目的一部分
第四阶段	7 月	90 天	Professor Multanovsky	国家监测从楚科奇到巴伦支海的水域中的自然环境

3）北极大规模考察

2021 年 3 月，俄罗斯自然资源部宣布本年度将在北极地区开展大规模考察活动，考察内容包括生态、生物、水文环境和气候变化等 8 个研究领域。本次北极考察汇聚了俄罗斯 20 多个科研院所、11 个高校的科研人员，共同实施 40 余个综合研究项目，是俄罗斯历史上规模较大的北极考察活动。

（2）资金投入

北极一直是俄罗斯科学技术发展战略的优先实现区域，2010 年开始，俄罗斯每年投入 20 亿卢布（约合 7000 万美元）用于北极地区的科考与研究工作，其对北极研究的投入位居世界第一。

2019 年 12 月，俄罗斯总统驻远东联邦区全权代表尤里·特鲁特涅夫在莫斯科举行的"远东日"新闻发布会上表示，未来 5 年，俄罗斯对北极地区的投资将达到约 15 万亿卢布（约合 2372 亿美元）。

2020 年 10 月，俄罗斯远东和北极发展部为俄罗斯北极地区 2021—2024 年的社会经济发展起草了新的国家计划，将为北极经济提供 4900 亿卢布的投资，并创造 28 500 个就业机会，将促进北极地区的社会发展。

4.2.5　极地科考（站）和基础设施建设

（1）极地科考站

俄罗斯在北极的科考有独具的地缘优势，自 1937 年至今，已设立 41 个浮冰漂流站，分别是"北极 –1"至"北极 –41"。考察站的设立具有重要科学意义：可搜集有关自然、气候、海洋与大气之间相互作用的信息，有助于更准确地进行天气预报，为在北极海域航行的船只导航。

俄罗斯在南极的存在也有 200 多年的历史，至今建立了总计 8 个科考站常年站和季节站（表 4–7），为俄罗斯南极气候、环境、资源等方面的调查研究发挥了重要作用。

表 4–7　俄罗斯南极科考站基本情况

科考站名称	类型	修建时间	设立地点
和平站	常年站	1956 年	澳洲南极洲领地
东方站	常年站	1957 年	伊丽莎白公主地
新拉扎列夫站	常年站	1961 年	施尔马赫绿洲
青年站	常年站	1963 年	恩德比地
别林斯高晋站	常年站	1968 年	乔治王岛
列宁格勒站	常年站	1971 年	维多利亚地
俄罗斯站	常年站	1981 年	玛丽伯德地
进度站	夏季站	1988 年	拉斯曼丘陵

（2）极地气象站

北极气象站是保障北方航道航运安全的重要气象监测系统，俄罗斯在北极的气象网络部署了 123 座气象站。2020 年 1 月，俄罗斯副总理尤里·特鲁特涅夫在俄罗斯北极委员会会议上明确表示，俄罗斯在北极的气象网络已经退化到了"1950 年的水平"，俄罗斯将对北极的 123 座气象站进行升级。升级项目

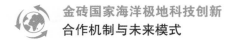
包括对气象服务机构俄罗斯联邦水文气象和环境监测局（Roshydromet）的 26 个北极监测点的现代化改进，同时也包括对另外 97 个监测点的现代化改造。北极东部海岸将被列入这一项目的优先考量事项中。俄罗斯远东与北极发展部称，将在 2024 年完成对这些气象站的升级。Roshydromet 对其位于北极海冰上的服务器信息系统进行升级的项目也得到了联邦资金的支持。气象站升级改造的现代化技术融合了俄罗斯国家原子能公司及其北方航道管理局的操作系统。

（3）极地基础设施建设

俄罗斯极地基础设施建设中最为突出的一项是破冰船队的建设，对于北方航道的运行与极地科考均发挥了重要作用。当前，俄罗斯拥有 40 艘柴电、核动力破冰船，在北极冰区航行具有垄断性支配能力。俄罗斯是目前唯一运营核动力破冰船的国家，但目前俄罗斯的核动力破冰船队无法满足未来北方航线的开发需要，急需建设新的破冰船。"俄罗斯"号和"苏联"号核动力破冰船已经服役超过 25 年，"亚马尔"号超过 20 年。未来 5 ~ 7 年，所有核动力破冰船都需要更新，到 2022 年前俄罗斯现有核动力破冰船队将只剩一艘"50 年胜利"号[4]。

"北极"号破冰船是目前世界上体积最大、动力最强的破冰船（图 4-5），2020 年 9 月交付俄罗斯国家原子能公司。"北极"号破冰船排水量约为 33 000 吨，长约 174 米，最高点约 50 米，船员能清楚地看到下方的冰面和周围环境。最早的"北极"级破冰船中，只有两艘——"亚马尔"号和"50 年胜利"号至今仍在服役，另外还有两艘稍小的核动力破冰船"泰米尔"号和"瓦伊巴赫"号。

俄罗斯新一代破冰船——"领导者"核动力破冰船于 2020 年年初通过审批，正式进入项目开发阶段，到 2027 年，该项目的预算达 1275.77 亿卢布。"领导者"核动力破冰船旨在为北海航线提供全年航行保障，项目的顺利实施将使该航线的通行速度提高 5 倍。该项目由克雷洛夫国家科学中心与冰山中央设计局共同设计开发。"领导者"核动力破冰船配备独特的螺旋桨，机械性能优越，能够根据破冰船的速度调整姿态，即破冰船的速度提升，可使得机动性和破冰能力大大提高。通过 2 米厚的冰层，普通破冰船的航速是 2 节，而"领导者"核动力破冰船的航速可达 14 节。"领导者"将成为世界上第一个安装新一代 RITM-

图4-5 俄罗斯"北极"号核动力破冰船

400核反应堆的破冰船，该破冰船可破4.5米厚的冰层，可以以任何方向穿越北极。首艘破冰船计划于2027年12月开始运行，到2033年计划投入运行3艘"领导者"核动力破冰船。俄罗斯总统普京称，"到2035年，北极舰队将至少拥有13艘重型破冰船，其中9艘将是核动力破冰船"。

4.3 小 结

俄罗斯不断加强海洋与极地开发的法律保障，推进海洋强国战略的实施，从海洋军事、海洋资源、海洋科技创新等方面维护本国海洋权益并参与全球治理。依托涉海科研机构及科研破冰船和极地科考站建设，在海洋与极地科考研究领域积累了强劲的实力与明显优势。

一是重视海军在维护海洋权益方面的重要作用。海军一直是俄罗斯维护国家海洋权益的重要力量，明确提出"海军活动是国家通过军事手段在世界海洋上建立和维持有利条件，实现可持续发展和落实俄罗斯联邦国家安全核心优先事项的坚定行动"。

二是重视海洋科技创新和应用，以科考成果维护本国海洋利益。俄罗斯在海洋领域一直奉行科技为先导、科考为基础的政策原则，在国家预算经费有限的情况下，仍然保证海洋科技研究基本经费，保持在潜水装备和深海探险方面的领先水平，巩固在北极和南极冰下探测和破冰船技术方面的独特优势，在世界海洋科考领域保持前列。

三是长期以来高度重视南北极战略地位，将南北极研究规划纳入本国长远发展规划，形成了与美国比肩的科考和研究优势。特别是在北极事务方面具有重要影响力，突出强调了"北极航道"对俄罗斯国家安全与可持续发展的重要性。

参考文献

［1］王骊久，徐晓天.俄罗斯参与全球海洋治理和维护海洋权益的政策及实践［J］.国家安全，2019(5):39–54.

［2］庄芷渔，耿彤.俄罗斯"大键琴"系列无人潜航器［J］.武器装备，2018(10):25–27.

［3］高端装备产业研究中心.俄罗斯特种核潜艇简析［EB/OL］.［2021–10–15］.https://mbd. baidu.com/ma/s/S9lgaM4Z.

［4］伍浩松，戴定，王树.俄罗斯核动力破冰船的发展［J］.国防科技工业，2019(7):40–42.

第五章
印度海洋与极地领域研究概况

　　印度是南亚次大陆最大国家,国土面积 298 万平方千米(不包括中印边境印占区和克什米尔印度实际控制区等),位居世界第七。东临孟加拉湾,西濒阿拉伯海,海岸线长约 5566 千米,拥有岛屿 1200 个,专属经济区 202 万平方千米 [1-2]。2019 年,中印货物贸易总额 854.7 亿美元,中国是印度第三大出口目的地和第一大进口来源地。丰富的沿海渔业资源使印度成为印度洋地区最大的渔业国家,其海洋渔获量约占整个印度洋渔业总产量的 40%;其海上贸易量和贸易额分别占国家整个贸易量和贸易额的 95% 和 75%。

5.1　海洋领域

5.1.1　印度海洋战略、政策和措施

（1）印度海洋战略

　　印度作为印度洋沿岸的大国,始终怀有成为世界大国的雄心,并围绕海洋制定了系列战略规划,构建了相对完善的政策体系。1982 年以来,印度相继出台了《印度海洋学说》(*Indian Maritime Doctrine*)、《自由使用海洋:印度海上军事战略》(*Freedom to Use the Seas:Indias Maritime Military Strategy*)、《海洋议题:2010—2020》(*Maritime Agenda:2010—2020*)、《确保海洋安全:印度海洋安全战略》(*Ensuring Secure Seas:Indian Maritime Security Strategy*) 等官方文件,阐述了印度的海洋战略 [3]。

　　印度的海洋战略坚持"印太战略"中的"印度洋"重心,并自认为是"印度洋上的最主要利益攸关方""印度洋净安全提供者""印度洋安全架构中的领

导者"，其在印度洋的主要利益涉及维护海上安全通道、中东和非洲东海岸油气资源等。在战略目标上，印度的海洋战略是强化在印度洋地区安全保障者的角色。近年，印度从印度洋地区安全领域的被动角色逐步演变为地区安全的积极塑造者和维护者[4-5]。

（2）印度海洋主要政策

自 20 世纪 70 年代以来，印度出台了一系列与海洋法律、政策和计划有关的举措（表 5-1），涉及海洋管理、海岸带治理、海洋经济、渔业管理等各个方面，为印度的海洋治理提供了法律依据。

表 5-1　印度主要海洋政策概览

出台年份	政策名称
1976	《领海、大陆架、专属经济区和其他海域法》
1982	《印度海洋政策纲要》
1991	《海岸带管理条令》
2005	《海洋安全行动计划》
2006	《国家环境政策》
2011	《海岸带管理条令》
2016	《国家灾害管理计划》
2017	《蓝色经济 2025 愿景》
2017	《国家渔业政策（2017）》

1）《印度海洋政策纲要》

1982 年 11 月，印度颁布了《印度海洋政策纲要》，该纲要为印度海洋工作绘制了一份远景蓝图，提出了海洋工作的指导原则，强调对海洋资源的可持续利用，建立有效的管理和控制体系。该纲要中还强调海洋是印度的交通要道和食物的源泉，是捕捞、开采油气资源、进行海洋科研、测量和勘探，以及建造海上构筑物等活动的场所，必须协调和统一管理海洋开发活动，依靠高新技术深入了解海洋空间，研制和开发与海洋资源利用有关的适用技术及建立支撑性基础设施，同时要有一套有效的管理与控制体制，建造不同类型的研究船，培养所需人才，制订周密的资源开发计划。印度海洋开发工作的重点是：①鱼类和海藻等生物资源的开发利用；②碳氢化合物和重砂矿等非生物资源的开发；③利用波浪、温差、潮汐、盐度梯度等可再生资源发电；④从海底开采和加工多金属结核。

2）《海岸带管理条令》

1991年，印度颁布《海岸带管理条令》，规定了海岸带的范围、分类和限制开发活动清单，并建立了海洋许可制度，国家和各邦成立了海岸带综合管理机构并制订了海岸带综合管理计划。《海岸带管理条令》将海岸带地区分为四类：生态敏感区、城镇附近的沿海区域、城市周边乡村地带基本上没有开发建设的地区或其他指定的未开发地区、岛屿的海岸带地区。

《海岸带管理条令》最近一次修订是2011年1月，至今已修订20多次。与1991年的条令相比，2011年《海岸带管理条令》的主要变化一是扩展了海岸带管理区的范围，将海洋灾害影响线内的陆地区域包括到海岸带管理区，最宽的陆地距离高潮线7千米，并将12海里领海纳入海岸带管理区，不允许开发的范围从高潮线向陆地一侧200米压缩到从高潮线向陆地一侧100米。

2004年，印度成立了"斯瓦米纳坦海岸带专家委员会"（斯瓦米纳坦教授是印度的绿色革命之父）。2005年，该委员会提出了印度海岸带综合管理的主要原则。

2006年，印度颁布《国家海洋环境政策》，其中有专门章节就海岸带管理原则与措施做了规定。

3）《国家灾害管理计划》

2016年6月，印度发布历史上首部《国家灾害管理计划》（NDMP），旨在为印度处于灾害管理各阶段的政府机构提供行动框架和指导方向。NDMP由印度国家灾害管理局（NDMA）完成，会定期更新，与全球最新出现的最佳灾害管理实践和知识库保持一致。其愿景为最大限度地发挥处于灾害管理各个阶段政府机构的作用，提高印度的灾害恢复能力，减少灾害风险，大幅降低生命和资产损失。

NDMP涵盖了所有类型的自然灾害和人为灾害，包括灾害管理的所有阶

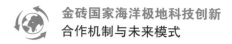
段，如预防、减灾、应急和灾后恢复。NDMP 不仅为政府所有机构和部门提供了水平及垂直的整合方式，还在矩阵式水平上，规定了各级政府的角色和职责，包括乡村行政委员会和城市地方机关。

4）《蓝色经济 2025 愿景》

2017 年 4 月，印度工商联合会发布《蓝色经济 2025 愿景》（以下简称《愿景》）。《愿景》阐述全球蓝色经济理念及蓝色经济对印度发展的重要意义，分析印度主要海洋产业的发展机遇和制约因素，并提出了印度发展蓝色经济的 33 条具体建议措施，阐明了全球蓝色经济理念及蓝色经济对国家发展的重要意义，详述了印度在海洋渔业、海洋生物技术、大洋矿产、海上休闲娱乐、海运、港口、物流、海洋工程、海洋可再生能源、海洋制造业、海洋教育等方面的发展商机及存在的制约因素，并提出了发展印度蓝色经济的宏观政策建议等。

5）印度《海洋渔业政策（2017）》

2017 年 4 月，印度农业部发布《国家渔业政策（2017）》，提出首要目标是通过渔业可持续发展确保印度专属经济区生物资源健康和生态系统的完整性。该政策的整体战略制定基于 7 项基本原则，即可持续发展原则、渔民社会经济水平提高原则、权力下放原则、伙伴关系原则、代际平等原则、性别公平原则和预防为主原则。该政策以保持资源可持续作为所有新行动的核心，致力于实现国家、社会和经济发展目标，提高渔民社会经济水平，指导、协调和管理印度未来十年的海洋渔业。

（3）印度推行海洋战略的主要措施

随着美国、日本、澳大利亚等国家希望并支持印度在印度洋 – 太平洋地区发挥更大的作用，使印度在这一地区的重要性不断提升，为扩大其在印度洋的存在、解决自身能力挑战及确保战略利益带来了新的机遇，印度政府采取更加积极、进取的策略来推行海洋战略。

1）巩固与印度洋岛国的关系

印度洋岛国大多扼守着交通要道，战略地位十分重要。2015 年 3 月，莫迪相继访问毛里求斯、塞舌尔和斯里兰卡，成为 10 年来访问毛里求斯、34 年来访问塞舌尔、28 年来访问斯里兰卡的第一位印度总理。此次访问加强了印度与三个印度洋岛国的海洋战略合作，巩固了印度在印度洋的存在，修复了因与斯里兰卡国内民族冲突而恶化的关系。印度在印度洋的核心政策就是在安全和政治方面将中印度洋岛国凝聚起来[3]。

2）推行"季风计划"

2014年6月，莫迪政府推出"季风计划"，尝试"借古谋今"深化环印度洋地区的互利合作。通过"季风计划"的实施，印度谋求可持续的区域战略利益，确保更加牢固地掌握地区领导权，进而实现印度的全球战略抱负。该计划有两大目标：宏观上，在印度洋国家之间重建联系，增进相互之间的价值观理解；微观上，促进印度对印度洋各个地区的文化了解。在覆盖区域上，"季风计划"从东非、阿拉伯半岛、南亚次大陆、斯里兰卡一直延伸到东南亚。该计划经历了两个发展阶段。从2014年6月20日印度文化秘书拉文达·辛格首次提出"季风计划"的概念到2014年9月，是该计划发展的第一阶段。这一阶段的"季风计划"实际上是一个文化项目，即印度依托印度洋国家的共有历史，强化印度在印度洋地区的文化、心理、认同方面的存在，提高印度文化软实力的影响力。2014年9月，在拉文达·辛格与外交秘书苏贾塔·辛格举行关于"季风计划"的特别会议后，"季风计划"进入第二发展阶段，逐渐超越文化项目范畴而成为一项被赋予外交、经济功能的准战略规划。

3）深化与中东海湾国家的关系

海湾地区汇聚了印度众多利益，是印度实现可持续发展的重要利益所在。一是能源最大供应地，印度超过一半的原油和85%的液化天然气都来自海湾地区。二是海湾国家已取代欧盟，成为印度最大的贸易伙伴。2001年双边贸易额仅为130亿美元，到了2018年已超过1000亿美元。三是海湾地区是印度外汇最大来源地。印度在海湾有850万劳工，每年汇回的外汇有350亿美元，约占印度总外汇的52%。此外，海湾还是对印度直接投资的重要地区。具体到海洋领域，印度军舰几乎每年都会访问海湾国家。2015年5—11月，印度军舰对沙特阿拉伯、科威特、巴林、卡塔尔和阿联酋进行了访问。2016年5月，印度军舰访问了科威特。同年5月，印度国防部长马诺哈·帕里卡尔访问了阿联酋，双方讨论了包括海上反恐在内的防务合作问题。之后，帕里卡尔又访问了阿曼，与对方签署了四份合作文件，其中两份是《海洋问题谅解备忘录》《海岸警卫队合作打击海上犯罪谅解备忘录》。另外，阿曼还是海湾地区唯一三个

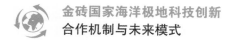
军种都与印度举行过演习的国家。

4）从东西两侧全面开展"环印度洋"外交

2016年，印度发布新版的《印度海洋安全战略》，全面推进印太外交实践，并设立单独的印度洋地区司。同时，更加重视"关键岛国"在大国战略竞争中的作用，通过军事援助、联合巡逻、修建军事设施等，强化在印度洋岛国的安全影响力。另外，实施印度洋区域海洋态势感知（MDA）项目，并与合作伙伴共同建立了区域信息融合中心，协调并促进利益攸关方的信息共享。帮助马尔代夫、毛里求斯、塞舌尔等岛国构建"沿海监视雷达系统"，提高印度洋的海域感知能力。其已经与17个国家签署"白色航运"条约，实现两国海军共享海上情报。

5.1.2　印度涉海政府管理机构和决策机构

印度的海洋管理体制属于集中型，根据不同的业务领域，海洋管理职能分散在不同的机构中。但由于涉海部门多、利益分配多元、海区差异大、职能任务分割，使印度海洋决策体制不可避免地分散化。目前，印度涉海职能部门主要有10个[6]。地球科学部是海洋管理及开发和保护的主体，其职能主要继承了原海洋开发部的职能，但在海洋领域着重于科学与技术研究和开展海洋公益服务。领海以内的海岸带综合管理工作则主要由环境与森林部负责，领海以外的管理各涉海部门按分工不同进行相应分配。其他8个涉海主要职能部门分别是：农业部负责管理海洋渔业与水产养殖，印度的渔业管理分两个区域，领海的渔业资源归各沿海邦管理，专属经济区渔业归中央政府管理，农业部负责渔业管理的机构有农业部畜牧、奶业与渔业局和国家渔业开发理事会等；商业部负责管理海产品出口，管理沿海经济特区；运输部负责港口运输与海事工作；旅游部负责海洋旅游事务；乡村发展部负责沿海地区就业及基础设施建设；矿产部负责海洋矿产资源开发与管理；内务部负责海洋灾害管理与减灾工作；石油与天然气部负责海洋石油、天然气勘探与开采（图5-1）[7]。

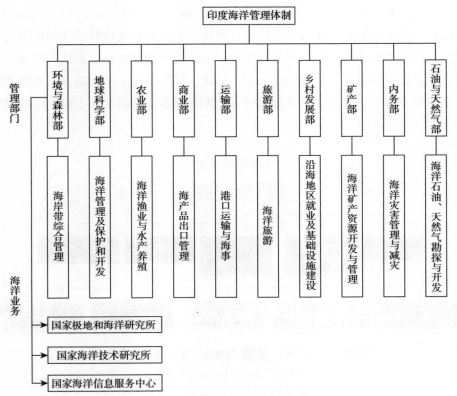

图 5-1 印度海洋管理组织架构

（1）地球科学部（MoES）

1981 年 7 月 27 日，印度成立海洋开发局（Department of Ocean Development，DoD），目的是加强海洋综合管理，有效地保护海洋环境及其资源，实现海洋资源的可持续利用。该局由印度总理直接领导，职能包括海岸带和海洋环境管理、海洋生物和非生物资源勘探开发、海洋观测与信息服务、海洋科学研究、极地研究和海洋人才培养等。2006 年 2 月，该局更名为海洋开发部（Ministry of Ocean Development，MoOD）。由于海洋、大气与地球之间的紧密联系，为整合印度的科学研究，印度政府对海洋开发部进行了重组。2007 年 7 月 12 日，以原海洋开发部为基础，加上印度气象学和地震预报等机构，成立了地球科学部（Ministry of Earth Sciences，MoES）。2007 年 10 月，在地球科

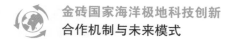

学部下设立地球系统科学组织（The Earth System Science Organization，ESSO）。地球系统科学组织是地球科学部的执行机构，负责制订地球科学部的政策与计划，包括海洋科学与技术、天气与气候、地球科学和极地科学领域的政策与计划，提高各类预报能力，为印度社会、经济、环境与安全事业服务。地球系统科学组织下设机构包括2个直属办公室、3个附属办公室及5个独立运行机构（图5-2）[8]。

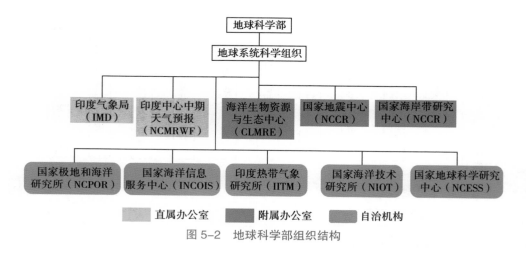

图 5-2　地球科学部组织结构

（2）环境与森林部（MoEFCC）

环境与森林部负责拟定、修订和组织实施《海岸带管理条令》，领海外缘线以内海岸带地区的管理和审批海岸带开发利用活动，监督检查和指导各沿海邦实施《海岸带管理条令》，组织环境影响评价及组织实施《环境保护法》[9]。环境与森林部下设的国家污染控制局，负责制定海岸带污染管理规范；下设的国家海岸带管理局，负责实施《海岸带管理条令》相关的工作。此外，还设有海岸带管理研究所，为开展海岸带管理工作提供支撑。

（3）石油与天然气部（MoP&NG）

石油与天然气部从事石油、天然气的勘探、生产、炼制、分配和销售，以及石油产品的进出口和储存，主要由行政管理、勘探、炼制、销售和金融等

5 个部门组成。其主要职能是：勘探和开发石油、天然气资源；生产、供应、销售石油和天然气，制定石油（包括石油产品）和天然气的价格；原油炼制；石油和石油产品的添加剂生产；规划、发展、调节及帮助该部所涉及的所有相关产业；规划、开发和规范油田服务；管理相关法律的实施等[10]。

5.1.3 印度主要涉海科研机构

（1）国家极地和海洋研究所（NCPOR）

国家极地和海洋研究所是印度政府地球科学部的下属海洋研究机构，成立于 1998 年 5 月，总部位于阿果（帕结吉），负责该国在极地和南部海洋领域的研究活动，包括对该国专属经济区和外大陆架进行地球科学调查，南极、北极的科学考察，以及两个南极科考站（Maitri 和 Bharati）和北极研究基地（Himadri）的管理和维护[11]。

该机构的研究领域包括冰冻圈与气候、海冰海洋气候相互作用、极地降水、微生物多样性、南大洋生态系统动力学、古气候研究、环境监测、专属经济区和外大陆架调查、深部地壳、喜马拉雅山的演化和季风的起源、国际综合大洋钻探计划（IODP）、深海矿产和天然气水合物调查等。

在喜马拉雅山的研究方面，2016 年在海拔 4080 米处建立了高海拔研究站，主要研究冰川的动态和变化速率，了解其对水文、生态和气候的影响，研究冰川的生物地球化学特征，并将其与极地环境进行比较；计划设立"喜马拉雅冰冻圈观测与建模"国家计划（HiCOM），开展冰川动力学、冰川能量收支、冰川–水文模型等方面的研究。

在国际大洋钻探计划方面，印度作为计划成员国，积极参加相关科学考察航次。2009 年以来，参与了 32 个航次，约 45 人次，由印度国家基金委负责提供资助。

2011 年以来，在北极地区已经开展了 150 项研究，参与机构涵盖几十家大学、实验室和研究所，其中 2018 年以来主要从事生态系统监测、冰川动力学、细菌群落、气候变化、冻土退化等方面的研究。尤其在对北极孔斯峡湾（Kongsfjorden）的研究方面，印度制订了一项全面的科学计划，对该区域的水文学进行系统的测量，以了解冰川径流的淡水与西斯匹次卑尔根流的大西洋水之间的相互作用，了解气候变化对污染物输运的影响，以及食物网结构和碳动力学的变异性等。

2019 年 3 月 31 日至 2020 年 3 月 31 日，印度在南极研究方面经费投入约 11.46 亿卢比（折合约 1035 万美元），在中心基本运营方面经费投入约 2.29 亿卢比，在印度北极项目方面经费投入约 0.88 亿卢比，在大陆架划界委员会项目方面经费投入约 0.06 亿卢比，在其他项目方面经费投入约 15.23 亿卢比。

（2）国家海洋技术研究所（NIOT）

国家海洋技术研究所是印度地球科学部下属的自治机构，成立于 1993 年 11 月，总部位于金奈，共有 171 名员工，其中所长 1 名，科技人员 143 名，管理人员 18 名，其他人员 9 名。

该机构主要负责印度专属经济区海洋资源的保护、开发、利用的技术和工程问题[12]。一是开发世界一流的技术及其可持续利用海洋资源的应用；二是为海洋相关组织提供有竞争力的增值技术服务和解决方案；三是发展印度开发海洋资源和环境管理的知识基础和机构能力。印度海洋技术机构的主要任务是研发可靠的本土技术来解决印度专属经济区非居住和生活资源问题，如海洋观测系统、深海采矿、潜水器等相关海洋装备与仪器。

在技术研发领域，主要从事深海矿产开发、海水淡化、海洋观测、海洋声学、海洋通信、船用传感器、海洋环境工程、海洋生物等领域的技术研发、示范推广等工作。其中，深海采矿技术领域，正在从事 6000 米级深海多金属结核采矿系统的研发，并从事天然气水合物领域调查和开发技术研究；海洋观测领域，通过构建的海洋观测系统开展系泊浮标计划，并从事飓风、热带气旋等方面的监测和预警工作。

（3）国家海洋信息服务中心（INCOIS）

国家海洋信息服务中心是地球科学部下属的自治机构，也是地球系统科学组织的一部分，于 1999 年 2 月建于海得拉巴，共有员工 77 名，其中科技人员 66 名，管理人员 11 名。其任务是通过持续的海洋观测，为社会、行业、政府机构和科学界提供最好的海洋信息和咨询服务，并通过系统而有重点的信息管理和海洋模拟研究不断改进[13]。

该中心拥有印度洋海洋观测系统，负责收集各种海洋参数的数据，了解海洋过程并预测其变化。对全球海洋进行观测和模拟，优化对季风、海洋状态、海啸波、风暴潮等进行模拟的性能。负责定期发布 3 ~ 7 天的海洋预报，每天向渔民、航运业、石油和天然气工业、海军、海岸警卫队等提供天气信息；建有印度地震和 GNSS 网络，辅助紧急通信系统（VECS）、高性能计算系统和数据通信网络等。

国家海洋信息服务中心下设印度海啸预警中心（ITEWC），建有海啸和风暴潮预警系统，负责对海啸、风暴潮、巨浪监测和预警等，该机构同时也是政府间海洋学委员会（Intergovernmental Oceanographic Commission，IOC）指定区域海啸服务提供者，承担了海啸预警相关项目，向印度洋沿岸国家提供海啸警报。

设立地球系统科学组织 – 国家海洋信息服务中心（ESSO–INCOIS）数据中心 [13]，负责对所有观测、卫星和其他海洋数据进行系统质量检查和存档，然后向社会提供，被联合国教科文组织指定为印度洋区域数据中心。该数据中心是印度洋全球海洋观测系统（IOGOOS）和全球海洋观测伙伴关系（POGO）的创始成员，该伙伴关系积极参与能力建设和学生、研究人员的国际交流。ESSO–INCOIS 设有国际海洋组织秘书处及持续印度洋生物地球化学和生态系统研究（SIBER）国际方案办公室。通过非洲及亚洲区域综合多灾种危险预警系统（RIMES），ESSO–INCOIS 向成员国提供海洋信息和预报。

（4）国家海洋研究所（NIO）

国家海洋研究所成立于 1966 年 1 月 1 日，位于阿果（帕纳吉）。NIO 统筹全国的海洋调查，是印度科学与工业研究理事会（CSIR）37 个实验室之一 [14]。研究所有 200 名科学家、200 名技术人员和 170 名行政管理人员。

该研究所的使命是不断提高对周边海域的理解，并利用其造福人类。主要研究领域包括海洋生物学、海洋化学、海洋物理学、海洋地质学、海洋地球物理学、海洋工程、海洋仪器和考古学。

另外，国家地球科学实验室设有海洋研究团队，开展相关基础研究工作。主要开展沿海海洋动力学和边界交换、河口 – 大陆边缘陆缘沉积物起源演化和沿海监测方面的工作。

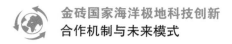

（5）印度地质调查局（GSI）

印度地质调查局是一个完全由政府资金支持的科学组织，始建于1851年，隶属于矿产部，总部位于加尔各答，目前拥有地质学家和技术人员2900人[15]。该调查局主要承担印度的地质调查工作，设立了区域地质、经济地质、图件与制图、地学资料信息、出版5个业务处，以及地球物理、地球化学、钻探、工程、仪器等专业处室，并拥有岩石矿物、古生物、化学分析3个中心实验室。印度地质调查局在全国各地设有25个办事处和29个专业机构，包括6个区域调查研究中心、2个分部和1个培训学院。

印度地质调查局的职责是在全印度陆上和近海进行系统的地质、地球物理和地球化学填图工作；对全国陆海区域矿产资源（不包括石油、天然气和原子能等能源矿产）进行调查评价；从事环境地质、工程地质、海洋地质、深部地质、现代冰川等基础研究和南极考察工作；负责国内外地学科研合作项目的设置和协调管理。印度的海洋区域地质调查主要由沿海海洋地质调查分部负责，该部门拥有3艘海洋调查船、1架调查飞机，具有自己组织航空地球物理调查的能力。

在海洋调查领域，主要开展以下工作：一是在领海内，开展全国性的地质、地球物理（地表和空中）和地球化学填图，从小比例尺到大比例尺逐步进行；二是通过地质、地球物理和其他方法（包括地下技术），对干旱地区和滨海地区的矿产资源进行勘探和评价；三是开展所有有关环境地质的研究，包括岩土工程调查，以帮助开展环境发展项目；四是在地球科学的所有下属学科，以及勘探和遥感的技术方法方面进行系统研究；五是向公众提供技术服务、建议和帮助；六是与国外类似的组织保持联络，这些组织包括从事与地球有关问题研究国家中的国际科学机构和兄弟院所；七是在国家紧急时期，动员在地球领域内的全国人力资源和设备，以最好的方式对他们的活动进行协调。

5.1.4 科研项目与资金投入

（1）国家天然气水合物计划（NGHP）

1997年，为解决国内能源长期短缺带来的挑战，印度石油与天然气部于1997年发起实施国家天然气水合物计划（NGHP）。该计划由石油与天然气部牵头，印度能源管理局（DGH）、国家石油天然气公司（ONGC）印度国家研究所、印度国家地球物理研究所（NGRI）、国家海洋技术研究所和印度地质调查局共同参与[16]。目前，NGHP已经在印度近海开展了天然气水合物勘探相关工作。

2006年和2015年分别完成了NGHP第一（NGHP-01）和第二（NGHP-02）航次，在克里希纳 - 戈达瓦里盆地（B区和C区）圈定了可供未来天然气水合物试采考虑的理想站位，并计划在2017—2018年开展为期2～3个月的试采。

NGHP在印度海域主要开展并取得了以下工作成果：一是对被动大陆边缘和海洋增生楔形环境中含天然气水合物的海洋沉积物进行综合分析；二是在众多复杂的地质环境中发现了天然气水合物，并收集了前所未有数量的天然气水合物岩心（来自21个站点和39个2800米以上的孔）；三是划定并取样了世界上迄今为止发现的最丰富的海洋天然气水合物储集层之一（克里希纳 - 戈达瓦里盆地）；四是揭示了在海底以下600米深处含有天然气水合物的火山灰层；五是在孟加拉湾的马哈那迪（Mahanadi）盆地建立了完善的天然气水合物系统。

截至2016年3月31日，印度政府已为NGHP下的各种活动提供了约14.2亿卢比的拨款，已批准的约有200.8亿卢比的拨款。

（2）"深海使命"（DOM）计划

2018年，印度地球科学部发布了名为"深海使命"的海洋资源开发利用计划[17]。原计划分两个阶段共历时5年（2021—2025年），总投入高达12亿美元，将借鉴印度空间研究组织（ISRO）在太空探索上的成功经验，推动印度深海资源开发利用的发展（表5-2）。

表 5-2　"深海使命"计划安排子方案经费投入

单位：千万卢比

子方案	水下车辆和机器人技术开发	海洋气候预测	深海生物多样性研究	深海探测与勘探	海洋能源和淡水研究	先进海洋生物研究站	合计
2021—2022 年	293.4	22.3	157.3	189.5	6.8	181.0	850.3
2022—2023 年	406.6	21.1	143.5	242.0	19.8	198.0	1031.0
2023—2024 年	377.4	23.8	59.8	298.0	29.2	188.0	976.1

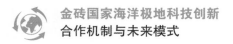
续表

子方案	水下车辆和机器人技术开发	海洋气候预测	深海生物多样性研究	深海探测与勘探	海洋能源和淡水研究	先进海洋生物研究站	合计
第一阶段小计	1077.4	67.1	360.6	729.5	55.8	567.0	2857.4
2024—2025 年	268.8	18.7	43.1	307.5	27.1	72.0	737.2
2025—2026 年	191.8	14.2	21.4	248.5	17.1	81.0	574.0
第二阶段小计	460.6	32.9	64.5	556.0	44.2	153.0	1311.2
共计	1538.0	100.0	425.0	1285.5	100.0	720.0	4168.5

"深海使命"计划包括 6 个子方案：一是水下车辆和机器人技术开发，以协助深海采矿。二是海洋气候预测，旨在确定海洋 – 大气耦合对次大陆气候的影响程度。随着海洋水史无前例的变暖，需要细致的研究和数据管理。三是深海生物多样性研究。四是深海探测与勘探。五是海洋能源和淡水研究。六是先进海洋生物研究站建设。

5.1.5 海洋装备

截至 2018 年 8 月，印度地球科学部研究船队由 6 艘船组成，即 ORV Sagar Kanya、FORV Sagar Sampata、TDV Sagar Nidhi、BTV Sagar Manjusha、CVR Sagar Purvi 和 CVR Sagar Paschmi，正在考虑建造的第七艘船是极地研究船（PRV）[18]。这 7 艘船中，有 4 艘船较老（ORV Sagar Kanya、FORV Sagar Sampata、CVR Sagar Purvi 和 CVR Sagar Paschmi，在第十一个五年计划和第十二个五年计划期间更换掉），其余 3 艘船是最近购置的。其中，ORV Sagar Kanya 由印度国家极地和海洋研究所负责运行与维护，该船有助于印度开展阿拉伯海、孟加拉湾和印度洋的研究；FORV Sagar Sampata 由印度地球科学部海洋生物资源与生态中心负责运行与维护，该船是一艘 72 米长的多用途渔业海洋学船[19]；TDV Sagar Nidhi、BTV Sagar Manjusha、CVR Sagar Purvi 和 CVR Sagar Paschmi 由印度国家海洋技术研究所负责运行与维护，ORV Sagar Nidhi 是一艘采用动力定位系统的冰级研究船，可以满足海洋学多种研究需要。2018 年，CRV Sagar Tara 建造完成并下水，另外一艘名为 CRV Sagar Anveshika 的船也获得官方批准。

此外，印度国家海洋研究所拥有两艘研究船，分别为 56 米长的 RV Sindhu Sankalp 和 80 米长的 RV Sindhu Sadhana，用于多学科的海洋观测。印度海洋地质调查船基本情况如表 5-3 所示。

表 5-3　印度海洋地质调查船基本情况

RV Sindhu Sankalp	总长	56 米
	巡航航速	11.5 节
	续航力	20 000 海里
	自持力	30 天
	定员	31 人（15 名船员 +16 名科学家）
	船载设备	CTD 系统（可在水深 6000 米处操作）、自动气象站、浅水（33 kHz 和 20 kHz）和深水（12 kHz 和 20 kHz）回声探测器、浅地层剖面仪（2 ~ 12 kHz，传感器电源 10 千瓦）、生物采样器（浮游生物网）和海底取样器（抓斗，4 ~ 6 米取芯器和拖网）、牵引磁力仪、电火花震源、侧扫声呐装置、系泊系统的部署和检查装置、3 个实验室（采样处理、数据获取和多用途）
RV Sindhu Sankalp	总长	80 米
	型宽	17.6 米
	吃水	5 米
	设计航速	13.5 节
	总吨位	接近 4170 吨
	续航力	10 000 海里
	自持力	45 天
	定员	57 人（28 名船员 +29 名科学家）
	船载设备	单波束回声探测仪（浅水和深水）、多波束回声探测仪（浅水和深水）、重力仪、磁力仪、声学多普勒海流剖面仪、CTD 系统、动态定位系统、取样装置（海底、水体、生物）、分析和计算装置、系泊部署装置、AUV 和 ROV

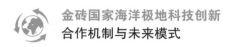

续表

ORV Sagar Nidhi	总长度	103.6 米
	总吨位	4862 吨
	航速	15 节
	自持力	45 天
	淡水储量	350 吨
	燃料储量	900 吨
	定员	55 人（25 名船员 +30 名科学家）
ORV Sagar Nidhi	详细介绍	该船是冰级研究船，具有动态定位系统以保持其位置稳定，具有进行地球科学、气象和海洋学研究的能力，可用于深海采矿、载人/非载人潜水器 ROV/AUV 的发射、天然气水合物的勘探等。具有用于部署 ROV/载人潜水器/海啸监测系统的巨大甲板区域，配备了浅水和深水的单波束和多波束回声测深仪、浅地层剖面仪等现代科学测量装备
ORV Sagar Kanya	总长	100.34 米
	型宽	16.39 米
	最大吃水	5.6 米
	总吨位	4209 吨
	巡航航速	8 ～ 10 节
	自持力	45 天
	船载设备	SB 3012 深海多波束测深仪，具有后处理/绘图设施、浅水测深仪 (Marimatech，60 kHz/120 kHz)、G–882 铯磁力仪、侧扫声呐、18 米液压活塞取芯器、6 米重力取芯器、铲状取样器、泥沙抓取器、链袋疏浚、管束、岩锯、石磨、筛/振动筛、甲板起重机（最大容量：12 吨）

印度的国家海洋研究所拥有两个海洋机器人，一个是自主式水下航行器（AUV）；另一个是自动垂直剖面仪（AVP）；印度国家海洋技术研究所拥有一个深海作业潜水器（ROSUB–6000）[20]。印度潜水器基本情况如表 5–4 所示。

表 5-4　印度潜水器基本情况

	最大深度	200 米
AUV	自持力	约 7 小时，速度 1.5 米 / 秒
	尺寸（长 × 宽 × 高）	1.74 米 ×0.23 米 ×0.23 米
	材料	铝
	重量	55 千克
	主要任务	海洋调查、环境监测
	最大深度	200 米
AVP	速度	0 ~ 1 米 / 秒
	自持力	15 天，每天潜水 100 米约 2 次
	重量	约 13 千克
	主要任务	渔业研究、气候相关研究、污染检测、卫星验证
	操作深度	6000 米
ROSUB-6000	尺寸	2.53 米 ×1.8 米 ×1.5 米
	重量	3080 千克（水中 20 千克）
	主要任务	配有多功能工具和传感器，用于深海矿产勘探、海底成像、天然气水合物勘探、管道布线、海底电缆检修、井口探测、取样等

5.2　极地领域

5.2.1　印度极地政策

　　印度虽然偏居南亚次大陆，远离南极和北极，但是出于维护国家安全及谋求大国地位等因素的考量，该国近年来正积极谋求参与南极和北极事务。2021年 1 月，印度发表了雄心勃勃的《印度北极政策》（草案），并公开征求意见，提出将科学研究、经济和人类发展、连通性、全球治理和合作、国家能力建设作为北极政策的五大支柱及具体的目标。

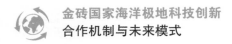

（1）印度的南极政策

从极力主张将南极"国际化"到加入南极条约体系，印度的南极政策有过明显的转折。19世纪50—60年代，印度的南极政策主张是将南极"国际化"，即在联合国框架下由所有国家联合管理[21]。印度曾多次在联合国大会上倡导此主张，就南极问题（Question of Antarctica）提出议案，宣称南极为公有物，呼吁将其国际化。不过，南极国际化的提议却间接促成了1959年《南极条约》的谈判与签订。该条约暂时冻结了南极的领土主权问题，并确定南极对所有国家开放。

此后，印度对南极的热忱并不突出，只是以"搭车式参与"的方式陆续参加了美国、澳大利亚、苏联等国分别组织的若干次南极科考活动，并于1981年年底组织了首次南极考察。但印度始终未放弃南极国际化的主张。1983年8月印度加入《南极条约》，并于同年9月成为南极条约协商国，这是印度南极政策的重大转折①。

从印度参与的实践来看，印度的南极参与紧紧围绕着"确保在南极的可见且有影响力的存在"这一目标展开，重点加强南极科研能力、南极活动保障能力及南极国际治理参与能力的建设，并且不断加强南极国际合作，通过多维度的能力建设与全方位的资源统筹来确保并提升印度在南极国际治理体系中的地位与影力。

（2）印度的北极政策

1）印度北极政策的主要内容

印度认为，全球气候变暖导致北极冰川消融、能源开发、新航道开通及生物多样性面临威胁等，将对印度的国家发展、经济安全、水安全、生态安全及人民生活产生巨大的影响。加强对北极的研究，有助于印度科学界研究第三极——喜马拉雅冰川的融化速度。为此，印度北极政策的主要任务有6个[22]：一是以北极理事会观察员国的身份为提升人类对北极地区的了解做贡献；二是加强印度与北极地区国家的可持续互利合作，包括能源资源开发、北极新航道、空间技术、环境保护等；三是为防止全球变暖做出应有贡

---

① 印度公布北极政策草案（https://www.pinlue.com/article/2021/01/1513/2411488790356.html）。

献；四是更好地了解北极和印度季风之间与科学、气候有关的联系；五是通过对比研究，帮助印度科学家更好地研究喜马拉雅山脉；六是进一步提升印度国内对北极的研究和了解。

2）印度北极政策的五大支柱

为实现上述几个目标任务，印度北极政策将以五大支柱为基础。

①科学和研究。一是加强印度在北极科学研究领域的能力，与全球的研究机构建立合作伙伴关系和合作渠道。升级并新建更多研究站，参与北极空间数据基础设施的搭建，建立国家层面的专门机构和专项资金。二是共同应对全球气候变化，改善全球其他地区的应对机制。印度将与合作伙伴一起改进地球系统模型，并积极参与北极地区的环境管理和人道主义援助。三是在北极地区实现遥感能力覆盖，建立卫星地面站。

②经济和社会发展。一是开展北极能源、矿产和其他资源调查，开展资源—环境—社会三位一体评估，确定潜在的合作机会和联合勘探项目；二是充分利用印度在数字经济方面的优势，推动和促进在北极建立商业数据中心、经济合作和投资；三是加强与北极国家在土著管理、文化教育、医疗保健、气候变化等领域的合作交流，提升印度的影响力。

③交通和基础设施互联互通。一是积极参与环境监测，收集水文和海洋学数据，建立海上安全设施（如浮标、船舶报告系统），实现对北极作业的船只进行卫星覆盖；二是合作建造极地破冰船，加强航运技术经验交流；三是参与北极航线的勘测与绘制，开展北极航线使用可行性评估。

④管理和国际合作。一是将北极定义为"人类的共同遗产"，维护国际法；二是积极参加与北极有关的国际气候变化和环境条约框架，提升印度的北极治理能力；三是加强参与各类组织、会议，提高印度在北极的存在感。

⑤国家能力建设。一是以国家极地和海洋研究所为中心，统筹国内学术和科研机构开展北极科学研究；二是强化高校学科建设、人才培养和技术人员培训，提升国内科研能力；三是以南亚地区为重点，加强在全球气候模型方面的研究能力，尤其是北极变暖对季风变化的影响；四是进一步制定能源、矿产资源的勘探方案；五是谋划组建涉及北极海洋、法律、环境和治理问题等的研究机构。

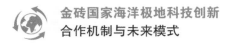

5.2.2 印度极地科考（站）和基础设施建设

（1）南极

早在 1983 年就设立南极科考站开展科考工作，目前仍有两个正在运行（表 5-5），其中 2013 年建立的第三个科考站 Bharati 南极科考站，有约 25 名科学家和 10 名后勤人员常驻。该科考站坐落于南极洲东北部的一个半岛上，由 134 个海运集装箱构建而成，集装箱的外部被航空绝缘金属层包围着，面积达到 2500 平方米。

表 5-5　印度南极科考站

名称	建立年份	类型	使用状态
Dakshin Gangotri	1984	—	关闭
Maitri	1989	常年站	在用
Bharati	2013	常年站	在用

2019 年 11 月 5 日至 2020 年 1 月 13 日，国家极地和海洋研究所组织了第 39 届南极印度科学考察。此次科考分 6 批，共派遣 110 人，包括来自 17 个组织的 48 位科学家和来自 7 个组织的 62 位业务支持人员。

（2）北极

与南极相比，印度对北极的直接参与还处于起步阶段，但却逐步加大参与力度，主要是通过 Himadri 研究基地和位于孔斯峡湾和新奥尔松（Ny-Alesund）的两个观测台保持了在该地区的长期存在[22]。

2007 年，由 5 名印度科学家组成的专家小组访问了位于新奥尔松的国际北极研究机构，开始研究 3 个在大气科学、微生物学、地球科学及冰川学领域的项目。不久，印度在新奥尔松建立了科考站。自此，印度在北极开始了长期的定期科学活动。截至 2021 年，来自 18 个国家研究机构、组织和大学的 57 名科学家参与了"印度北极项目"（Indian Arctic Programme）。印度是新奥尔松科学管理委员会（Ny-Alesund Science Managers Committee）的成员国，该组织主要负责协调成员国在新奥尔松的科学项目。自 2011 年后，印度获得了 IASC 的资格。印度海洋科考有两个目标：一是通过一些在极地科学前沿领域研究的倡议，确保印度在北极地区的突出而持久的存在；二是继续在大气科学、气候变化、微生物领域、冰川学、极地生物学等领域开展北极科学研究。2014 年 7 月，印度成功在北极地区部署首个海底海洋系泊观测站。这是印度在北极地区海洋科考的一个里程碑，也检验了印度地球科学部在部署、发展及安装水下观测站方面的能力。

由于印度对北极海洋科考做出了很大的贡献，北极理事会成员国普遍支持印度在 2012 年提出的观察员资格申请。2013 年，印度获得了北极理事会正式观察员身份。

5.3 印度与美国、日本、法国、澳大利亚合作现状

5.3.1 印度与美国的合作现状

美印关系在 21 世纪一直处于快速升温状态。莫迪执政后，积极推动与美国的关系，加强海洋合作。2014 年 9 月，莫迪访问了美国，双方在发表的联合公报中表示两国在确保地区与和平方面享有共同利益，这其中包括海洋安全及航行和飞越自由。2016 年 6 月，莫迪再次对美国进行访问。两国随后公布了《美印亚太和印度洋联合战略愿景》最终路线图，强调要在亚太和印度洋地区进一步加强合作。

在海洋技术领域，印度也积极寻求与美国的合作。印度东部海域赋存大量天然气水合物，由于受技术条件限制，印度积极与美国、日本开展合作，推动其周边海域天然气水合物资源调查工作。2015 年，印度联合美国、日本等国家多家研发机构实施了第二次国家天然气水合物计划（NGHP02）。钻探船名为"地球"号，由日本钻井公司（JDC）负责钻井作业，日本海洋研究开发机构（JAMSTEC）负责船上科学项目管理，斯伦贝谢公司提供随钻、电缆测井和地层测试服务，JAMSTEC 负责压力取芯，船上压力取芯测试和分析由 Geotek 岩心公司实施。NGHP02 的主要目标是砂岩水合物储层更发育的深水陆坡和深水盆地。在为期 147 天的航程中，在 25 个站位钻了 42 口井，钻探深度达海底 239 ~ 567 米。

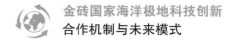

5.3.2　印度与日本的合作现状

印度与日本在 20 世纪 90 年代就开始海洋合作。进入 21 世纪后，两国合作不断加深。莫迪执政后进一步推动了与日本的海洋合作。2014 年 9 月，在莫迪访问日本期间，双方同意将两国关系提升为"特殊战略和全球合作伙伴关系"。莫迪将日本称为印度"东向行动政策"的中心。两国决定定期举行海上联合演习。日本同意在未来五年内向印度投资 350 亿美元用于基础设施建设。2015 年 8 月，日本参加了在孟加拉湾举行的"马拉巴尔"海军演习，这是日本第一次参加在印度外海举行的该项演习。2016 年 3 月，两国举行了第六次海军参谋长会议。2016 年 11 月，莫迪再次访问了日本，双方签署了包括和平利用核能、海洋合作在内的 11 项协议。2017 年 5 月，两国讨论了"亚非增长走廊"倡议，拟在非洲、伊朗、斯里兰卡和东南亚国家进行基础设施建设。2017 年 7 月，"马拉巴尔"海军演习在印度金奈海域和孟加拉湾举行，演习规模为历次最大，且两国都首次派出了航母或准航母参加。

5.3.3　印度与法国的合作现状

由于法属海外领土留尼汪岛和马约特岛位于西南印度洋，法国一直声称其是印度洋的一个国家。截至 2021 年，法国在印度洋西北部保持着大量的军事存在，在吉布提和阿联酋分别有两个军事基地。在许多方面，法国在印度洋的军事存在表明了其想要成为一个具有全球影响力的中等大国的雄心。1998 年，法国与印度建立了战略伙伴关系。此后，法国和印度一直保持着最高级别的定期交流，建立了稳固的合作关系。2013 年 7 月，法国总统奥朗德首次出访印度，庆祝印法建立战略伙伴关系 15 周年。对印度来说，法国作为一个潜在的高技术供应国，在两用技术方面的优势非常突出。对于美国和英国等其他西方伙伴来说，这也是一个正确的选择。对法国来说，印度是一个新兴市场，不能忽视。法国也被认为是一个相当可靠的大国，与印度合作可以在亚洲发挥稳定的影响力，符合法国的地区利益。例如，2013 年 2 月印度和法国联合发射海洋卫星"萨拉尔"（SARAL），旨在测量海平面的上升高度，这是许多环印度洋国家面临的一个威胁。

国防和军事合作是印法双方合作的核心领域，包括政治军事对话、军备转让和海陆空三军定期举行的联合演习。1998 年开始的"瓦鲁纳"演习已进入相当高级的阶段，在两国海军之间建立了信心和信任。在更深层次上，这些演习反映了两国在印度洋的利益趋于一致，其基础是维护海洋自由和保护航道安全的共同意愿。

法国与印度建立伙伴关系的一个首要目标是确保印度承认其作为环印度洋国家的地位及其在西南印度洋的特殊利益。这一目标在印度邀请法国海军成为印度洋海军论坛倡议的创始成员时便已经在一定程度上实现。该论坛于 2008 年启动，旨在促进区域海上安全合作。与此同时，印度洋协会在该地区发挥着越来越大的作用，并将其势力范围扩大到西南印度洋的小岛国。

5.3.4 印度与澳大利亚等其他国家的合作现状

印度总理莫迪改变了印度与澳大利亚海洋合作较少的局面。2014 年 11 月，莫迪对澳大利亚进行访问，是 28 年来首次访问澳大利亚的印度总理，有效促进了两国关系的发展，双方签署了《安全合作计划框架协议》。2015 年 9 月，印澳两国在孟加拉湾举行了首次海军演习 [23]。

此外，莫迪政府还加强了与东南亚国家特别是孟加拉国的海洋合作。2014 年 10 月，印度开通了与缅甸之间的海上运输业务。2015 年 6 月，印度与缅甸签署了东部沿海运输协议。印度的设想是通过孟加拉国的吉大港和缅甸港口加强与印度东北地区的联系，使深处内陆的东北地区能便捷地出海。2016 年 2 月，印度与缅甸签署了海上联合巡逻协议。缅甸是继泰国和印度尼西亚后第三个与印度正式签署这样协议的东南亚国家。2014 年 7 月，莫迪政府接受《联合国海洋法公约》附件七的仲裁程序，解决了与孟加拉国的海域划界纠纷。2016 年 5 月，莫迪访问了孟加拉国，双方同意发展蓝色经济，探讨海上联合巡逻、海军演习、对专属经济区联合监控、交换民用船舶航运信息、扩大在孟加拉湾的海洋安全合作、促进造船业合作等方面的可能性。2016 年 9 月，印度海岸警卫队首次对孟加拉国进行了访问。

5.4 小 结

独特的地理位置和经济发展方式使印度把海洋视为其维系国家未来命运

的生命线，并积极采取海洋战略维护其海上利益。多年来，形成了一套适合与推动海洋经济和科技发展的国家海洋战略、政策和措施；采用分散制的管理特点，将海洋的管理职权分散于不同的业务部门，并能在国家的统筹下形成合力。同时，印度非常重视推动海洋科技的发展，积极研发海洋灾害预警、深海矿产资源开发、海洋生态保护等相关的技术，积极推动国际合作，建设区域合作平台，扩大其在区域的国际影响力。同时，重视南极和北极的研究，积极推动其在大气科学、微生物学、海冰融化及冰川学领域的研究，并积极加入相关的国际组织，出台了相关的政策，持续提高其在极地领域的研究能力。总体来看，印度对海洋的重视程度持续提高，研发力度不断加大，凭借其在印度洋的优势地位，不断通过环印度洋外交、区域合作联盟、国际联合考察计划等，谋划其在印度洋的优势地位，积极推动其主导印度洋的战略目标。

参考文献

［1］李双建．主要沿海国家的海洋战略研究 [M]．北京：海洋出版社，2014.

［2］中华人民共和国外交部．印度国家概况 [EB/OL]．[2021–05–01]. https://baike.baidu.com/reference/ 121904/a6d6f–vP9O6FGlhWhXzh9LTtT_QLSWatARq3j0gyFQtLDgYtYS9 DK5TkUnYFcOpTlm3–_AyYtWjQiRoWfWnFJflf7OW_Ltj4Fdw4KI_qM9_5sx4BAg.

［3］时宏远．莫迪政府的印度洋政策 [J]．国际问题研究，2018(1)：105–123.

［4］吴琳．印度对中美竞争的认知与应对（英文）[J]．China international Studies，2020(6)：130–155.

［5］吴琳．印度对中美竞争的认知与应对 [J]．国际问题研究，2020(4)：62–81.

［6］李景光，张占涛．国外海洋管理与执法体制 [M]．北京：海洋出版社，2014.

［7］中国海洋在线．印度海洋管理体制一览 [EB/OL]．[2021–05–01]. https://www.sohu.com/a/229635017 _100122948.

［8］印度地球科学部．地球科学研究国家中心组织架构 [EB/OL]．（2021–10–23）[2021–10–23]. https://www.ncess.gov.in/structure/organization–chart.html.

［9］环境与森林部（MoEFCC）．机构简介 [EB/OL]．[2021–05–01]. https://moef.gov.in/.

［10］印度国家污染控制局．机构简介 [EB/OL]．[2021–05–01]. https://moef.gov.in/en/about–the–ministry/organisations–institutions/boards/central–pollution–control–board/.

［11］印度极地和海洋研究所．印度极地和海洋研究所 2019—2020 年年报 [EB/OL]. [2021–

05-01]. https://ncpor.res.in/upload/annualreports/AR_Eng_2019-20.PDF.

［12］印度海洋技术研究所.印度海洋技术研究所 2019-2020 年年报 [EB/OL]. [2021-05-01]. https://www.niot.res.in/documents/admin_annual_report/NIOT%20Annual%20Report%202019-2020.pdf.

［13］印度国家海洋信息服务中心.机构简介 [EB/OL]. [2021-05-01]. https://incois.gov.in/.

［14］印度海洋技术研究所.机构简介 [EB/OL]. [2021-05-01]. https://www.niot.res.in/niot1/index.php.

［15］印度地质调查局.机构简介 [EB/OL]. [2021-05-01]. http://www.gsi.gov.in/.

［16］雷怀彦，郑艳红.印度国家天然气水合物研究计划 [J]. 天然气地球科学，2001(Z1)：54-62.

［17］印度政府新闻宣传局.地球科学部深海任务 [EB/OL]. (2021-03-15)[2021-05-01]. https://pib.gov.in/PressRelese Detailm.aspx?PRID=1704840.

［18］印度地球科学部.海洋调查船队介绍 [EB/OL]. [2021-05-01]. http://www.moes.gov.in/content/ocean-research-vessels.

［19］印度地球科学部海洋生物资源与生态中心.FORV Sagar Sampada 介绍 [EB/OL]. [2021-05-01].https://cmlre.gov.in/research-vessel/forv-sagar-sampada/about-sampada.

［20］俄罗斯科学院海洋工程实验设计局.ROSUB-6000 级 ROV 多功能深水远程水下装置 [EB/OL]. [2021-05-01]. http://www.edboe.ru/products/rov_e.htm.

［21］郭培清.印度南极政策的变迁 [J]. 南亚研究季刊，2007(2)：50-55.

［22］India's Role in the Arctic: Reviving the Momentum Through a Policyv[EB/OL]. (2021-05-18)[2021-06-01]. https://www.thearcticinstitute.org/india-role-arctic-reviving-momentum-through-policy/.

［23］解斐斐.印度海洋战略研究:以印度智库为例 [J]. 印度洋经济体研究，2019(1)：116-137.

第六章
中国海洋与极地领域研究概况

　　中国管辖海域面积 300 万平方千米，大陆海岸线长达 1.8 万千米，面积大于 500 平方米的岛屿有 6500 多个，拥有丰富的海洋资源，发展潜力巨大。党的十八大以来，中国围绕建设海洋强国的目标制定并实施了一系列国家科技战略和规划。2019 年全国海洋生产总值 89 415 亿元，比上年增长 6.2%，占国内生产总值的 9.0%。按照建设海洋强国和"21 世纪海上丝绸之路"的总体部署和要求，不断提升对全球海洋变化、深渊海洋、极地的科学认知能力，形成深海运载作业、海洋资源开发利用的技术服务能力，在海洋环境保护、防灾减灾、航运保障等方面取得了长足进展。当前国际形势正发生深刻复杂变化，全球治理不确定性增加，中国广泛开展海洋和极地领域的国际合作，积极参与全球海洋极地国际事务，整体上海洋事业进入历史最好发展时期。

6.1　海洋领域

　　党的十八大首次将"海洋强国"提升到国家战略层面，其核心内容包括发达的海洋经济、强大的海上管控、优美的海洋环境和深厚的全民海洋意识、强势的国际海洋事务话语权等方面。习近平总书记多次对海洋强国建设做出重要指示，强调要进一步关心海洋、认识海洋、经略海洋，重点在深水、绿色、安全的海洋高技术领域取得突破，必须在深海进入、深海探测、深海开发方面掌握关键技术。党的十九大进一步指出"坚持陆海统筹，加快建设海洋强国"，为海洋领域更快、更好地发展指明了前进方向。

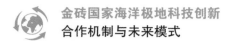
6.1.1 战略、政策和规划

近年来，中国发布的海洋领域战略、政策和规划如表 6-1 所示。

表 6-1 海洋领域战略、政策和规划

领域	规划名称	发布时间
战略、规划	《国家海洋事业发展"十二五"规划》	2013 年
	《推动共建丝绸之路经济带和 21 世纪海上丝绸之路的愿景与行动》	2015 年
	《全国海洋主体功能区规划》	2015 年
科学、技术	《全国科技兴海规划纲要》	2008 年
	《国家深海高技术发展专项规划（2009—2020 年）》	2009 年
	《国家"十二五"海洋科学和技术发展规划纲要》	2011 年
	《全国科技兴海规划（2016—2020 年）》	2016 年
	《"十三五"海洋领域科技创新专项规划》	2017 年
经济、产业	《海洋工程装备产业创新发展战略（2011—2020）》	2011 年
	《海洋工程装备制造业中长期发展规划》	2012 年
	《全国海洋经济发展"十三五"规划》	2017 年
	《关于促进海洋经济高质量发展的实施意见》	2018 年
资源、能源	《海洋可再生能源发展纲要（2013—2016 年）》	2013 年
	《全国海水利用"十三五"规划》	2016 年
	《海洋可再生能源发展"十三五"规划》	2016 年
	《国家级海洋牧场示范区建设规划（2017—2025 年）》	2017 年

续表

领域	规划名称	发布时间
生态环境	《全国海洋环境监测与评价业务体系"十二五"发展规划纲要》	2012 年
	《全国海岛保护规划》	2012 年
	《海洋观测预报和防灾减灾"十三五"规划》	2016 年
	《海洋气象发展规划（2016—2025 年）》	2016 年
	《全国生态岛礁工程"十三五"规划》	2016 年
	《全国海岛保护工作"十三五"规划》	2017 年
	《关于开展编制省级海岸带综合保护与利用总体规划试点工作的指导意见》	2017 年
人才	《全国海洋人才发展中长期规划纲要（2010—2020 年）》	2011 年
标准	《全国海洋标准化"十三五"发展规划》	2016 年
	《全国海洋计量"十三五"发展规划》	2016 年

（1）重视科技创新

"十三五"时期是中国全面建成小康社会的决胜阶段，是实施创新驱动发展战略、建设海洋强国的关键时期。习近平总书记强调，建设海洋强国必须大力发展海洋高新技术。要搞好海洋科技创新总体规划，坚持有所为有所不为，重点在深水、绿色、安全的海洋高技术领域取得突破。为贯彻《国民经济和社会发展第十三个五年规划纲要》和《国家"十三五"科技创新规划》，进一步建设完善国家海洋科技创新体系，提升中国海洋科技创新能力，显著增强科技创新对提高海洋产业发展的支撑作用，制定了《"十三五"海洋领域科技创新专项规划》。

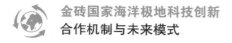

专栏 6-1 　《 "十三五" 海洋领域科技创新专项规划》

　　总体思路: ①按照建设海洋强国和 "21 世纪海上丝绸之路" 的总体部署和要求,大幅提升对全球海洋变化、深渊海洋、极地的科学认知能力;②快速提升深海运载作业、海洋资源开发利用的技术服务能力;③显著提升海洋环境保护、防灾减灾、航运保障的技术支撑能力;④完善以企业为主体的海洋技术创新体系,有效提升海洋科技创新和技术成果转化能力。

　　总体目标: ①按照建设海洋强国和 "21 世纪海上丝绸之路" 的总体部署和要求,开展全球海洋变化、深渊海洋科学、极地科学等基础科学研究,显著提升海洋科学认知能力;②突破深海运载作业、海洋环境监测、海洋生态修复、海洋油气资源开发、海洋生物资源开发、海水淡化及海洋化学资源综合利用等关键核心技术,显著提升海洋运载作业、信息获取及资源开发能力;③集成开发海洋生态保护、防灾减灾、航运保障等应用系统,通过与现有业务化系统的结合,显著提升海洋管理与服务的科技支撑能力;④通过全创新链设计和一体化组织实施,为深入认知海洋、合理开发海洋、科学管理海洋提供有力的科技支撑;⑤建成一批国家海洋科技创新平台,培育一批自主海洋仪器设备企业和知名品牌,显著提升海洋产业和沿海经济可持续发展能力。

　　具体目标: ①开展全海深潜水器研制及深海前沿关键技术、深海通用配套技术、深远海核动力平台关键技术等研究,开展 1000 ~ 7000 米级潜水器作业及应用能力示范,形成 3 ~ 5 个国际前沿优势技术方向、10 个以上核心装备系列产品;②开展海洋环境监测技术研究,发展近海环境质量监测传感器和仪器系统及深远海动力环境长期连续观测重点仪器装备,自主研发海洋环境数值预报模式,构建国家海洋环境安全保障平台原型系统;③开展海洋资源开发与利用研究,形成 1500 ~ 3000 米深水油气资源自主开发能力;④研制精确勘探和钻采试验技术与装备,形成海底天然气水合物开采试验能力;⑤完成 1000 米海深集矿、输送等技术海上试验;⑥一体化布局海洋生物资源开发利用重点任务创新链,保障我国食品安全,培育与壮大我国海洋生物战略性新兴产业;⑦研发海水淡化资源开发利用关键技术和装备,构建海水淡化利用的技术标准体系;⑧研发海洋能技术与装备,实现海洋能海岛应用示范;⑨实施海洋工程装备工程,建设以企业为主体的海洋技术创新体系,大力推进国家海洋高技术产业基地、科技兴海产业示范基地等建设,建立与之相配套的技术创新中心和研发基地;⑩建设国家重大基础设施和海洋技术创新平台,优化海洋科技创新基地布局,构建各具特色的区域海洋科技创新体系。着力推进军民融合、寓军于民的创新平台建设,为海洋科技创新研究、工程装备研发、产品检验试验和国防建设提供服务。

(2)海洋经济转型发展

　　中国不断加快供给侧结构性改革,着力优化海洋经济区域布局,提升海洋产业结构和层次,大力发展蓝色经济。《全国海洋经济发展 "十三五" 规划》明确指出要树立海洋经济全球布局观,主动适应并引领海洋经济发展新常态,推动海洋经济由速度规模型向质量效益型转变，为拓展蓝色经济空间、建设海洋强国做出更大贡献。

<table>
<tr><td>专栏6-2 《全国海洋经济发展"十三五"规划》</td></tr>
</table>

发展目标：到2020年，我国海洋经济发展空间不断拓展，综合实力和质量效益进一步提高，海洋产业结构和布局更趋合理，海洋科技支撑和保障能力进一步增强，海洋生态文明建设取得显著成效，海洋经济国际合作取得重大成果，海洋经济调控与公共服务能力进一步提升，形成陆海统筹、人海和谐的海洋发展新格局。

（3）海洋资源、能源

海洋资源和能源的高效利用仍然是中国需要突破的核心技术，中国发布了《全国海水利用"十三五"规划》等政策文件，大力推进海洋资源的规模化应用，统筹各方力量，强化规划组织与实施、建立多元投入保障体系、加强人才队伍建设、加大舆论宣传引导，全面营造促进海洋资源可持续发展的良好环境。

<table>
<tr><td>专栏6-3 《全国海水利用"十三五"规划》</td></tr>
</table>

发展目标：到2020年，海水利用实现规模化应用，自主海水利用核心技术、材料和关键装备实现产品系列化，产业链条日趋完备，培育若干具有国际竞争力的龙头企业，标准体系进一步健全，政策与机制更加完善，国际竞争力显著提升。

（4）海洋生态环境保护

近年来，中国全面建立海洋生态保护红线制度，将全国30%的近岸海域和35%的大陆岸线纳入红线管控范围。海洋保护区规模质量同步提升，占管辖海域面积达4.1%，海洋生态环境整治修复效果明显。同时，对《海洋环境保护法》进行了三次修订，将海洋生态保护红线、生态补偿等一系列重要制度和实践，以法律的形式予以固化。多个战略规划对海洋生态环境保护提出了明确的要求。例如，《全国海岛保护工作"十三五"规划》指出，到2020年，我国海岛工作将实现海岛生态保护开创新局面、海岛开发利用跨上新台阶、权益岛礁保护取得新成果、海岛综合管理能力取得新进展的"四新"目标。

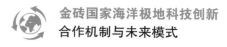
6.1.2 涉海政府管理机构和决策机构

（1）中央涉海工作机构

中央涉海工作主要由中央外事工作委员会办公室承接。该办公室为中国共产党中央外事工作委员会下设的办事机构（2018年3月，根据《深化党和国家机构改革方案》，该办承担了中央维护海洋权益工作领导小组有关职责），主要负责组织协调和指导督促各有关方面落实党中央关于维护海洋权益的决策部署，收集汇总和分析研判涉及国家海洋权益的相关信息，协调应对紧急突发事态，组织研究维护海洋权益重大问题并提出对策建议等。

（2）国务院涉海工作机构

国务院涉海工作主要涉及自然资源部、交通运输部、工业和信息化部、农业农村部、生态环境部、外交部等部门。

1）自然资源部

主要负责监督实施海洋战略规划和发展海洋经济、海洋开发利用和保护的监督管理等涉海工作。有关工作主要设置在海洋战略规划与经济司、海域海岛管理司、海洋预警监测司、国际合作司（海洋权益司）等4个业务司；另外，科技发展司承担了加强海洋科技能力建设的职能。

2）交通运输部

主要负责水上交通安全监管，公路、水路国际合作与外事工作，指导航运、海事、港口公安工作，牵头组织编制国家重大海上溢油应急处置预案并组织实施，承担组织、协调、指挥重大海上溢油应急处置，负责船员管理和防抗海盗等涉海工作。有关工作主要设置在水运局、科技司、国际合作司、中国海上搜救中心等4个机构。

3）工业和信息化部

主要负责海洋装备工业。有关工作由装备工业司承接。

4）农业农村部

主要负责渔业监督管理、双多边渔业谈判和履约、远洋渔业管理和渔政渔港监督管理、指导渔业水域保护与管理等涉海工作。有关工作主要设置在渔业渔政管理局、国际合作司。

5）生态环境部

主要负责建立健全海洋生态环境基本制度、监督管理国家减排目标的落实、加强对海洋环境污染防治的监督管理、开展海洋生态环境国际合作交流、参与全球海洋生态环境治理等涉海工作。有关工作主要由海洋生态环境司、国际合作司等承担。

6）外交部

主要负责牵头或参与拟订海洋边界相关政策，指导协调海洋对外工作，组织有关边界划界、勘界和联合检查等管理工作并处理有关涉外案件，承担海洋划界、共同开发等相关外交谈判工作。有关工作主要由边界与海洋事务司承担。

7）科技部

主要负责拟订国家海洋领域科技创新政策措施、基地平台建设等。

8）海关总署

基本任务是海关稽查、知识产权海关保护、打击走私、口岸管理等。

9）中国人民武装警察部队海警总队

中国人民武装警察部队下辖的总队，对外称为中国海警局，统一履行海上维权执法职责。2018年，第十三届全国人民代表大会常务委员会第三次会议决定，国家海洋局领导管理的海警队伍转隶武警部队，组建中国人民武装警察部队海警总队。

我国涉海政府管理机构和决策机构如图6-1所示。

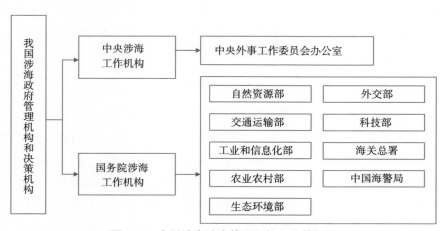

图6-1　中国涉海政府管理机构和决策机构

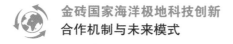

6.1.3　涉海科研机构

2014—2015 年，海洋科研机构从 105 家增长到 192 家，总体增长了 86%，基础科学研究和工程技术研究单位增长趋势相似；海洋科研机构的科技活动人员总量呈现稳步上升态势，从 2004 年的 10 193 人增长到了 2015 年的 35 860 人。总体上，形成了由青岛海洋科学与技术试点国家实验室、中国科学院海洋研究所等下属单位，以及多所科研院校组成的海洋科研机构体系。

（1）青岛海洋科学与技术试点国家实验室

青岛海洋科学与技术试点国家实验室（简称"海洋试点国家实验室"）于 2013 年 12 月获得科技部批复、2015 年 6 月试点运行，由国家部委、山东省、青岛市共同建设，定位于围绕国家海洋发展战略，以重大科技任务攻关和国家大型科技基础设施为主线，开展战略性、前瞻性、基础性、系统性、集成性科技创新，依托青岛、服务全国、面向世界，着力突破世界前沿的重大科学问题，攻克事关国家核心竞争力和经济社会可持续发展的关键核心技术，率先掌握能形成先发优势、引领未来发展的颠覆性技术，建成引领世界科技发展的高地、代表国家海洋科技水平的战略科技力量、世界科技强国的重要标志和促进人类文明进步的世界主要科技中心。

按照国家科技体制改革的要求，海洋试点国家实验室体制设计充分体现"去行政区""科研自主"等理念，设立理事会作为决策机构，学术委员会作为咨询机构，主任委员会作为执行机构，下设功能实验室、联合实验室、开放工作室、海外研究中心和管理服务部门等（图 6-2）。

（2）南方海洋科学与工程广东省实验室（广州）

南方海洋科学与工程广东省实验室（广州）（简称"广州海洋实验室"）由广州市人民政府主办，主要共建单位为中国科学院南海生态环境工程创新研究院和广州海洋地质调查局。广州海洋实验室以"立足湾区、深耕南海、跨越深蓝"为使命定位，聚焦"南海边缘海形成演化及其资源环境效应"核心科学问题，着力解决大湾区岛屿和岛礁可持续开发、资源可持续利用、生态可持续发展等关键核心科技难题，按照"8+7+6+5"的格局布局，聚焦八大海洋科学前沿基础研究方向，发展七大海洋高新技术研发方向，建设六大创新支撑平

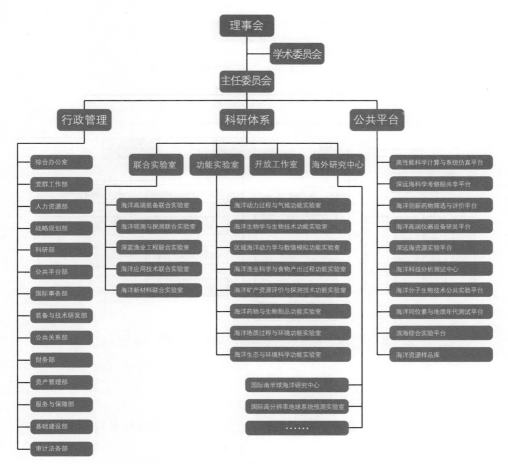

图 6-2　青岛海洋科学与技术试点国家实验室组织架构

台，打造 5 个产业孵化中心，培塑和引进优秀的人才团队，至 2021 年计划建设 45 个高水平核心团队，总人数达到 1000 人。

广州海洋实验室受管理委员会领导，同时接受学术委员会指导，主要分为管理部门、科技部门和法务商务支撑部门（图 6-3）。

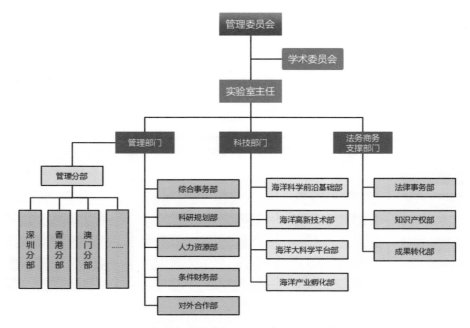

图 6-3　南方海洋科学与工程广东省实验室管理架构

6.1.4　科研项目与资金投入

"十三五"时期，国家重点研发计划启动了"深海关键技术与装备""海洋环境安全保障"两个重点专项，取得了丰硕的成果。

（1）深海专项

针对"全海深潜水器研制及深海前沿关键技术攻关""深海通用配套技术及 1000 ～ 7000 米级潜水器作业及应用能力示范""深远海核动力平台关键技术研发""深海油气、天然气水合物、矿产、生物资源开发利用"四大任务目标，共部署了 126 个项目，中央财政总经费近 30 亿元。

（2）海洋环境专项

围绕海洋环境立体观测 / 监测的新技术研究与系统集成及核心装备国产化、海洋环境变化预测预报技术、海洋环境灾害及突发环境事件预警和应急处置技术，以及国家海洋环境安全保障平台研发与应用示范四大具体任务目标，共部署 87 个项目，中央财政经费共 15.39 亿元。

6.1.5 装备研发

通过几十年的努力，中国海洋科技发展取得了长足进展，已实现对国外海洋技术的全面跟踪，在一些事关国家发展全局的战略高技术领域取得重点突破，涌现出一批重大海洋科技成果。截至 2021 年 8 月，中国拥有数量众多的海洋科考装备和设备，包括已建成的 50 艘科考船、2 台大深度载人潜水器、66 台有缆遥控无人潜水器和 31 台无缆自治无人潜水器，在中国海洋科技创新进程中发挥了重要的支撑作用。

（1）"奋斗者"号全海深载人潜水器

2020 年 11 月，"奋斗者"号创造了 10 909 米的中国载人深潜新纪录，并完成了世界上首次载人潜水器与着陆器在万米海底的联合水下拍摄作业，标志着"奋斗者"号研制与海试任务顺利完成。中国成为继美国之后世界上第二个在挑战者深渊成功完成载人下潜作业的国家，同时将带动深海技术与装备领域的自主产业发展，为中国提供探索海洋深渊的有力工具，有望取得一大批世界领先的原创研究成果（图 6-4）。习近平总书记在贺信中指出："奋斗者"号研制及海试的成功，标志着中国具有了进入世界海洋最深处开展科学探索和研究的能力，体现了中国在海洋高技术领域的综合实力。

（2）"深海勇士"号及其科学应用

2017 年 10 月，"深海勇士"号在南海海试成功，载人舱、浮力材料等十大关键部件首次实现国产化，总体国产化率达 95%，为深海高端装备实现中国制造探索了一条切实可行的路径。作为中国第一台具有自主知识产权的作业型载人潜水器，"深海勇士"号实现了对国产设备的优化集成，在技术体系创新、关键部件国产化、建造工艺突破及安全性能提升等方面取得了巨大进步，综合性能已达到世界先进水平（图 6-5）。

图 6-4　"奋斗者"号全海深载人潜水器

图 6-5　"深海勇士"号及其母船

（3）"海斗一号"全海深无人潜水器研制与海试

2020 年 5 月，"海斗一号"全海深无人潜水器在马里亚纳海沟实现 4 次万米下潜，最大下潜深度达 10 907 米，并初步构建了基于 ARV 理念的智能感知和自主作业技术体系，利用其搭载的全海深机械手完成了多次万米深渊坐底作业、深渊海底样品抓取、标志物布放等科考任务，为中国深渊科学研究提供了一种全新的技术手段（图 6-6）。

图 6-6　"海斗一号"全海深无人潜水器

（4）全海深载人舱研究和制造

全海深载人潜水器用载人舱研制项目攻克了万米级载人舱的设计、材料研制、加工成形、焊接工艺及测试等一系列技术瓶颈和难题，制造出国际上首个万米级钛合金载人舱并通过了静水压力测试，在新型材料性能、超大厚度赤道焊缝预热电子束焊接技术等达到了国际领先研究水平，大幅提升了中国钛合金产业的制造能力和水平（图 6-7）。

图 6-7　全海深载人舱

6.2　极地领域

6.2.1　战略、政策和规划

进入 21 世纪，中国进一步重视和加强极地科技创新的顶层设计和战略部署，先后出台了一系列政策和规划，全面推进极地研究和科考事业快速发展。

（1）国家战略部署和政策方向

党的十八大提出要建设海洋强国，在提高海洋资源开发能力、发展海洋经济的基础上，保护海洋生态环境，坚决维护国家海洋权益。建设海洋强国意味着中国的海洋利用能力将从近海走向深海、走向极地。北冰洋是全球重要大洋之一，而南极大陆是连通太平洋、印度洋、大西洋的遥远陆地。极地丰富的资源、脆弱的生态环境、冰封寒冷的自然条件都是中国海洋强国战略中重要的方向。

南极方面，中国于 1983 年正式成为南极条约缔约国，并建立了第一个科学考察站；1985 年，进一步成为南极条约协商国，拥有了参与南极事务决策的权利。随后 30 余年，中国在南极的科学考察不断深入，初步建成南极考察基础设施体系，持续提升南极科学研究水平，有效保护南极环境和生态系统，广泛开展国际交流与合作，在南极治理中的重要性越发凸显。2017 年，中国对外公开发布了白皮书性质的南极事业发展报告——《中国的南极事业》，全面回顾了中国南极事业 30 多年以来的发展成就，介绍了中国依据南极条约体系要求，制定国内法规和规范性文件，加强国内南极活动管理，有效保护南极环境和生态系统的相关情况。该报告指出，中国一贯支持《南极条约》的宗旨和精神，秉持和平、科学、绿色、普惠、共治的基本理念，坚决维护南极条约体系的稳定，是南极全球治理机制的维护者、参与者和建设者。

北极方面，中国是陆上最接近北极圈的国家之一及北极理事会观察员国，随着近年参与北极政策的实体不断增加、活动不断丰富，迫切需要加强政策指导。2018 年发布《中国的北极政策》白皮书，从"不断深化对北极的探索和认知""保护北极生态环境和应对气候变化""依法合理利用北极资源""积极参与北极治理和国际合作" 4 个方面提出中国参与北极事务的基本原则和政策主张，体现出对北极地区实现和平和合作的追求，是习近平总书记倡导的构建人类命运共同体的又一具体实践，是中国为推动全球治理良性发展而做出的新贡献；同时也回应了当前国际社会的期待，在世界多国已先后发布北极政策文件的前提下，中国结合自身实践总结、提炼北极政策主张，进一步规范、指导北极活动。《中国的北极政策》还聚焦北极科技创新工作，提出了积极推动北极科学考察和研究，支持开展北极科研活动，鼓励研发注重生态环境保护的极地技术装备，加强北极活动的环境影响研究和环境背景调查，开展全球变化与人类活动对北极生态系统影响的科学评估，不断提高北极技术的应用水平和能力，不断加强在技术创新、环境保护、资源利用、航道开发等领域的北极活动，支持通过北极科技部长会议等平台开展国际合作，支持科研机构和企业发挥自身优势参与北极治理等方面任务要求，为持续推动我国极地研究提供了重要支撑。

（2）规划和重点研究领域

《国家中长期科学和技术发展规划纲要（2006—2020 年）》提出，面向国家重大战略需求基础研究部分将极地气候、环境及其对全球变化的响应作为研究重点。《国家"十一五"海洋科学和技术发展规划纲要》提出，重点发展极地重要海洋生物资源开发利用技术；重点开展南极和南大洋、北极、极地考察高新技术和基础设施建设研究；建成极地海洋科学数据的共享数据库系统和极地样品海洋自然科技资源共享平台。《国家"十二五"海洋科学和技术发展规划纲要》提出，发展极地遥感技术、极地测绘技术、天文观测技术和大气探测技术等；从种群、物种和基因3个层次建设极地海洋生物多样性研究体系；加强极地科研试验基地、基础设施和条件平台建设，建造新型极地破冰船。《"十三五"海洋领域科技创新专项规划》提出，开展全球海洋变化、深渊海洋科学、极地科学等基础科学研究；深入研究极区环境变化对全球气候变化的影响；开展极地关键技术攻关和装备研发。

6.2.2　极地政府管理机构

国家海洋局极地考察办公室（简称"极地办"）是中国极地政府管理机构，现为自然资源部下属公益一类事业单位，前身为国家南极考察委员会办公室（简称"南极办"），规格为部委正司级。其主要职责包括组织拟订我国极地工作的战略、政策和极地考察工作规划、计划，组织研究极地重大问题；组织拟定我国极地科学考察、相关极地事务法律法规及相关标准和规范，依法管理相关极地事务；负责极地考察的组织、协调、指导、监督，组织开展极地领域的科学研究工作；负责极地考察的基本建设、能力建设项目的组织、协调和监督；负责组织、协调极地考察队组队工作，承担极地考察训练基地、驻外机构的管理；负责组织、协调极地领域的国际事务及相关国际组织活动，组织极地领域对外及对中国港澳台地区的交流与合作；承担极地科学普及、公共宣传等工作。

专栏6-4　国家南极考察委员会简介

国家南极考察委员会于1981年成立，作为国家南极考察委员会日常办事机构，南极办同时成立，设在国家海洋局。1989年，因工作开展需要，南极办人员编制由25人增加至40人。1994年随着国家非常设机构改革，国家南极考察委员会撤销，"国家南极考察委员会办公室"更名为"国家海洋局南极考察办公室"。1996年，因考察领域拓展至北极，再次更名为"国家海洋局极地考察办公室"并沿用至今。1997年开始依照国家公务员制度管理，2006年被确定为参照公务员法管理的事业单位。2018年划入自然资源部。

6.2.3 极地科研机构和决策机构

中国的极地科研力量主要是由中国科学院和自然资源部下属相关的研究单位与众多高校参与组成的多元化研究体系。自然资源部、生态环境部、科技部和国家自然科学基金委员会等部门也资助了一些有关极地的科研工作。

（1）极地科研机构体系

中国的极地科研机构遍布全国，其中以原海洋局系统的中国极地研究中心和自然资源部的第一海洋研究所、第二海洋研究所（杭州）、第三海洋研究所为主，除此之外还有中国科学院海洋研究所、中国科学技术大学、中国海洋大学、武汉大学、南京大学、厦门大学、大连理工大学、哈尔滨工程大学、上海海洋大学、中国科学院寒区旱区环境与工程研究所、中国科学院国家天文台、中国地质科学院地质力学研究所和中国气象科学研究院。它们共同承担国家海洋局极地考察办公室制定的南北极环境综合考察与评估专项任务，为中国深入了解极地、走向极地提供科学依据。

（2）中国极地研究中心

中国极地研究中心（原名中国极地研究所）成立于1989年，是自然资源部直属事业单位，是从事极地科学研究、环境资源调查评估与考察保障的业务中心。

专栏6-5 中国极地研究中心

中国极地研究中心是中国极地科学的研究中心，是国家海洋局极地科学重点实验室的依托单位，主要开展极地雪冰 – 海洋与全球变化、极区电离层 – 磁层耦合与空间天气、极地生态环境及其生命过程，以及极地科学基础平台技术等领域的研究；建有极地雪冰与全球变化实验室、电离层物理实验室、极光和磁层物理实验室、极地生物分析实验室、微生物与分子生物学分析实验室、生化分析实验室、极地微生物菌种保藏库和船载实验室等；在南极长城站、中山站建有国家野外科学观测研究站，是开展南极雪冰和空间环境研究的重要依托平台。

中国极地研究中心是我国极地考察的业务中心。极地监测评价中心是研究中心根据国家极地事业发展新形势需求而新筹建的部门，主要承担中国长期观 / 监测项目的具体组织实施、全程质量控制和成果集成，具体包括组织并实施南北极海洋基础环境、生态环境的长期监测与调查；组织并实施南极长城国家野外站的长期监测与调查；负责长期监测项目现场实施和监测数据的质量控制；参与编制极地业务体系及工作的发展规划；参与编制极地业务化观/监测年度计划、实施方案并动态优化；参与极地环境评价、资源评估、气候评估等技术产品的研发及服务；参与针对极地环境观/监测及评价的国际公约履约，以及国际合作的技术支撑。

中国极地研究中心是我国极地考察的保障中心。负责"雪龙"号、"雪龙2"号极地科学考察船，南极长城站、中山站、昆仑站、泰山站，北极黄河站，中－冰北极科学考察站及国内基地的运行与管理；负责中国南、北极考察队的后勤保障工作；开展极地考察条件保障的国际交流与合作。

中国极地研究中心是我国极地科学的信息中心。负责中国极地科学数据库、极地信息网络、极地档案馆、极地图书馆、样品样本库的建设与管理并提供公益服务；负责出版《极地研究》中英文杂志；负责进行国际极地信息交流与合作；负责极地博物馆、极地科普馆的建设和管理。

6.2.4 科研项目与资金投入

中国极地考察事业所需经费主要来自国家发展改革委、财政部、科技部和国家自然科学基金委员会。其中，国家发展改革委负责极地设施的基本建设费用审批；财政部提供极地科考船、考察站、支撑体系和重大专项的资金，极地考察专项由财政部提供经费；科技部和国家自然科学基金委员会提供极地科学研究所需经费，科技部将极地数据、标本资源、南北极科考站等工作纳入国家科技基础条件平台建设中。

（1）经费投入方面

国家科技计划对极地基础科学研究和技术研发在经费方面的支持力度稳步增长，从"九五"时期的 0.2 亿元增加到"十三五"时期的 5.4 亿元，共增长了 20 多倍，有力保障了极地相关研究工作的开展。自 1984 年首次南极科考、1999 年首次北极科考以来，中国极地科考经费投入大幅提升。特别是"十三五"期间，极地科考经费投入从"十二五"期间的 16.6 亿元增加到 32.0 亿元，其中南极科考经费从 11.6 亿元增长到 22.2 亿元，北极科考经费从 5.0 亿元增长到 9.7 亿元，均达到了近一倍的增长幅度。

（2）项目部署方面

"十三五"时期，国家重点研发计划高度支持极地研究，在极地监测/探测技术、极区冷水钻井技术、极地生物资源研究及极地气候变化研究等方面部署了一系列极地相关项目，投入总经费超过 3 亿元，在极地环境观测、冰下探测、北极冰－海集合预报等方面已取得重大技术和装备突破。

中国不断强化极地领域科技创新和关键技术支撑，针对极地研究的实际需求，在极地环境观测、冰下探测及北极大气—海冰—海洋耦合数值预报系统等方面取得技术和装备方面的突破。在北冰洋碳循环和海洋酸化研究领域，分析北冰洋酸化水团快速扩张机理[1]；在极地冰川研究领域，建立观测断面和冰穹 A 地区冰川学综合观测体系，并在国际上首次揭示南极冰盖的形成和演化过程；自主研发的"海—冰—气无人冰站观测系统"在北冰洋实现 1 年以上的连续观测；大气钠荧光激光雷达完成在南极中山站的试运行，并进入业务化应用阶段，可实现 24 小时昼夜连续观测。

6.2.5　极地基础设施建设和科学考察站

中国自 1980 年首次登上南极大陆至 2021 年，已完成 37 次南极科考、11 次北极科考，极地科学考察能力显著增强。

（1）极地航行保障和运输体系

截至 2021 年，中国已建成两艘极地科学考察破冰船、极地科考内陆车队和航路预报系统。其中，向国外购买后改造的"雪龙"号于 2012 年、2017 年首航北极东北航道和西北航道，创下了中国航海史上多项新纪录；中国第一艘自主建造的极地科学考察破冰船"雪龙 2"号融合了国际新一代考察船的技术、功能需求和绿色环保理念，已进入世界最先进极地科学考察破冰船行列。

（2）极地科学考察站点体系

目前，中国已建成南极"长城站"（1985 年）、"中山站"（1989 年）、"昆仑站"（2009 年）、"泰山站"（2014 年）；在北极已建成"黄河站"（2004 年）"中－冰北极科学考察站"（2018 年）。我国已着手建设第 5 个南极科考站，进一步完善南极考察站网，填补我国南极重点区域空白，提升我国在国际南极事务中的作用，成为真正的南极科研强国。

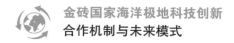
6.3 小 结

中国高度重视海洋和极地领域发展，特别是党的十八大以来，围绕"海洋强国"制定并实施了一系列国家科技战略和规划，从国家层面持续加大投入，海洋和极地领域总体发展水平有了较大的提高。虽然中国海洋和极地的科学研究起步相对较晚，但通过 30 余年的发展，逐渐形成了一批专注于海洋和极地研究的科研机构，壮大了海洋与极地科研人才队伍，在万米载人深潜、极地观 / 监测等领域取得了一大批原创性成果。

参考文献

［1］祁第，陈立奇，蔡卫君，等 . 北冰洋海洋酸化和碳循环的研究进展 [J]. 科学通报，2018，63(22):2201–2213.

第七章
南非海洋与极地领域研究概况

南非作为南极洲门户，在研究海洋极地、发展蓝色经济方面具有得天独厚的地理优势。南非拥有东、南、西三面环海的独特地理环境，包括位于南部海域的南爱德华王子群岛和马里恩岛（Marion Island）在内，海岸线长 3900 千米。南非位于非洲（大陆）的南端，东临印度洋，西靠大西洋，沿岸航线是沟通东、西方（欧洲西部与南亚、东南亚和东亚）的交通要道，是世界上最繁忙的海上航道之一。2014 年 7 月，南非启动"费吉萨"计划，大力发展海洋经济。随着"费吉萨"计划的实施，南非逐渐将海洋和极地视作未来经济增长的主要动力之一。一方面，南非不断调整和优化南极政策，强化南极活动保障能力建设；另一方面，南非积极开展海洋观测与预测工作，全面应对南非海岸带面临的气候变化挑战。

7.1 海洋领域

7.1.1 战略、政策和规划

近年来，南非（非洲）主要海洋战略、政策和规划如表 7-1 所示。

表 7-1 主要海洋战略、政策和规划

领域	发布时间	战略规划	要点
海洋经济战略	2012 年	《2050 年非洲海洋综合战略》	将发展蓝色经济、建设海洋基础设施纳入非盟总体战略规划中
	2014 年	"费吉萨"计划	确定了海洋经济 4 个优先发展的领域，即海洋运输和制造业、沿海油气开发、水产养殖、海洋保护和管理

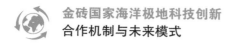

续表

领域	发布时间	战略规划	要点
海洋经济战略	2015 年	《2063 年议程》	非洲未来 50 年的发展规划，蓝色经济是其中一项重要内容
	2016 年	《非盟关于海事安全、防卫与发展的宪章》（又称《洛美宪章》）	着力于推进非洲海洋治理
	2019 年	《非洲蓝色经济战略》	指导非洲各国发展具备包容性和可持续性的蓝色经济
全球治理外交政策	2011 年	《外交政策白皮书》	推动全球治理体系实现由以权力政治为基础向以规则为基础的国际秩序转变
应对全球变化	2010 年	南非环境观测网络 Elw and le 节点	为南非政府科学决策提供气候变化过程与结果方面的咨询
		非洲空棘鱼生态系统计划	南非东海岸海洋环境研究
		阿加勒斯至索马里大海域生态系统计划	聚焦西南印度洋研究，为大海域生态系统研究提供科学数据
海洋空间规划	2017 年	《2017 海洋空间规划框架》	"费吉萨"计划中海洋经济战略的一部分
	2018 年	《2018 海洋空间规划法案》	

（1）海洋经济战略

1）全非层面

非盟（African Union，AU）的蓝色经济核心定义是海洋的可持续经济发展。《2050 年非洲海洋综合战略》《2063 年议程》《洛美宪章》《非洲蓝色经济战略》是非盟蓝色经济政策框架核心。

2012 年，非盟提出的《2050 年非洲海洋综合战略》是其最早的蓝色经济战略，将发展蓝色经济、建设海洋基础设施纳入非盟总体战略规划中。为确保该战略的执行，非盟还出台了配套行动计划，对非洲蓝色经济目标、行动路线、领导者、参与机构、实施时间等方面进行了详细规划。

2015 年，非盟发布《2063 年议程》，确定了非洲未来 50 年的发展规划，蓝色经济是其中一项重要内容。发展蓝色经济将提高人们对海洋的认识，促进海洋水产技术、航运业的发展，包括海洋河流及湖泊的运输业和渔业，它会成为推动非洲经济转型发展和工业化的重要动力。非洲各方应加快蓝色经济发展战略的制定，以此来推动海洋基础设施建设和蓝色经济快速发展。2015 年 10 月，非盟召开首届非洲海洋治理战略会议，与会国一致同意以《2050 年非洲海洋综合战略》《2063 年议程》为基础，制定统一的非洲海洋治理战略。

2016 年 10 月，非盟召开"海事安全、防卫与发展特别峰会"，非盟委员会主席德拉米尼·祖马指出，蓝色经济能为非洲的货物和服务相关产业带来数万亿美元，能创造数百万就业机会，涉及航运、物流、保险、港口管理、旅游、渔业和水产养殖等多个领域。此次特别峰会还通过了《洛美宪章》，首次将蓝色经济可持续发展作为非盟成员国一致的宪章付诸行动，标志着非洲在蓝色经济领域合作的大跨越。《洛美宪章》是非盟关于海事安全、防卫与发展的宪章，着力于推进非洲海洋治理。在促进蓝色经济发展方面，《洛美宪章》提出各缔约国应加强海洋领域开发；促进渔业和水产养殖业发展；通过海洋旅游业来创造就业和增加收入；制定海洋发展综合人力资源战略；鼓励建立和发展非洲海运公司，创造有利的发展环境，将跨非洲海运列为投资优先事项，以此提高非洲海洋产业竞争力；加强海洋基础设施建设；保护海洋环境；各缔约国还应加强相互合作，共同开发领海内的海洋资源。与《2050 年非洲海洋综合战略》相比，《洛美宪章》更强调国家责任，要求非洲各国政府具有高度的政治意愿，提高海洋治理能力。

2019 年 10 月，非盟农业、农村发展、水和环境技术委员会第三届会议批准了《非洲蓝色经济战略》，用于指导非洲蓝色经济的可持续发展和水生资源的利用，该战略于 2020 年 2 月在埃塞俄比亚召开的第 33 届非盟首脑会议上得以正式启动。《非洲蓝色经济战略》主要目标是通过增进人们对海洋和水生生物技术、环境可持续性、航运业发展、海洋河流和湖泊运输业发展、水域捕捞活动管理及深海矿产和其他资源的认识，来指导非洲各国发展具备包容性和可持续性的蓝色经济，使其成为非洲经济增长和转型的重要贡献者。该战略更聚焦于蓝色经济发展路径、技术方案等细节，有助于确保非盟有关蓝色经济的战

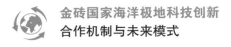

略和政策落地实施。

2）南非"费吉萨"计划

非洲沿海国家扮演着非盟蓝色经济发展战略和政策的执行者角色。2014年7月，南非政府启动了海洋经济战略——"费吉萨"（Phakisa）计划，确定了海洋经济4个优先发展的领域[1]，即海洋运输和制造业、沿海油气开发、水产养殖、海洋保护和管理。"费吉萨"计划共制订了47项详细计划，其中海洋运输和制造业行动计划有18项，包括建立国家航运公司、提高港口的船舶维修能力、在船舶建造中更多地使用本地部件等；沿海油气开发行动计划有11项，其中10项在2019年前实施，主要包括10年内钻探30口勘探井，在未来20年内日产37万桶油气等；水产养殖行动计划有8项，其目标是通过发展水产养殖来促进农村，特别是边缘化沿海地区的发展；海洋保护和管理行动计划有10项，主要是通过立法、制定和实施综合海洋治理框架等来保护海洋环境免受非法活动破坏。

按照"费吉萨"计划，南非将公共部门和私营部门、政府和学术机构及民间社会组织联合起来，以"研究室"（labs）的形式针对海洋经济发展所面临的问题制定行动方案，包括成立研究室、制订计划、公众参与、能力建设、交付执行、监管评估、外部问责等行动步骤。

（2）全球治理外交政策

2011年，南非政府发布《外交政策白皮书》，强调要推动全球治理体系实现由以权力政治为基础向以规则为基础的国际秩序转变。国际问题的解决须坚持多边主义的处理方式，特别是面对一些非洲国家的内部冲突和安全问题，南非的政治领袖要积极发挥斡旋和调节作用。在《外交政策白皮书》中，南非政府承诺要积极参与全球治理体系结构的全面改革（包括联合国体系和布雷顿森林体系），以使其更加有效、合法，并能满足发展中国家的需求，但南非只是寻求对全球治理体系中某些不合理的制度和规范进行改革。

（3）应对全球变化

2010年7月，南非宣布启动三大计划，以应对《创新十年规划》确定的五大挑战之一的"全球变化挑战"。这三大计划分别为南非环境观测网络（SAEON）

Elw and le 节点、非洲空棘鱼生态系统计划（ACEP）和阿加勒斯至索马里大海域生态系统计划（ASLME）。

南非环境观测网络 Elw and le 节点是南非科学技术部（以下简称"南非科技部"）与国家研究基金会支持的计划，致力于解决南非海岸带面临的气候变化挑战，主要目标是为南非政府科学决策提供气候变化过程与结果方面的咨询。该计划主要包括现场观测、数据管理与科普等三大活动。

非洲空棘鱼生态系统计划是国家研究基金会旗舰计划，重点为南非东海岸海洋环境研究。该计划为南非典型的合作研究计划，不仅是跨部研究，而且是多机构合作研究。南非科技部负责提供研究资助，环境事务部海洋与海岸带管理局负责提供研究船，另有十几个研究机构共同开展研究。

阿加勒斯至索马里大海域生态系统计划是南非主办的国际合作计划，共有9个国家参与了此项研究。该计划聚焦西南印度洋研究，为大海域生态系统研究提供科学数据，以便有效治理海洋环境，加强合作管理。

（4）海洋安全

2010 年 9 月，借助印度、巴西、南非对话论坛（IBSA Dialogue Forum）（以下简称"三国对话论坛"），三国举行了海上联合军事演习（IBSAMAR），开展关于海洋安全领域的合作，意图搭建连接南大西洋和印度洋的战略平台。联合军演以南非为中间点，构建了连接南大西洋和印度洋的海洋性地缘战略逻辑，打破了原有区域的地缘政治框架中，印度、巴西、南非共享关于南大洋范围内海洋运输、能源安全、海洋经济等方面的利益需求。

（5）海洋空间规划

南非海洋空间规划的目标主要是发展海洋经济、提升海洋相关的重视度、打造健康的海洋生态系统和创造良好的海洋治理。

南非政府将海洋空间规划作为"费吉萨"计划中海洋经济战略的一部分，由南非环境事务部负责。2016 年《海洋空间规划法案》第一版草案在南非发布，并于 2018 年 4 月通过了南非议会审议，同年 5 月总统批准后实施。

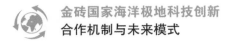
7.1.2　涉海政府管理机构和决策机构

（1）南非科技部 [2]

2002年8月，南非科技部（Department of Science and Technology，DST）成立，专门负责全国的科技工作，以及发展、协调和管理国家创新体系，为科学研究和技术开发提供战略指导与支持。下设南非科学院（Academy of Science of South Africa，ASSAf）、国家研究基金会（National Research Foundation，NRF）、南非自然科学职业理事会（South African Council for Natural Scientific Professions，SACNASP）等。

南非科技部为科学、技术和创新提供有利的环境和资源，旨在通过研究和创新促进南非的社会经济发展。通过相关项目和计划，包括管理、技术创新、国际合作与资源、科技发展及支撑、社会经济创新等方面，完成突破性的科学研究。

1）南非科学院 ①

南非科学院（ASSAf）于1996年5月由南非总统和科学院赞助人纳尔逊·曼德拉主持成立，任务涵盖了科学研究的所有领域。ASSAf是南非的国家级科学院，自成立以来，其已经从一个小型的新兴组织发展成为一个成熟的学院。ASSAf的主要任务包括：①对国家重要问题进行系统研究，提出对决策有重大影响的权威报告；②促进南非研究出版物的发展，提高其质量、可见度、可及性和影响力；③出版以科学为重点的期刊，向广大的国内和国际读者展示南部非洲最好的研究成果；④为南非科学院的可持续发展创造多样化的资金来源；⑤通过各种媒体、论坛与利益相关者进行有效沟通。

2）南非国家研究基金会 ②

南非国家研究基金会（NRF）是南非科技部下属的科研管理机构，实行董事会领导下的总经理负责制，主要代表南非科技部对国家科技研发与创新活动的项目进行评估评审、资助、资金拨付与管理，涵盖了议会通过的核心科技计划、贸工部的工业科学技术和人力资源计划（THRIP）等项目的资助，但其不

---

① 　Academy of Science of South Africa（https://www.assaf.org.za/index.php）。

② 　National Research Foundation（http://www.nrf.ac.za/）。

从事具体的研发工作。同时，该研究会还管理南非科技进步局（SAASTA）、南非天文台、南非水生生物多样性研究所和 iThemba 加速器科学实验室等机构，是典型的南非国家级科研管理机构[3]。

NRF 是一个独立的法定机构，通过《国家研究基金会法案》（1998 年第 23 号法案），在对艺术、文化、科学和技术进行系统审查后成立。新实体包含了以前为研究界各个部门服务的研究资助机构的职能，即人文科学研究理事会（HSRC）的前科学发展中心（CSD）和包括几个国家研究设施的前研究发展基金会（FRD）。

作为政府授权的研究和科学发展机构，NRF 资助科研事业、发展高端人力资源和关键研究基础设施，以促进所有学科领域的知识生产。NRF 的目标是促进研究事业发展，增加公众科学参与，并建立前沿的研究平台，改变科学研究格局，激励具有代表性的研究团体追求全球竞争力。NRF 与研究机构、国际合作伙伴一起共同促进南非在全国和国际上的研究利益。

a. 南非科技进步局[①]

南非科技进步局（South African Agency for Science and Technology Advancement，SAASTA）是 NRF 的业务单位，其任务是提高公众对南非科学、工程、创新和技术的认识和参与。SAASTA 主要关注 3 个关键战略领域：通过科学教育培养未来的科学家和创新者；通过科学意识，让公众参与科学、工程和技术现象；通过科学传播，与公众分享科技成果，增进公众对科学的认识。SAASTA 的目标是成为领先的科学促进机构，在动态的知识经济中传播科学技术的价值和影响。

b. 南非水生生物多样性研究所[②]

南非水生生物多样性研究所（South African Institute for Aquatic Biodiversity，SAIAB）位于东开普省，是一个国际公认的水生生物多样性研究中心。SAIAB 是 NRF 的重要国家机构，主要研究全球重要水生生态系统生物多样性和功能。由于有海洋和淡水生物地理边界，南非是监测和记录气候变化的理想地点。SAIAB 在淡水水生生物多样性方面的科学领导地位和专业知识，在处理人类人

---

① South African Agency for Science and Technology Advancement（https://www.saasta.ac.za/）。

② South African Institute for Aquatic Biodiversity（https://www.saiab.ac.za/）。

口增长和发展的指数增长压力所引起的问题时，对国家利益至关重要。

c. 南非环境观测网①

南非环境观测网（South African Environmental Observation Network，SAEON）成立于 2002 年，由南非科技部率先授权和资助国家研究基金会，将 SAEON 发展为一个由部门、大学、科学机构和工业团体组成的制度化网络。

SAEON 是支持长期现场环境观测的系统，已经建立了 7 个节点，协调和促进 4 个基于生物群落的陆地区域、海岸带（分为 3 个生物地理区域）和近海 – 海洋系统（分为 3 个大型海洋生态系统）组建的观测和信息系统的现场中心。

（2）南非矿产资源和能源部②

2019 年 5 月，西里尔·拉马福萨总统宣布将矿产资源部和能源部合并为矿产资源和能源部（Department of Mineral Resources and Energy，DMRE），以促进经济增长、维护环境可持续发展。该部门的主要任务是规范、改革和促进矿产资源和能源部门的发展，为南非提供可持续能源，确保所有南非人从矿产财富中获得可持续利益。

DMRE 是南非矿产资源管理和开发的政府主管部门，负责监督有关矿业法的实施、矿产和石油资源的开发管理。其下设有总干事和 10 个省的地区经理，属于高级别的集中管理。由于南非能源尤其是油气资源储量并不多，所以与南非能源相关的管理部门仅为碳氢化合物和能源部，主管煤、天然气、液体燃料、能源效率、可再生能源和能源计划（包括能源数据库）。其余大部分部门都是与南非矿产资源相关的监督管理部门，如矿产开发局及其下属机构，还有矿山健康安全局及其下属机构。

（3）南非环境、林业和渔业部③

南非环境、林业和渔业部（Department of Environment，Forestry and Fisheries，DEFF）是负责保护、保存、改善南非环境和自然资源的政府部门，目标是从根本上改变环境保护的方式，处理好环境与社会经济的关系。作为国家机构，

---

① South African Environmental Observation Network（http://www.saeon.ac.za/）。

② Department of Mineral Resources and Energy（http://www.energy.gov.za/）。

③ Department of Environment，Forestry and Fisheries（https://www.environment.gov.za/）。

DEFF 规划了未来 20 年的发展前景。在环境方面，将落实与环境保护、可持续发展相关的优先领域。特别是在环境保护和减贫的过程中，该机构积极推动各种倡议，致力于在环境管理、利用和保护生态基础设施方面发挥领导作用。

南非在南极洲及马里恩岛、高夫岛都设有监测站，这些站点由 DEFF 管理。分支机构包括生物物种及保护、化学品及废物管理、气候变化、渔业管理、林业管理和海洋及海岸带管理等部门。

南非海洋与海岸带管理局是南非环保部下属单位，是管理南非海洋与海岸带、海洋环境保护、海洋科学研究、海洋观测预报等事务的官方机构。目前其主要职能包括以下几个方面：为海洋和沿海环境建立管理框架和机制；加强海洋和沿海综合管理的国家科学方案；参与、支持环境及可持续发展优先事项的国际协定和机构。

（4）南非地球科学委员会

《地学科学修正案》（*The Geoscience Amendment Act*）（2010 年第 16 条法令）确定地球科学委员会为南非国家科学理事会的一员。南非地球科学委员会拥有非洲最专业的设施、资产和服务。重点研究领域包括地球科学测绘（Geoscience Maping）、经济地质学、地球物理学、海洋地球科学与环境、地下水和工程地球科学，南非共设有 6 个地区办事处（波洛克瓦尼、比勒陀利亚、阿平顿、彼得马里茨堡、伊丽莎白港、贝尔维尔），总部位于比勒陀利亚。

南非地球科学委员会提供专业的地球科学服务，其使命是促进矿产资源的勘探和开采，为南非创造价值，并为个人与公共部门的利益相关者提供服务。例如，海洋地球科学包括海洋地球物理测量，近岸和大陆架测绘，重矿物、海洋砂矿钻石、钾盐和磷酸盐的资源调查，环境影响评估（EIAs），海洋地球科学数据库的构建，沉船调查，海洋工程现场调查，沿海和河口沉积物动态，科学潜水调查。

南非涉海政府管理机构和决策机构如图 7-1 所示。

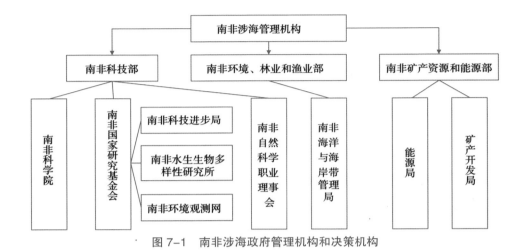

图 7-1　南非涉海政府管理机构和决策机构

7.1.3　涉海科研机构

南非科研体系较为完整，主要由高等教育机构（23 所大学）、国家级公立科学研究理事会（8 个）、其他政府研究机构（35 家）、商业研究机构（45 家）和研究性质的非政府组织（80 余家）等构成。作为国家最重要的科研力量，南非 8 个国家级公立科学研究理事会分别为农业研究理事会、科学与工业研究理事会、地学理事会、医学研究理事会、矿冶技术理事会、南非标准局、人文科学研究理事会及南非国家研究基金会。其中，前七大科学研究理事会实质上是国家级的科学研究院，接受行业主管部门和南非科技部的双重指导，从事具体研发工作。

（1）开普敦大学①

开普敦大学（The University of Cape Town，UCT），位于西开普省的开普敦市。其成立于 1829 年，是南非最古老的大学，也是非洲大陆的学术研究中心之一。开普敦大学在各大学排行榜的排名中稳居非洲地区第一，金砖国家大学排行中位居前五，世界排名前 200。在科研方面，开普敦大学拥有多门一流学科和专业。

————————
① 　University of Cape Town（http://www.uct.ac.za/）。

开普敦大学海洋研究所 ① 是撒哈拉以南非洲地区唯一的海洋学系，旨在增进对非洲和南半球海洋各方面的了解，并利用这些知识造福世界各地。该研究所的研究重点是海洋和大气的物理环境及其相互作用。下设的研究小组包括海洋观测、卫星海洋遥感、海岸海洋学、数值模拟、实际海洋科学、海洋及海岸气象学、恶劣天气、气候变化及变异性等。

（2）尼尔森曼德拉大学 ②

尼尔森曼德拉大学海岸和海洋研究所（Institute for Coastal and Marine Research，CMR）成立于 20 世纪 80 年代，目标是成为领先的海洋和海岸科学研究所。该研究所开展海洋领域前沿研究，旨在提高对沿海和海洋环境的了解，以可持续的方式服务于南非的海洋需求。CMR 致力于与海洋和沿海环境相关的跨学科研究与培训，不仅促进了科学知识的发展，也为海洋管理提供了基础，维护生物多样性和实现资源的可持续利用，同时也有助于促进对公众海洋和海岸问题的意识教育。

7.1.4 科研项目与资金投入

（1）海洋保护区

2003 年南非颁布了《国家环境管理保护区法》，明确了南非保护区的功能与管理原则，即 "保护南非具有生态差异的区域及它们的自然景观和海景；保护区域的生态完整性；为了依据国家规范和标准管理保护区；为了各级政府间的合作管理和便于公众参与咨询保护区事务；为位于国家土地、私人土地和公共土地上的保护区提供一个有代表性的网络；促进为了人民利益的保护区的可持续利用"。依据此法律，在国家层面，环境事务部、水务和森林管理局、南非科技部等共同负责执行相关法律和政策；在省级层面，各省的环境保护部门和农业部门，以及水务和森林管理局各省的分支机构负责一系列保护生态多样性的政策和法律的实施。南非因而建立起能够胜任国家和各省市保护生物多样

---

① Department of Oceanography，University of Cape Town（http://www.sea.uct.ac.za/SEA-information）。

② Institute for Coastal and Marine Research（https://cmr.mandela.ac.za/）。

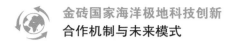

性职责的组织结构。

据估计，南非整个海洋部门对国内生产总值贡献率达 4.4%，提供了大量的就业和生计；沿海商品和服务对国内生产总值的贡献率为 35%。随着南非海洋经济的发展，越来越迫切需要为海洋生态系统的代表性样本提供必要的保护。2019 年 6 月，南非宣布建立 20 个新的海洋保护区，提出一个由本国 20 个新的代表性区域组成的保护宣言：海洋保护区（MPAs）将南非海洋环境的空间保护从 0.4% 提高到 5.4%。这 20 个海洋保护区网络还将为南非专属经济区内 90% 的海洋生物栖息地提供一定程度的保护。新的海洋保护区包括海山、海底峡谷、海底火山峰、印度洋和大西洋海域陆架、大陆边缘和深海的各种生态系统类型。

南非通过扩大宣传，把海洋资源环境保护与全民参与结合起来，通过选划国家海洋公园，对特定区域进行全面保护，然后选定主导产品精心策划和包装，将海洋环境保护成果开发成旅游景点。这种方式既宣传了环保理念及工作成效，又能从旅游收入中分成促进 MPAs 的管理保护、研究和建设，把部门举措逐步转变为全社会的自觉行动。

（2）海洋监测预警

海洋生态系统实时变化，为了掌握主动权、完善对其及相关灾害（如洪涝、海啸等）的监测，2011 年 2 月，南非正式开始了海洋观察与监测浮标的投用。该浮标是海洋监测预警系统"南非国家海洋与海岸监测系统"的根基组成部分，对沿海地区，尤其是在确保居民的安全方面有着关键的作用。该系统还将为保护海洋与海岸系统生态环境做出重要的科研贡献，帮助南非尽可能地抵御气候变化所带来的负面影响。

2019 年初，南非进一步推动海洋监测卫星计划的实施，其开发的"ZA Cube-2"号卫星被认为是非洲最先进的卫星，它可以用于监控南非沿海水域的船只，以防止偷猎和非法倾倒垃圾。截至 2020 年，南非共拥有 4 颗卫星，其中 1 颗用于海洋观测。南非希望未来至少再增加 8 颗，以扩大海洋监控的范围。

（3）应对气候变化

2011 年 10 月，《南非应对气候变化》白皮书正式公布。除了制定政策措施，南非还积极落实行动。2012 年，南非投资 8 亿兰特（约 0.5 亿美元）委托南部非洲发展银行落实"绿色基金"，向绿色经济项目提供资金支持，以促使南非经济由高能耗、高污染的经济模式向低碳经济模式过度。此外南非还致力于通过发展绿色经济、调整能源结构、发展清洁能源来改变传统的经济增长方式；努力提高科学技术水平，以更好地研究气候变化，应对气候变化带来的挑战；呼吁全社会广泛关注气候变化，鼓励市民、企业和社会团体组织有效地参与到关于应对气候变化的讨论和行动中；积极参与国际合作，勇于承担责任，为维护全人类的共同利益做出了巨大的贡献。

（4）海洋能源利用项目

南非地理上三面环海，拥有 150 万平方千米专属经济区、3900 千米海岸线，沿海及近海水域石油和天然气储量预计分别达到 90 亿桶和 110 亿桶油当量。早在 1968 年，南非就已经开始勘探海洋油气，但海洋油气资源未得到充分开发——西开普省 80 座钻井平台中每年仅有 4 座维持运营。

2008 年，南非首届海洋能源工作会议在西开普省召开，促使成立了南非海洋能源网络（OENoSA）。随着"费吉萨"计划的实施，沿海油气开发被列为未来主要的 4 个发展方向之一。南非的波浪能和海流能丰富，2012 年 5 月 3 日，海洋能源发电工作坊召开，提供关于海洋能源潜力的信息。2019 年，法国勘探公司道达尔公司在南非海岸线 175 千米外发现深水油田，估计储量 10 亿桶。

被勘探区域命名为布鲁尔帕达（Brulpadda），距离南非南部海岸约 175 千米，面积 18 734 平方千米，水深从北部的 200 米渐变到南部的 1800 米。道达尔公司表示，该地区可能蕴藏 10 亿桶天然气及大量原油。卢佩德钻探井从 2020 年 8 月开始勘探，雇用了 195 名南非本地专业人员（包括勘探工程师、航空专家、水文专家、石油地质专家和海洋专家等）。作为南非第一座深海油气田，该油气田很可能结束南非油气需要进口的历史。2020 年 10 月，南非矿产资源和能源部部长曼塔谢前往西开普省莫索贝附近海域的卢佩德（Luiperd）钻探井进行视察。曼塔谢表示该项目已投资 15 亿兰特（约合 1 亿美元），政府目前正以"必要的速度"来完成《上游石油发展法案》，以帮助释放上游油气储量中尚未开发的潜力。

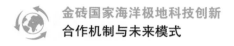

（5）海上运输

海上贸易是非洲的生命线，非盟相关政策明确了要将非洲的船只、港口和人民的预期增长联系起来，其中包括《2050年非洲海洋综合战略》和非盟的《2063年议程》。南非位于非洲大陆最南端，东、南、西三面濒临印度洋和大西洋，北与纳米比亚、博茨瓦纳、津巴布韦、莫桑比克和斯威士兰接壤。南非地处两大洋间航运要冲，其西南端的好望角航线历来是世界最繁忙的海上通道之一。

南非良港众多，理查德湾港是世界最大的煤炭港口之一，德班港是非洲最大的集装箱港口，良好的基础设施使南非成为南部非洲航运物流中心，96%以上的进出口通过海运完成。尽管港口吞吐量较大，但其收益并不高，原因有以下几点：①南非港口主要提供装卸等传统服务，现代海洋服务功能缺失；②南非没有本国货运船队，据南非海事安全局（SAMSA）数据显示，仅有5艘船在南非登记注册；③尽管每年有超过13 000艘船只停靠南非，但只有不足5%的船舶选择在南非维修，使南非修船在全球市场份额中的占比不足1%。截至2018年11月，"费吉萨"计划已从政府和私营部门获得287亿兰特（约合20亿美元）的投资[4]，主要投向港口等海洋基础设施建设、以造船业为代表的海洋制造业、水产养殖、海洋石油和天然气勘探等领域，已创造直接和间接就业岗位约43.8万个。

7.2 极地领域

7.2.1 战略、政策和规划

2015年5月，南非科技部向南非国会科学与技术专门委员会（Portfolio Committee on Science and Technology）提交了《南非海洋与南极研究战略》（*Marine and Antarctic Research Strategy*），旨在建立国家范围的海洋与南极科学研究体系，推动人才培养、科技创新和经济增长，提升南非国际影响力。该战略文件指出，南非海洋与南极研究的具体目标是完善海洋与南极研究管理体系；为海洋与南极研究提供可持续性的资源保障；强化海洋与南极研究人才资源储备；发展海洋经济，改善南非人民生活质量；提升国民对海洋与南极研究的认知度和认可度；实现科技创新带动国内就业率。

《南非海洋与南极研究战略》分为两个独立部分，即《南非海洋研究战略》和《南非南极研究战略》，其中《南非南极研究战略》聚焦4个领域，即地球系统科学（包括地球空间学、海洋洋流学、气候变化与南极地区的相互关联）、南极生物科学（包括气候变化影响下的生物学、南极生物多样性研究、生物技术研发）、南极人力资本储备（包括地缘政治学科、国际法学科、国际公共政策学科、人类史学科）和技术创新（南极科考技术和装备研发）。

2020年12月，南非内阁批准了南非的南极战略性文件《南极和南大洋战略》，协调和执行《南极条约》，涉及研究、养护、可持续资源使用和环境管理，以支持非洲议程。内容包括南非的国家南极方案介绍；南非在南极、次南极及南大洋地区的投资；保持南极参与的根本原因、愿景、方向目标及战略目标；南极治理及机构设置等。根据战略，南非的战略性国家利益包括确保《南极条约》生效；凸显南极和南大洋在全球气候变化中的核心作用；利用南非的南极洲门户地理优势，创造经济利益。该战略由南非国家南极计划的合作伙伴、关键政府部门及其实体共同形成（包括科学与创新部、国际关系和协调部、公共工程和基础设施部及交通部）。环境、林业和渔业部在该领域加入了新确定的角色参与者，即农业研究理事会、医学研究理事会、人类科学研究理事会和其他机构。

（1）南极经济利益

南非深化南极事务参与也包含在经济利益方面的考量。第一，南非希望把立法首都开普敦打造成通往南极的"新门户"，为南极科考和南极旅游提供运输和通信服务。开普敦与澳大利亚霍巴特（Hobart）、新西兰基督城（Christchurch）、智利蓬塔阿雷纳斯（Punta Arenas）、阿根廷乌斯怀亚（Ushuaia）并称南极五大"门户城市"。与其他4个城市相比，开普敦虽然距离南极大陆最远，却是挪威、比利时、德国、俄罗斯等欧洲国家南极科考保障基地的优先选择。同时，南极独特的自然环境使其成为当今世界著名的旅游目的地之一，旅游业已经成为南极大陆最富商业性的行业，其中南极半岛和周围岛屿，如南设得兰群岛（South Shetland Islands）成了游客首选地。20世纪50年代末美国人首次开展南极商业旅游以来，除了美国、俄罗斯、新西兰及澳大利亚等南极旅游大国，还有南美的智利、阿根廷及亚洲的日本等在南极开展

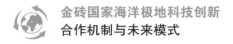

了南极旅游项目。2009年9月，开普敦等5个"门户城市"的政府代表在智利签署《南大洋门户城市合作协定》，力图在南极科考、旅游、教育、后勤保障和商业机会开发等方面展开合作，共同维护南极生态环境和挖掘南极经济机遇。

（2）南极外交战略

南非作为《南极条约》协商会议、南极海洋生物资源养护委员会、南极研究科学委员会、国际海事组织等多边平台的成员国，为其借助南极多边制度平台开展南极外交、提升国际影响力提供了身份便利。在双边外交领域，南非与英国、挪威、俄罗斯、澳大利亚、日本等在南极后勤保障和科研合作方面建立了紧密的合作关系。在多边外交舞台，南非注重在"三国对话论坛"和金砖国家机制框架下推动南极事务合作。在金砖国家机制下，2016年5月召开第4届金砖国家科技创新部长级会议。会议上，金砖五国决定成立科技创新资金资助方工作组，签署了《金砖国家科技创新框架计划》及《金砖国家科技创新框架计划实施方案》，决定在该框架下联合征集多边研发项目，其中南非国家研究基金会则倡议推动海洋与极地科学技术联合研发项目。

南非注重与国际极地基金会（International Polar Foundation）、南极与南大洋联盟（Antarctic and Southern Ocean Coalition）、南极海洋联盟（Antarctic Ocean Alliance）等国际非政府组织开展南极合作。2013年10月，南非与国际极地基金会达成历史性的合作协议，即在南极后勤保障、信息获取、教育项目、科技研发、学者交流、国际学术论坛举办等方面相互给予支持，同时双方在开普敦建立南极气候变化观测网络，提升国际社会对气候变化的认知水平和应对能力。

（3）南极环境保护

南极环境问题的形成有自然和人为两种因素。自然因素，如全球气候变暖，生活在温带或亚热带的生物可能会在南极地区生长繁殖，这必然会引起南极地区生态系统的变化，从而带来一些新的环境问题；人为因素是指人类活动给南极生态环境带来的影响，尤其是南极生态环境的独特性同样包含着脆弱性和不可逆性，面对由人类活动造成的破坏，南极生态环境的抵抗力和自我修复能力都十分有限。国际南极事务知名学者多纳德·罗斯威尔（Donald R. Rothwell）指出，"南极地区曾经经历了大规模的鲸鱼、磷虾、海豹等生物资源捕捞及矿产资源的勘探，虽然这些资源勘探和开发活动目前都已受到限制，但科考、旅游和航运等活动仍然会给南极地区脆弱的生态环境带来危害，尤其是气候变化给南极环境安全带来了巨大影响，才使得南极地区受到国际社会的关注"。

对于南非而言，积极推动南极环境保护，既是维护国家环境安全利益的重要保障，又可以彰显南非南极政策的国际道义要义。为实施《南非海洋保护区扩展战略》，2013 年 4 月，南非环境事务部宣布在亚南极地区的爱德华王子群岛及周围海域设立海洋保护区。该保护区旨在维护爱德华王子群岛及附近海域的生物多样性，并为国际社会探究气候变化对南大洋的影响提供参考。南非是南极生物资源养护委员会较为"活跃"的成员，南非通过向委员会提供南大洋科学调查资料和数据等方式，推动委员会在南大洋打击非法捕鱼、公海保护区建设等领域"建章立制"。

（4）南极气候变化

南非位于非洲大陆最南端，西濒大西洋，东临印度洋，海岸线全长 3900 千米。这种地理位置的临近性使其更加容易遭受全球气候变化和南极生态环境变化的不利影响。由于南大洋气候变化对整个南半球甚至全球气候变化都有决定性影响，因此，早在 20 世纪初南非就在亚南极地区的戈夫岛（Gough Island）建立了气象观察站，试图了解南大洋气象条件变化对南非农业发展的影响。南非外交部在 1966 年南极政策文件中，把"获取南极地区气象数据"和国家战略安全、商业利益、空中交通航线视为南非在南极地区国家利益的 4 个方面。当前，作为一个深受全球气候变化影响的国家，南非对气候变化的关注和应对已经被提升到国家安全的高度。南非的《国家应对气候变化白皮书》中提出，南非应对气候变化的两个具体目标是"确保南非在经济、社会和环境上能够有效应对气候变化并应对紧急情况"和"为世界减少温室气体排放做出应有的贡献"，并从适应和减缓两个方面具体规划了应对气候变化的政策措施和路径。因此，保护南极地区生态环境平衡和环境稳定，不仅关乎南非的环境安全和经济安全，也事关全人类的生存和发展。南非主要极地战略、政策、规划如表

7-2 所示。

表 7-2　主要极地战略、政策、规划

领域	发布时间	战略规划	要点
南极战略	2015 年	《南非海洋与南极研究战略》	建立国家范围的海洋与南极科学研究体系，推动人才培养、科技创新和经济增长，提升南非国际影响力
	2020 年	《南极和南大洋战略》	建立国家范围的海洋与南极科学研究体系，推动人才培养、科技创新和经济增长，提升南非国际影响力
南极经济	2009 年	《南大洋门户城市合作协定》	在南极科考、旅游、教育、后勤保障和商业机会开发等方面展开合作，共同维护南极生态环境和挖掘南极经济机遇
南极外交	2016 年	《金砖国家科技创新框架计划》	联合征集多边研发项目
南极环境	2013 年	《南非海洋保护区扩展战略》	维护爱德华王子群岛及附近海域的生物多样性，并为国际社会探究气候变化对南大洋的影响提供参考
南极气候变化	2011 年	《国家应对气候变化白皮书》	"确保南非在经济、社会和环境上能够有效应对气候变化并应对紧急情况"；"为世界减少温室气体排放做出应有的贡献"

7.2.2　科研项目与资金投入

南极地区自然环境险恶，开展高频次和高质量的科学考察和研究需要依托稳固且有成效的南极活动保障能力。南极活动保障是指南极后勤、作业、物流等方面的支持，以及相关的业务能力建设。这是一国在南极实质性存在的物质基础和硬件指标，也是一国提升南极影响力的根基所在。2004—2015年，南非政府不断加大对南极科研的资金支持，南极科研经费从 376 万兰特（约合 25 万美元）提升到 2192 万兰特（约合 147 万美元），为持续开展南极科学调查与研究提供了重要经费保障，也为其提升南极科研能力奠定了重要支撑（图 7-2）。

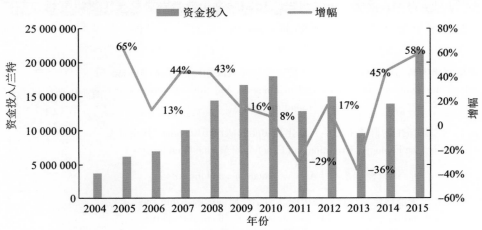

图 7-2　2004—2015 年南非南极科研经费投入规模及增长幅度

（1）南非国家南极计划

2003 年，南非内阁批准了将南非国家南极计划（SANAP）的科研职能转移到南非科技部的提议。环境、渔业和林业部继续负责所有的物流和基础设施，维持南非在南极洲和爱德华王子群岛的研究[5]。

SANAP 的研究内容包括南极洲、岛屿和南大洋旅游、磷虾捕捞、生物勘探和采矿等领域的法律问题；建立"南极研究所"的可能性；污染的威胁等方面。研究方案优先考虑的 5 个专题领域为全球变化下的海洋与海洋生态系统，地球观测系统，生态系统、生物多样性和生物发现，创新和发展及人类事业（表 7-3）。

表 7-3　南非国家南极计划当前研究项目

研究项目	承担机构
鸟类食腐动物作为岛屿生物群恢复的指标（Avian Scavengers as Indicators of Recovery of an Island Biota）	南非尼尔森曼德拉大学（NMU）

研究项目	承担机构
泛南极土壤微生物生态学比较（Comparative Microbial Ecology of Pan-Antarctic Soils）	
环境变化中的马里恩岛海洋哺乳动物：个体异质性和种群过程（Marion Island Marine Mammals in Changing Environments: Individual Heterogeneity and Population Processes）	南非比勒陀利亚大学（UP）
提高对海洋微生物群落生态学、进化和功能的认识（Enhanced Insights Regarding the Ecology, Evolution and Function of Marine Microbiomes）	
非洲、南极洲和艺术（Africa, Antarctica and the Arts）	
物理和生物地球化学过程对南极海冰力学性质的影响（Influence of Physical and Biogeochemical Processes on the Mechanical Properties of Antarctic Sea Ice）	
南大洋氮和铁的平行循环：对生物二氧化碳下降和全球海洋的影响（Parallel Cycling of Nitrogen and Iron in the Upper Southern Ocean: Implications for Biological CO_2 Drawdown and Global Ocean Fertility）	南非开普敦大学（UCT）
SEAmester——南非的浮动大学（SEAmester–South Africa's Floating University）	
南大西洋对经向翻转环流和气候的影响——南非（SAMOC–SA）	南非开普敦环境事务部
罗斯海豹在不断变化的环境中的生态、行为和生理特征（Ross Seal Ecology, Behaviour and Physiology in a Changing Environment）	南非大学（UNISA）
观察宇宙中的黎明（Observing Dawn in the Cosmos）	南非夸祖鲁－纳塔尔大学（UKZN）
从开阔的海洋环境到自然施肥的亚南极岛屿（马里恩岛和戈夫岛）的南大洋季节性铁的形成（Seasonal Iron Speciation in the Southern Ocean, From Open Ocean Environments to Naturally Fertilized Sub–Antarctic Islands (Marion and Gough Islands)）	南非环境、林业和渔业部
景观和气候的相互作用（Landscape and Climate Interactions）	南非福特哈尔大学（UFH）

续表

研究项目	承担机构
南大洋上层氮铁平行循环：对生物致 CO_2 下降和全球海洋肥沃化影响（Contemporary and Future Drivers of CO_2 and Heat in the Southern Ocean）	南非科学与工业研究理事会（CSIR）
数据化的南非 Agulhas Ⅱ 号——旗舰船舶 4.0（The Digital SA Agulhas Ⅱ - Flagship for Vessel 4.0）	
南非的南极遗产（Antarctic Legacy of South Africa）	南非斯坦陵布什大学（SU）
用于南极和南海鲸类探测的远程无人水面运载器的信号处理和控制（Signal Processing and Control of a Long-range Unmanned Surface Vehicle for Cetacean Detection in the Antarctic and Southern Sea）	
极地空间气候研究（Polar Space Weather Studies）	南非太空总署（SANSA）
SANAE HF 雷达（SANAE HF radar）	

（2）南极人才储备计划

近年来，南非相继实施了"优秀中心计划""研究首席计划"和系列人才培养计划，南极研究领域的人才培养和储备是这些计划的重要组成部分。"优秀中心计划"主要是资助本国科研群体的研发活动，致力于通过跨学科、跨机构的大规模联合研究来占领世界科技前沿，同时在战略领域培养高质量人才，解决科学、工程和技术人力资源供不应求的问题。截至 2020 年，南非已经成立 15 个"优秀中心"，其中南极环境变化和生物多样性是开普敦大学生物多样性优秀中心的重要研究方向。"研究首席计划"旨在从 2006 年起的 15 年内每年向每位首席科学家资助 250 万～300 万兰特（合 37 万～44 万美元），是南非为扭转高校人才流失局面，吸引世界一流科学家，落实国家科技发展战略，振兴国家创新体系，提高科研竞争力，促进经济社会发展而采取的一项重大战略措施。该计划在南极研究、海洋生物科学、生物多样性等优势科学领域设立 5 个席位，以保持这些领域在世界科技中的比较优势；在全球气候变化科学、生物经济、空间科技等国家重点研究领域设立 16 个席位，以应对知识经济社会面临的挑战等。

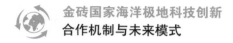

（3）南极国民意识提升

为实施和推进南极教育，南非政府注重推进南极遗产收集和保护，期望借此提升国民南极意识。南非科技部、国家研究基金会、开普敦大学等联合实施了"南非南极遗产"（Antarctic Legacy of South Africa，ALSA）项目[6]，整理、鉴定、归档和数字化这些宝贵的科学记录，其中包括4000余张地图、图纸、照片，以及大量口述历史访谈等。2016年12月，南非环境事务部向国会提请设立"南极中心"（Antarctic Center），以便于南非国民从中可以更直观地了解和认知南极，促进国民的南极意识提升教育。2016年12月，南非科技部、国家研究基金会及开普敦大学联合参与了国际"环南极航行探险"（Antarctic Circum Navigation Expedition）活动。南非、瑞士、德国、俄罗斯、法国、澳大利亚等30多个国家的科研人员乘坐俄罗斯"凯什尼科夫院士号"（Akademik Treshnikov）极地考察船从南非开普敦出发，经过澳大利亚霍巴特港和智利蓬塔阿雷纳斯港，于2017年3月18日返回开普敦，主要开展气象学、海洋学、生物学、冰川学等领域的20余个研究项目。

7.2.3 极地科考（站）和基础设施建设

（1）科考站

南非在1959—1960年开展了第一次南极科学考察，1997年在挪威的南极领地建立了"萨那伊"（SANAE）常年科考站，并在爱德华王子群岛的马里恩岛和戈夫岛建立了两个南极科考基地，为其参与南极事务奠定了重要基础。近年来，南非受到政治、经济等多重因素的影响，开始积极参与南极事务（增强南非在国际舞台上的影响力、挖掘南极经济机遇、维护国家环境和经济安全等是其主要推动因素）。

在SANAE Ⅳ号南极站，研究的领域包括气象观测、天文研究（如宇宙射线），以及其他涉及地球科学（如地质学）等方面。每年进行补足物资和交换人员的航行由南非环境林业和渔业部研究和供应船"mv S.A. Agulhas Ⅱ"进行。南极洲的SANAE Ⅳ监测站位于南纬71° 西经2° ，距离开普敦港东码头4280千米。SANAE的研究分为4个方案：物理科学、地球科学、生命科学、海洋科学。只有物理科学全年在SANAE Ⅳ进行。其他方案在气温和天气允许的前提下进行实地工作和海冰范围最小的短暂夏季进行。

马里恩岛位于南印度洋（南纬 46° 东经 37°），距开普敦港东码头 2160 千米。马里恩岛长 19 千米，宽 12 千米，是爱德华王子群岛中较大的一个岛。爱德华王子群岛（马里恩岛和爱德华王子岛）的总面积为 316 平方千米，是南非西开普省的正式组成部分。开展生物 / 环境研究是马里恩岛站的一项主要职能（另一项职能是收集天气数据），主要集中在以下几个主题：天气及气候研究，海洋和陆地系统之间的相互作用，海豹、海鸟和虎鲸的生活史，陆地生态系统的结构和功能，近岸生态系统的结构和功能。

戈夫岛位于南纬 40° 西经 9°，距离开普敦港东码头 2600 千米。自 1956 年以来，南非一直在戈夫岛上运营一个气象站，最初是被安置在格伦，于 1963 年搬到了戈夫岛的西南部低地。这个气象站和南非的气象站一样，每小时进行一次气候观测和高空上升。戈夫岛是特里斯坦 – 达库尼亚的属地，而特里斯坦 – 达库尼亚又是英国海外领土圣赫勒拿岛的属地。建造气象站的土地是南非根据合同租赁的，由开普敦的地方法官管辖，除了作为南非国家南极计划一部分的气象站的 8 ~ 10 名探险队成员外，这里没有其他人居住，因此是人类能够持续生活的最偏远的地方之一。这是一个孤独的地方，在特里斯坦 – 达库尼亚群岛其他岛屿东南约 400 千米处，距离开普敦 2600 千米，距离南美洲最近的点超过 3200 千米。

（2）科考船

"厄加勒斯"号是南非的南极研究和补给船。该船具有较强的极地补给能力，科研设备包括 CTD/ 玫瑰系统、水下荧光剂、温盐深设备、XBT 设备、卫星天气接收机和声学定量分析系统。

2014 年 5 月，南非环境事务部出资 13 亿兰特订购新型南极科学考察船"厄加勒斯 2 号"（Agulhas Ⅱ），该船配备了从事海洋学研究和海上地质研究的设备，除作为具有供给、研究功能的客船及破冰船外，还能承担其他任务。其核心功能是为南极大陆、马里恩岛和戈夫岛提供物流支援服务，其他任务包括连续测量一系列气象参数并传输给南非气象服务部门，以及施放气象气球和天气浮标等。该船配备了 8 个固定的集装箱实验室和 6 个可移动集装箱式实验室，方便科研人员在南大洋开展水文调查、生物多样性、海洋地质学、气候变化研

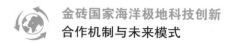

究等领域的科学考察，被誉为"南大洋海洋科学发展的重要一步"（表7-4）。

表7-4 "Agulhas Ⅱ"号相关参数

总长	134 米
型宽	22 米
设计吃水	7.65 米
排水量	13 687 吨
航悚及航程	14 节，15 000 海里
自持力	90 天
破冰能力	5 节航速下破 1 米冰
直升机	2 架超美洲豹直升机
科考平台	8 个固定和 6 个可移动集装箱式实验室

7.3 小 结

自 2014 年实施"费吉萨"计划以来，南非逐渐将海洋极地视作未来经济增长的主要动力之一。随着经济实力的不断增强，南非基于南极地区的政治、经济、科研和环境等方面的战略利益，对海洋极地政策进行不断调整和优化。一是强化南极活动保障能力，包括开展南极外交、推动南极环境保护等方面；二是聚焦蓝色经济发展，推动海洋产业的转型升级；三是积极开展海洋观测与预测工作，全面应对南非海岸带面临的气候变化挑战。

目前，南非仍受国内协调机制不完善和资金掣肘等因素的影响，海洋和极地政策的顺利实施面临着不确定性。中国作为南极治理利益攸关方，在南极事务中与南非拥有相似的利益诉求，在南极事务中与南非保持密切沟通和交流有助于拓宽双方合作领域。近年来，中南签署了经贸、科技等领域的相关合作协定并开展了一系列的重要活动，形成了良好的合作基础和模式，但是仍存在一定的不足，如经济发展能力差异的制约、合作制度的缺失等。为推进中南海洋极地领域合作顺利开展，未来应继续完善海洋经济领域双边政府合作的沟通协调机制，加大力度支持中南合作项目，部署重点领域，实施多层次的海洋产业政策，创造良好的营商环境。

参考文献

［1］南非环境、林业和渔业部.Operation Phakisa – Oceans Economy[EB/OL]. [2021–03–31]. https://www.environment.gov.za/projectsprogrammes/operationphakisa/oceanseconomy.

［2］南非科技部.Department: Science and Innovation，Republic of South Africa[EB/OL]. [2021–03–31]. https://www.dst.gov.za/.

［3］南非国家研究基金会. National Research Foundation Strategy 2020[R/OL]. [2016–01–06]. http://www.nrf.ac.za/sites/default/files/documents/NRF%20Strategy%20Implementation.pdf.

［4］南非政府新闻机构. Operation Phakisa to move SA forward [EB/OL]. [2021–03–31]. http://www.sanews.gov.za/south–africa/operation–phakisa–move–sa–forward.

［5］南非国家南极计划.Current&Previous Research Projects [EB/OL]. [2021–03–31]. https://www.sanap.ac.za/.

［6］南非的南极遗产项目. About the Antarctic Legacy of South Africa [EB/OL]. [2021–03–31]. https://blogs.sun.ac.za/antarcticlegacy/about–2/.

第八章
海洋领域国际组织和机构概况

金砖国家在海洋领域的双／多边科学研究及国际合作，是金砖国家合作机制的重要组成部分。但由于各国政策、战略的侧重点及海洋研究发展水平的差异，推进海洋领域的双／多边合作存在一定挑战。海洋领域国际组织是金砖国家参与国际海洋事务的关键平台，积极依靠国际组织开展海洋领域合作，是协调各国发展难题，发挥比较优势，增进各国海洋领域合作深度与海洋开发利用能力的重要手段。

8.1 国家管辖范围以外区域海洋生物多样性

国家管辖范围以外区域海洋生物多样性（BBNJ）养护和可持续利用问题（涵盖海洋遗传资源及其惠益分享、包括公海保护区的划区管理工具、环境影响评价、能力建设和海洋技术转让等"一揽子"问题），是《联合国海洋法公约》（以下简称《公约》）生效后新出现的国际海洋热点问题。经过近 10 年的磋商讨论，国际社会达成基本共识。2017 年 12 月，第 72 届联合国代表大会（以下简称"联大"）通过决议，决定在《公约》框架下，就 BBNJ 养护和可持续利用问题，制定一个具有法律约束力的国际文书。BBNJ 国际协定将是《公约》的第三个执行协定。与前两个执行协定不同，它是以全球 64% 海洋的生物新资源和空间利用为调整对象的综合性国际文书。

8.1.1 国际背景

2004 年以来，经过长达 17 年的谈判磋商，BBNJ 国际协定谈判特设工作组和筹备委员会的任务已全部完成，政府间谈判正有序推进。纵观历届会议讨论

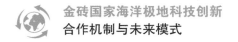
情况，BBNJ 国际协定谈判进程大致可分为三个阶段。

2004—2015 年为谈判的"第一阶段"。经联大授权成立的 BBNJ 不限成员名额非正式特设工作组共召开了 9 次工作组会议和 2 次会间研讨会。各方就解决 BBNJ 养护和可持续利用问题达成共识，即"一揽子"解决海洋遗传资源及其惠益分享、包括公海保护区在内的划区管理工具、环境影响评价、能力建设和海洋技术转让等问题。

2004 年联大通过第 59/24 号决议，决定设立 BBNJ 国际协定谈判特设工作组，专门研究 BBNJ 养护和可持续利用问题，推动各方的合作与协调。2006 年在联合国总部召开了特设工作组第 1 次会议，确认联大为有权对海洋和海洋法问题审查的全球机构，在 BBNJ 养护和可持续利用问题上发挥核心作用，其他组织、进程及协定在各自主管领域起补充作用。2011 年特设工作组第 4 次会议，各方在有严重分歧的情况下，77 国集团与欧盟协商，同意将海洋遗传资源及其惠益分享和海洋生物多样性养护作为一个整体，联合建议"一揽子"解决《公约》生效后出现的海洋国际问题，为推动 BBNJ 谈判向前发展迈出关键性的一步。2015 年 1 月特设工作组第 9 次会议，就向第 69 届联大提出的 BBNJ 谈判建议草案达成共识，一是在《公约》框架下就 BBNJ "一揽子"问题拟定一份具有法律约束力的国际协定；二是设立筹备委员会就拟订国际协定案文草案要点向大会提出实质性建议；三是在 2018 年第 72 届联大会期结束之前，根据筹备委员会的报告，由联大决定是否、何时召开政府间会议。

2016—2017 年为谈判的"第二阶段"。根据 2015 年 6 月联大第 69/292 号决议，就国际协定的法律性质、谈判的路线图和时间表做出决定。BBNJ 国际协定谈判筹备委员会在 2016—2017 年共召开 4 次会议，向联大提交供其审议的 BBNJ 国际协定草案要素。在 2017 年结束的筹备委员会第 4 次会议上，由于各方在主要议题上存在严重分歧，在 77 国集团、欧盟、美国、俄罗斯和中国的协商协调下，会议决定 BBNJ 国际协定草案要素包括 A 和 B 两项清单，它们都不反映各方共识。A 项清单代表大多数代表团的趋同意见，B 项清单强调了分歧的主要事项。草案要素并未涵盖磋商的全部内容，但不影响各国在未来政府间大会谈判中的立场。

在筹备委员会谈判阶段，海洋遗传资源的案文草案要素基本"虚化"，各方在解决实质性问题上几乎没有取得任何进展。发展中国家和发达国家在海洋遗传资源术语的定义、实质范围、原生境获取、货币化和非货币化惠益分享、与遗传资源相关的知识产权、监测海洋遗传资源利用等各个环节都存在严重分歧。包括公海保护区在内划区管理工具议题的案文草案要素较为详实，各方在多数问题上存在普遍共识。海洋环境影响评价（以下简称"环评"）的案文草案要素脉络清晰，各方普遍认为环评是一项国家程序，就国家管辖或控制下的活动各国拥有主导权和决策权，《公约》第 204 至第 206 条是制定海洋环评制度的基础和依据；但发展中国家与发达国家在能力建议及海洋技术转让的资金和技术问题上激烈交锋。

2018—2020 年为谈判的"第三阶段"。2017 年 12 月联大第 72/249 号决议决定，在联合国主持下召开政府间大会，拟订案文并尽早出台 BBNJ 国际协定。政府间大会阶段将就 BBNJ 国际协定的案文条款进行谈判磋商，将要在案文上达成共识。2018—2020 年 6 月共举行 1 次程序会议和 4 次政府间大会。2018 年 4 月，程序会议就政府间会议的组织架构、议事规则、草案起草展开讨论。5 个地区组各选举 3 名主席团成员，中国为亚太地区组推选的主席团成员。

BBNJ 国际协定谈判前三次政府间大会围绕主席起草的《主席协助谈判文件》（A/CONF.232/2019/6）展开讨论。总体来看，较筹备委员会阶段的讨论更为细致，各方在关键问题上的分歧依旧存在，但共识在扩大，政府间大会谈判出台国际协定的紧迫性在增加。公海保护区制度已经形成了"从选划到管理"较为完善的框架体系，一旦 BBNJ 国际协定生效，公海保护区短期内可能"全面开花"。环评制度将对在国家管辖范围以外区域开展的活动进行"事先评估"，提高海洋活动准入门槛和技术难度。因为海洋遗传资源制度事关采探、研究和商业化开发，资金和技术转让涉及可持续的财政投入及与技术相关的知识产权问题，所以发达国家与发展中国家展开激烈博弈。全球性、区域性机制安排尚不明晰，但相关国际组织期望通过国际协定授权拓展职责。

8.1.2　基本情况

就海洋遗传资源议题而言，金砖国家间立场不同，其中南非和巴西立场一致，而中俄观点相近。拉美国家集团（包括巴西）认为，海洋遗传资源的获取和惠益分享应通过信息交换机制中具备强制、公开、自行申报等特点的电子系统进行发布，建立简化的追踪系统来规范相关机制，以促进科学研究、知识

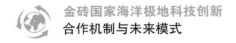

生成和技术创新；非洲集团（包括南非）认为，应进一步改进、完善获取和惠益分享机制，建设分阶段惠益分享机制；俄罗斯反对管制海洋遗传资源获取及分享利用海洋遗传资源产生的惠益，不支持讨论与遗传资源相关的知识产权问题，反对建立追踪制度；中国认为海洋遗传资源获取为海洋科学研究自由，支持优先讨论非货币化惠益，在世界知识产权等专门机构框架下讨论知识产权问题。

就包括海洋保护区在内的划区管理工具议题而言，中国认为，应在现有的相关法律文书、框架，以及相关的全球、区域和部门机构组织基础上，协商加强包括海洋保护区在内的划区管理工具方面的合作；拉美国家集团认为，应包括明确的合作与协调机制，整合现有工具和框架，避免重复活动或权限冲突；非洲集团认为，国家管辖范围以外区域的管理制度有所欠缺，BBNJ国际协定能够为加强全球、区域、次区域和部门海洋生物多样性养护及可持续利用提供机会，支持根据新协定设立机构，并与现有机构进行合作；非洲集团还认为各方都应平等参与包括海洋保护区在内划区管理工具的选择和建立，建立全球统一的综合性管理机构；俄罗斯几乎反对任何类型的海洋保护区制度。

就环境影响评价议题而言，中国、拉美国家集团和非洲集团支持明确环评目标，以缔约国为主体对其管辖及控制下的活动进行环评。此外，77国集团及中国支持制定环评活动清单，认为应进一步讨论和明确界定环评国际化的范围；拉美国家集团认为，应为各国制定开展评估和报告评估的程序、门槛和准则，为在国家管辖范围以外区域开展的活动，建立具有普遍性和协调一致的环评法律框架；印度认为，环评可以在改善、保护海洋环境和实现协定目标方面发挥关键作用，但环评的国际化程序不应削弱提议者在开展环评方面承担的现有义务；非洲集团认为需要对环评国际化进行适当的界定和阐述，以确保环评所有阶段的透明度。

就能力建设和海洋技术转让议题而言，中国认为，应在现有框架机制基础上，推动各层面能力建设和海洋技术转让合作，考虑地理不利国、小岛屿发展中国家、最不发达国家及非洲沿海国家的特殊需要，应帮助其获得承担新协定责任与义务的能力；非洲集团认为，必须在强制和自愿基础上共同开展能力建设和海洋技术转让，科学有效的合作是能力建设计划的关键，支持制定有力的法律框架，明确规定缔约国的义务并保障缔约国的有效执行；俄罗斯反对强制转让海洋技术，反对建立强制性资金机制。

8.1.3　相关建议

中国作为快速发展的海洋大国，谈判制定《海洋法公约》框架下的 BBNJ 国际协定，既是挑战，也是机遇。在 BBNJ 国际协定框架下，中国与拉美国家集团、非洲国家集团立场较为相似，均为发展中国家集团代表，主要立场为阐述发展中国家需求，坚定维护合理权益；俄罗斯是传统海洋强国，在能源开发、造船和航运业等方面具有发展优势，支持"公海自由"原则，不愿放弃其公海既得利益，反对协定中大量海洋保护相关内容，与中国支持公海海洋资源的科学研究自由和可持续利用观点一致；印度在 BBNJ 谈判进程中参与积极性不高，提供相关意见较少，但其与中国均为发展中大国，不属于一味重视保护的强硬环保派，反对增加过多的缔约国环保义务。

8.2　国际海事组织

8.2.1　国际背景

海运业是最早启动应对气候变化谈判的专业领域之一，其源头在于国际海运温室气体排放的行业特殊性及高度国际性所带来的统计方面的技术难题。1997 年，《联合国气候变化框架公约》的《京都议定书》第 2.2 条对海运减排问题作出授权，要求通过国际海事组织（IMO）来限制或减少船舶温室气体排放。自此，IMO 始终将减少船舶二氧化碳排放作为工作重心，分别针对新造船舶和现役船舶提出提高能效和减排要求。针对新造船舶，IMO 于 2013 年通过了全球第一个面向所有国家、行业的强制性船舶能效规则，要求新建船舶从 2015 开始分三个阶段逐步将船舶设计能效指数（EEDI）提升 30%；对于现役船舶，要求每艘船舶制订船舶能效管理计划，并采取管理措施和技术手段提升船舶营运能效水平。

《巴黎协定》通过后，全球气候治理开启了新格局。为积极做出响应，IMO 加快海运减排谈判进程，从政策、技术、立法层面同步推进。2018 年 4 月，海上环境保护委员会第 72 届会议（MEPC 72）通过了 IMO 海运船舶温室气体减排初步战略（以下简称"初步战略"）。初步战略对海运行业应对气候变化行动做出总体安排，包括愿景、减排力度、指导原则、短中长期减排措施等一系列要素，是 IMO 全球治理进程中里程碑式的成果。根据初步战略路线图，IMO 将于 2023 年在"三步走"（数据收集、数据分析、做出决策）基础上形成正式战略，达成包括实施计划在内的短中长期行动措施。

初步战略描绘了国际海运业致力于在 21 世纪内实现温室气体零排放的清晰愿景，提出了富有雄心且兼顾技术发展水平的量化减排目标，同时也认识到发展中国家存在的障碍，纳入了"共区原则"和相应的配套保障措施，是一份相对平衡的决议，向国际社会展示了 IMO 指导海运业应对气候变化的决心。

（1）愿景与减排力度

为了与《巴黎协定》的总体目标保持一致，初步战略提出了海运业未来应对气候变化的愿景，即 IMO 继续致力于国际海运温室气体减排，将其作为当务之急，旨在于 21 世纪内尽快、逐步停止海运温室气体排放。

减排力度上，初步战略提出了三大目标作为"一揽子"方案，分别着眼于船舶（单船）设计能效、国际海运业整体的平均碳强度和国际海运业温室气体排放总量三个方面。在船舶碳强度方面，通过进一步审议提升 EEDI 要求，促进船舶碳强度下降。在国际海运业碳强度方面，目标到 2030 年，全球海运每单位运输活动的平均二氧化碳排放与 2008 年平均排放量相比至少降低 40%，并努力争取到 2050 年降低 70%；在国际海运业温室气体排放总量方面，努力通过愿景中提出的与《巴黎协定》温控目标一致的减排路径，逐步消除海运温室气体排放，并争取到 2050 年，温室气体年度总排放量与 2008 年相比至少减少 50%。

（2）基本原则及能力建设

初步战略总体上认可了发展中国家在能力、技术等方面的不足和需求，明确 IMO 战略应平衡考虑 IMO 公约下的非歧视原则、不予优惠原则和《联合国气候变化框架公约》《京都议定书》《巴黎协定》下的共同但有区别的责任原则和各自能力原则，应考虑减排措施对于发展中国家，特别是最不发达国家和小岛屿发展中国家的影响，以及它们的特殊需求。在配套措施方面，将提供信息共享、能力建设和技术合作机制，通过公私合作和信息交流帮助推动低碳技术的运用，还将通过 IMO 的综合技术合作计划（ITCP）等项目为实施战略提供资金、技术资源及能力建设并评估其效果。

（3）减排措施

目前的初步战略以时间为维度，尽可能全面地罗列了包括时间表的短期（2018—2023 年）、中期（2023—2030 年）及长期（2030 年后）备选措施清单。其中短期备选措施主要包括完善现有能效框架、研发提高能效技术、制订能效指标、制订海运减排国家计划、船舶速度优化和降速、减少港口排放、研发替代低碳或零碳燃油等；中期备选措施包括实施替代低碳或零碳燃油项目、实施提高能效措施、市场机制等其他创新减排机制、技术合作和能力建设等；长期备选措施包括开发和使用零碳燃油，以便海运业评估在 21 世纪下半叶实现去碳化，鼓励全面实施其他创新减排机制等。

8.2.2 基本情况

（1）金砖各国 IMO 参与情况

巴西于 1963 年正式加入 IMO，是 IMO 全球生物污染合作项目（GloFouling）12 个主要合作国家之一，该项目旨在通过解决生物污染来保护生物多样性。中国与巴西分别为 IMO A 类（在提供国际航运服务方面具有最大利害关系的国家）及B 类（在国际海上贸易方面具有最大利害关系的国家）理事国，侧重点分别为国际航运与国际海上贸易方面，未来可继续在 IMO 平台上进行实质性研究合作。

俄罗斯的航运及造船业实力雄厚，每年召开的俄罗斯海洋工业国际论坛，其前身为莫斯科海洋展览会，历史可追溯至 1908 年。论坛重点为保护海洋工业利益，创新商业计划和帮助寻找商业伙伴。1958 年俄罗斯正式加入 IMO，积极参与国际航运事务。我国与俄罗斯的实质性研究合作点相对更多，可开展合作的潜在方向有：①落实海运减排战略阶段性目标的短中长期措施制定及相关配套基础技术研究；②联合开展海运"碳中和"实施路线制定及具体落实的关键技术合作。

印度于 1959 年正式加入 IMO，积极参与国际航运事务。自 2014 年起，每年召开印度海事峰会（Maritime India Summit），召集来自印度海事界不同部门的利益相关者，探讨促进该部门发展和投资的机会。印度作为世界五大船舶回收国家之一，2019 年加入 IMO《香港条约》，条约目标是制定对环境安全无害的船舶回收全球标准。近年来，印度航运业持续发展，2019 年印度海员人数相比三年前增长 45% 左右。我国与印度同属发展中大国，航运业是重要经济发展行业之一，短期内进行绝对量化减排在相关设备技术及经济发展需求等方面难以实现。

南非于 1995 年正式加入 IMO，2015 年正式加入 IMO 主要污染防治条约《国际防止船舶造成污染公约》（MARPOL），IMO 与国际石油工业环境保护协会（IPIECA）共同支持"西非、中非和南部非洲全球倡议"（GI WACAF），该项倡议目标是加强其成员国应对海洋石油泄漏的能力。同时南非在"费吉萨"计划框架下，陆续开展有关提高船舶能效、预防溢油等 IMO 培训活动。中国与南非在海运温室气体减排领域的主要政治立场呼应，应积极运用 IMO 平台参与国际交流，提高海洋航运业相关科学技术水平。

（2）IMO 海运减排谈判

在气候变化谈判初期，基于相似的发展历程、相当的经济实力与发展水平，发展中国家具有十分相近的利益诉求，因此内部结成联盟寻求共同应对，成为 IMO 框架下海运温室气体减排谈判中制衡欧盟、美国等发达国家集团主导的激进减排进程的重要力量。

然而随着阵营内部各国经济发展水平不均衡情况的加剧，尤其是近年来中国、印度等发展中大国的迅速崛起，非洲一些较落后发展中国家的经济增长相对缓慢，阵营内部各方利益逐渐产生分化，原有的利益联合体关系逐渐疏离。

金砖国家成立的初衷是为崛起中的新兴经济体提供深入参与全球经济治理的机会，进而共同应对金融危机。随着各成员国参与气候变化应对意愿的不断增强，金砖国家在全球气候治理中的角色逐渐展现。

以金砖基础四国为代表的新兴发展中国家在海运减排谈判中强调工业化国家对温室气体排放应当承担主要责任，认为 IMO 出台的任何措施，都不应有悖于《联合国气候变化框架公约》中"共同但有区别的责任"和"各自能力"原则。同时强调在制定强制性排放标准前，发展中国家需要有实施过渡期，不应与发达国家同等承担船舶温室气体减排义务，更不希望发达国家在减排谈判或规则制定时限制发展中国家的发展空间。中国、巴西、印度、南非等发展中国家所处的发展阶段决定了其在短期内将坚持不接受绝对量化减排的政治立场。

基于以上相近立场，金砖国家间选择团结合作以争取更多发展空间，在反对海运温室气体绝对量化减排和市场机制激进推进，海运温室气体减排战略制定的遵循原则，制定海运减排目标，落实减排战略短中长减排措施的筛选及开展减排措施影响评估等方面形成基本共识并相互呼应彼此立场。

8.2.3　相关建议

因不同金砖国家在海运贸易与运输需求方面特点的不同，中国在参与 IOC 国际海运温室气体减排议题上，与金砖国家可联合开展的合作项目也不尽相同。中国与巴西、俄罗斯可在海洋运输、造船等实质性研究方面进行合作，增强海运互联互通能力；与印度、南非主要政治立场相同，均反对绝对量化减排标准。此外，气候问题与各国低碳新能源领域的密切关联也使海运气候治理合作成为金砖国家深化合作的重要动力。

8.3　国际海底管理局

随着陆地传统能源和矿产资源的逐渐枯竭，国际海底矿产资源的勘探开发越来越受到社会的重视。尤其是随着水下机器人、电子通信设备、深潜设备技术的更新换代，使得海底资源开发的可行性越来越高，开发成本也不断降低，促使更多企业申请勘探区块进行海底矿产资源的勘探开发活动。国际海底管理局（以下简称"海管局"）于 1994 年 11 月 16 日正式成立。截至 2017 年 3 月，其共有 168 个成员国。根据《海洋法公约》，海管局代表全人类对国际海底区域内（以下简称"区域"）内资源的勘探开发进行管理，凡是对"区域"内矿产资源进行勘探的企业必须与海管局签订合同。

中国十分重视"区域"内矿产资源的勘探开发。早在 1984 年，国务院就明确提出加强国际海底多金属结核资源的调查工作；1991 年，中国成为继印度、苏联、日本、法国后的第五位国际深海先驱投资者；从 2001 年开始与海管局签订矿区合同，截至 2019 年共拥有 3 种矿产资源共计 5 个勘探矿区，拥

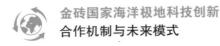

有矿区面积最大、数量最多、种类最全。

8.3.1 国际背景

（1）国际海底"圈地运动"蓬勃兴起，各国对国际海底资源的争夺日趋激烈

近几年来，随着技术的进步，世界各国对国际海底权益的争夺也越来越激烈，其突出表现就是对国际海底勘探矿区的申请呈快速增加的趋势，国际海底的"圈地运动"蓬勃兴起。据海管局统计，在2001—2006年，政府或企业共申请了8个勘探区块；而在2011—2019年，承包者与海管局共签署了22份勘探合同，此期间签署的勘探合同数量接近过去的3倍。承包者的迅速增加给海管局的管理带来了压力，迫切需要完善相关法律制度，规范企业行为（图8-1）。

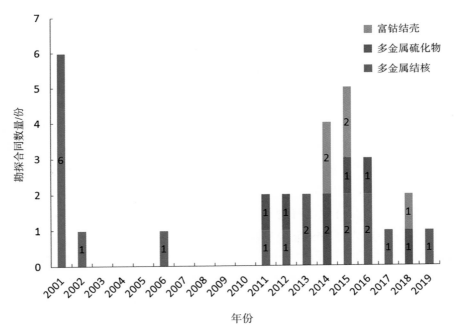

图 8-1　2001—2019 年国际海底勘探矿区合同签署情况统计

（2）世界各国对深海采矿跃跃欲试，国际海底事务处于由勘探向开发过渡的关键阶段

深海采矿技术的进步和矿产品价格的升高加速了矿业公司对深海矿产资源开发的兴趣。2017 年 9 月 26 日，日本经济产业省与石油天然气和金属矿产资源事业团（JOGMEC）宣布，在日本冲绳县近海水深 1600 米处实现了海底多金属硫化物的试采，共进行了 16 次持续十几分钟的试采，成功开采出约 16.4 吨矿石，并计划于 2018 年实施经济性评估，力争 2020 年前后将此项技术实现商业化。新加坡、印度、韩国等国家也积极开展相关技术的攻关和装备的研发，为深海采矿做准备。但在首批计划跨越勘探阶段进入海底开发的深海采矿公司中，加拿大鹦鹉螺矿业公司的开发项目遭到当地社区的强烈反对，公众认为其对生态的破坏远大于开采价值。国际社会呼吁对由海底勘探开发造成的环境影响及深海生态系统所面临的风险进行了解和评估。

（3）各国及国际组织参与国际海底采矿的积极性日益增强，且有扩大趋势

近年来，海管局年会的参加人员数量呈逐年上升趋势，其中 2018 年第 24 届年会参加人员数量创历史新高。另外，各国家及国际组织越来越关注深海采矿相关规则的制定，从海管局发布的开发规章两轮征求意见的数量和质量来看，2018 年 1 月发布第二轮开发规章草案反馈意见共 55 份，较 2016 年第一轮开发规章草案收集到的 43 份意见增加了 28%；其中国际组织、基金会、科学家、律师等提交的意见增多，且意见更加具体、更有针对性。

8.3.2 基本情况

海管局自成立以来，一直致力于"区域"内矿产资源勘探及开发制度的完善工作。自 2000 年开始，海管局先后出台了"区域"内多金属结核、多金属硫化物、富钴结壳等资源的探矿和勘探规章并制定了配套的政策。根据勘探规章规定，勘探区块合同有效期均为 15 年，勘探工作计划期满后，承包者应申请开发工作计划。但是，2001—2002 年签署的勘探合同已于 2016 年到期，合同到期的承包者均申请延期 5 年，没有提出开发工作计划申请（表 8-1）。如果承包者申请开采，海管局将面临无法可依的窘境，出台开发规章已迫在眉睫。

表 8-1 国际海底管理局与金砖国家承包者签订的勘探合同

序号	国家	承包者	日期	矿产资源	面积/万 km²	区域	年限	备注
1			2001.5	多金属结核	7.5	C-C 区	15	延期5年
2		中国大洋矿产资源研究开发协会	2011.11	多金属硫化物	1	西南印度洋脊	15	
3	中国		2014.4	富钴结壳	0.3	西太平洋	15	
4		中国五矿集团公司	2017.5	多金属结核	7.3	C-C 区	15	
5		北京先驱高技术开发公司	2019.10	多金属结核	7.4	C-C 区	15	
6		俄罗斯海洋地质作业南方生产协会	2001.3	多金属结核	7.5	C-C 区	15	延期5年
7	俄罗斯	俄罗斯联邦政府	2012.10	多金属硫化物	1	大西洋中脊	15	
8		俄罗斯联邦自然资源和环境部	2015.3	富钴结壳	0.3	太平洋麦哲伦海山	15	
9	印度	印度政府	2002.3	多金属结核	7.5	中印度洋海盆	15	
10			2016.9	多金属硫化物	1	中印度洋	15	
11	巴西	巴西矿产资源研究公司	2015.11	富钴结壳	0.3	大西洋里奥格兰德海隆	15	

　　2010 年，在海管局第 16 届年会上，俄罗斯、墨西哥、印度、巴西、阿根廷等国家提出要尽早开展采矿规则研究；2012 年，海管局第 18 届理事会提出《关于拟定"区域"内多金属结核开发规章的工作计划》，标志着深海矿产资源开发规章的制定正式提上日程；2016 年 7 月，海管局发布了《"区域"内矿产资源开发规章工作框架》，并广泛征求意见；2017 年 8 月，海管局第 23 届年会共同讨论了《"区域"内矿产资源开发规章》（以下简称"开发规章"）的修

改意见，并提出开发规章出台的明确时间表（原定于 2020 年 7 月通过开发规章，现因新冠肺炎疫情进度推迟）（表 8-2）。

表 8-2 《"区域"内矿产资源开发规章》制定流程时间

时间	2018 年 3 月	闭会期间	2018 年 7 月	闭会期间	2019 年 7 月	闭会期间	2020 年 8 月	2020 年 8 月以后
开采规章草案	法律与技术委员会审议规章草案	利益攸关方就规章草案修改稿提供评论意见	法律与技术委员会向理事会印发工作文件（包括财务条款）	理事会审议工作文件 / 规章草案	理事会印发进展及状态报告	理事会继续审议	公布第一批规章标准和指南	继续制定有关标准和指南，法律与技术委员会提供指导
	—	—	—	视需要与利益攸关方磋商				
财务模式和财务条款	法律与技术委员会印发财务条款磋商文件	与利益攸关方就财务条款进行磋商	—	—	—	—	—	—

从收集到的反馈意见来看，受到各国较高关注的有担保国责任、环境保护、缴费机制、公众参与等方面。金砖国家对开发规章的态度各不相同，俄罗斯在 2001—2015 年与海管局签署了 3 份矿区合同，拥有的矿区数量较多，矿产资源种类丰富，同时也拥有深海采矿的技术实力，对开发规章的出台时间表既不支持也不反对，并且针对开发规章的条款提出建设性的意见，提出开发规章草案[1]中关于独立专家、独立合格人员的标准、程序及人员名单公布等需要进一步澄清，并进一步制定有关环境的标准和指南。俄罗斯认为在承包者就有关事项向海管局通知时，应增加通知担保国的程序，以确保担保国充分履行《公约》和执行协定规定的义务，进一步明确规定承包者在签订开发合同后至开始商业生产之前应缴费的款项。

印度、巴西尽管拥有少量矿区，但深海采矿技术不成熟，还没做好深海采矿的准备，希望能够拖延时间来争取更多的空间。印度强调，开发规章的制定应考虑不同合同区的潜在差异性，开发规章草案应制定一个管理框架，以避免因印度洋特别是印度的合同区因竞争劣势而长期不被开发。建议在开发规章草案中增加以下内容：免除特别是印度合同区及整个印度洋未来合同区的特许权使用费；提供激励措施，包括财政激励措施，以支持印度合同区的活动。

非洲国家在国际海底大多没有矿区，也不具备采矿技术，主要与海管局在海底资源可持续发展与促进蓝色经济发展方面进行合作，如联合实施非洲深海海底资源（ADSR）项目等。在开发规章谈判过程中，非洲国家既主张尽快制定开发规章推动深海采矿发展，又要求严格制定环保标准提高门槛。其中，南非提出针对环境基线和范围的报告要有一个严格的标准，环境范围的划定也需进一步清晰。

8.3.3 相关建议

截至 2021 年，尽管中国是拥有国际海底勘探区块最多的国家，但开发规章的制定，偏向于西方发达国家意志，始终存在重环保、轻开发，过分强调全人类利益而忽视开发者商业利益的倾向。中国一方面应联合巴西、印度等国，坚持开发规章制定应循序渐进的观点，尽可能总结、整理国内 30 多年大洋资源勘查和环境调查的技术、经验和国家标准等相关成果，以自身研究为基础，将中国标准转化为国际标准，主动响应并积极参与或主导海管局相关标准和准则的制定；另一方面应积极向俄罗斯等传统海洋强国学习先进经验，提高中国深海勘探与开发技术水平，避免西方国家的技术垄断。

8.4 国际大洋发现计划

8.4.1 国际背景

国际大洋发现计划（International Ocean Discovery Program，IODP）（2013—2023 年）及其前身综合大洋钻探计划（Integrated Ocean Drilling Program，IODP）（2003—2013 年）、大洋钻探计划（Ocean Drilling Program，ODP）（1983—2003 年）和深海钻探计划（Deep Sea Drilling Program，DSDP）（1968—1983 年），是地球科学历史上规模最大、影响最深的国际大科学计划，旨在利用大洋钻探船或平台获取海底沉积物、岩石样品和数据，在地球系统科学思想指导下监测海底环境，探索地球的气候演化、地球动力学、深部生物圈和地质灾害等。[2]

1966年，美国国家科学基金会立项深海钻探计划，由斯克里普斯海洋研究所负责其科学运行。1968年，"格罗玛·挑战者"号（Glomar Challenger）大洋钻探船首航墨西哥湾，标志着深海钻探计划正式启动。深海钻探计划结束后，1983年10月，美国国家科学基金签订ODP83-17349合同（1983年10月—1993年9月），大洋钻探计划顺利启动。1985年1月，大洋钻探计划第一个阶段航次——ODP 100航次在墨西哥湾执行，启用"乔迪斯·决心"号（JOIDES Resolution）作为新的钻探船，深化了人类对海洋的认识。综合大洋钻探计划始于2003年10月，钻探船由大洋钻探计划时的一艘增加到两艘以上，钻探范围扩大到全球所有海区（包括陆架浅海和极地海区），领域从地球科学扩大到生命科学，手段从钻探扩大到海底深部观测网和井下实验。2013年10月，新一期国际大洋钻探，即国际大洋发现计划启动，英文缩写仍为IODP。新计划不再局限于"钻探"，而以探索海洋深部和了解整个地球系统为目标。其基本框架仍为美国、日本、欧洲三方主导，其他国家参与的形式。

截至2021年，IODP依靠包括美国"乔迪斯·决心"号、日本"地球"号和欧洲"特定任务平台"在内的三大钻探平台执行大洋钻探任务，3个平台独立运行管理，各成员国通过分别加入这3个平台的方式来参与IODP的科研活动。综合年预算逾1.5亿美元，来自八大资助单位：美国国家科学基金会（NSF）、日本文部省（MEXT）、欧洲大洋钻探研究联盟（ECORD）（包含14个国家）、中国科技部（MOST）、韩国地球科学与矿产资源研究院（KIGAM）、澳大利亚-新西兰IODP联盟（ANZIC）、印度地球科学部（MOES）和巴西研究生教育协调机构。IODP现共有23个成员国，这些国家依据经费的贡献程度选派人数不等的科学家参加IODP在世界各大洋执行的钻探航次。

截至2020年年初，三大钻探平台已经在世界各大洋执行了297个航次、打了3900多口钻孔、钻穿了超过100万米的沉积物和基岩、采集了超过44万米的岩芯和大量的观测数据。各国科学家利用这些地质资料实现了一系列科学突破，如验证海底扩张和板块构造、重建地质历史时期气候演化、证实洋壳结构、发现深部生物圈等，更加全面地认识了地球的过去与现在，也为预测未来全球变化提供了重要参考。

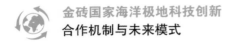

8.4.2 基本情况

（1）巴西

2012 年 6 月，巴西正式加入 IODP，成为第 26 个成员国。巴西教育部所属机构——巴西研究生教育协调机构，具体负责巴西参与 IODP 的相关事务，利用 IODP 在全球的海洋科考开展科学研究和人才培养。2013 年，巴西与美国 NSF 签署了谅解备忘录。初期，巴西每年缴纳 300 万美元会费，然而由于参与的科学家队伍规模偏小，两年后巴西将年度会费降低至 100 万美元。2013 年 10 月开始执行的国际大洋发现计划阶段，美国 NSF 经费缩减，IODP 三个平台开始独立运行，各自寻找合作伙伴，通过吸纳会费来支持钻探船的运行。欧洲、中国、韩国、澳新联盟、印度、巴西等参与成员加入"乔迪斯·决心"号钻探联盟，每年共缴纳 1450 万美元用于支持"乔迪斯·决心"号钻探船的运行。"乔迪斯·决心"号每年执行 4 个科学航次，航行时间共 8 个月。

2012—2017 年，共有 19 位巴西科学家参加了 18 个 IODP 航次，2 位科学家担任 IODP 科学评估组（SEP）成员。巴西科学家共参与了 5 项 IODP 钻探建议书。

巴西通过缴纳年度会费、为 IODP 上船的科学家及航次后的研究提供经费等方式为 IODP 相关研究提供资金。到 2020 年，巴西在 IODP 项目上的资金投入超过 3000 万美元。

（2）印度

2008—2009 年，印度作为参与成员加入 IODP，重点关注其在阿拉伯海和孟加拉湾的海洋地质综合研究。印度地球科学部是印度负责参加 IODP 的主管部门，与美国 NSF 和日本 MEXT〔IODP（2003—2013 年）牵头国〕签署了正式谅解备忘录。谅解备忘录规定印度科学家和研究人员可以参加 IODP 在全球各大洋的航次，开展深海钻探相关研究。2012—2017 年印度 IODP 预算情况如表 8-3 所示。

表 8-3　2012—2017 年印度 IODP 预算情况

年份	2012—2013	2013—2014	2014—2015	2015—2016	2016—2017	合计
预算/千万卢比	7	62	31	12	8	120

　　2014 年 9 月，印度 MoES 与美国 NSF 签署了参加新一期 IODP 的谅解备忘录，作为 IODP 成员继续参与国际大洋发现计划（有效期至 2019 年 9 月 30 日）。2009—2016 年，来自 14 个不同机构的 38 名印度科学家参加了 IODP 航次。

　　（3）其他金砖国家

　　目前，金砖国家中只有中国、巴西和印度作为正式成员参与 IODP。俄罗斯其实也有参与大洋钻探的经历。苏联早在 1975 年就加入了当时的深海钻探计划，后来由于入侵阿富汗，而被美国领导的大洋钻探计划开除。在综合大洋钻探计划阶段，成果最为卓著的北冰洋钻探航次（IODP 302）也有俄罗斯核动力破冰船的贡献，该航次正是欧洲特定任务平台的首秀。实际上，欧洲 ECORD 一直都在努力使俄罗斯加入大洋钻探，后者也多次派观察员参加了 IODP 的有关工作会议，但由于种种原因，俄罗斯尚未加入。但是在欧洲主导的第二次北冰洋钻探中（预计 2022 年实施），俄罗斯将是不可或缺的力量（该航次仍将使用俄罗斯的破冰船）。金砖国家中的南非，也是国际大洋发现计划吸收的对象。2016 年在南非召开的第 35 届国际地质大会上，IODP 派出了庞大的代表团参加会议，并与南非有关方面进行了接触，积极邀请南非加入 IODP，但目前尚未成功。

8.4.3　相关建议

　　中国自 1998 年参加大洋钻探以来，已有来自 40 多家单位的 150 余位科学家登船参加了遍布全球各大洋的 IODP 航次，现与巴西、印度同为 IODP "乔迪斯·决心"号联盟成员，共同参与国际大洋钻探。截至 2021 年，在大洋钻探中，中国科学家与欧美科学家的合作较多，与巴西、印度科学家的合作较少。当前，中国正在积极推进成为国际 IODP 第四平台提供者，通过自主组织 IODP 航次，建设、运行 IODP 第四岩芯库进入国际大洋钻探领导层。未来中国

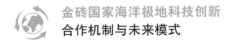

大洋钻探船的运行应加强与巴西、印度、俄罗斯和南非等金砖国家的合作，一方面是获得这些国家的积极支持和参与；另一方面是与上述国家科学家加强大洋钻探合作研究，如设立联合基金支持金砖国家科学家开展航次后研究、联合提出大洋钻探建议书，利用中国大洋钻探船在全球海域执行航次，促使中国加快进入包括极地在内的全球深海大洋。

8.5　政府间海洋学委员会

8.5.1　国际背景

1957—1958 年，国际科学理事会发起国际地球物理年活动，开展了包括海洋在内的全球范围内的地球科学合作观测活动，考虑到印度洋是当时全球各大洋中最缺乏科学认知的海洋，因此该理事会积极推动首次国际印度洋科学考察（IIOE）计划。随着 IIOE 筹备工作的推进，国际社会逐渐意识到建立政府间海洋领域合作框架的必要性，因此于 1960 年在联合国框架下建立了联合国教科文组织政府间海洋学委员会（Intergovernmental Oceanographic Commission，IOC）。

IOC 是为通过科学调查增加人类关于海洋自然现象及资源的知识而建立的机构，是联合国教科文组织下属的一个促进各国开展海洋科学调查研究及合作活动的国际性政府间组织，是联合国系统中唯一全面从事海洋科技合作的机构。IOC 目前由 150 个成员国、大会、执行理事会和秘书处组成，其中大会是 IOC 的权力机构，每两年举行一次会议；执行理事会是 IOC 的执行机构，总部设在法国巴黎的联合国教科文组织总部，下设西太平洋、加勒比海和非洲 3 个分委会。

IOC 旨在实现人类与海洋和谐共存，即通过发展和传播科学知识教育大众，以帮助人们更好地应对前所未有的环境变化与当前人类对环境造成的影响。IOC 提倡通过国际合作来获得有关自然、海洋及沿海地区资源的常识，并将其应用于管理、可持续发展、海洋环境保护及决策制定的过程中。IOC 帮助其成员国协调海洋科学研究方案、海洋服务和能力建设等相关活动。在国家层面，IOC 与相关的海洋和沿海管理机构合作，确保决策者能够获得尽可能好的海洋科学和服务。

2017 年，联合国授权 IOC 牵头制订《联合国海洋科学促进可持续发展十年计划（2021—2030 年）》（简称"海洋十年"），预期将取得六大成果，即清洁的海洋、健康和有恢复能力的海洋、可预测的海洋、安全的海洋、具有可持续生产能力的海洋、透明的海洋。2017 年，IOC 发布第一版《全球海洋科学报告》，首次对全球海洋科学研究能力进行了全面评估；2020 年 IOC 发布了第二版《全球海洋科学报告》[3]，对全球、地区和国家等层面海洋科学研究能力的现状和发展趋势进行了评估 [4]。今后各版报告将跟踪"海洋十年"愿景进展，为全球海洋科学研究提供指导。

8.5.2　基本情况

IOC 加勒比海分委会于 1982 年成立，是 IOC 首个区域分委会，在 IOC 总政策框架内运行。其职能主要为促进、发展和协调 IOC 的海洋科学研究方案、海洋服务和有关活动，在该区域成员国的具体利益和需要基础上，在加勒比区域和邻近区域进行培训、教育和相互援助等活动。IOC 加勒比海分委会的研究项目包括发展观测和数值模拟系统、海啸警报、水深制图、海洋学数据管理和监测有害藻华等。巴西作为 IOC 加勒比海分委会成员国之一，主要关注其在南大西洋海域的区域影响力，倡导大西洋能源复兴计划，积极开展南大西洋区域规划研讨会，推进相关国际合作。

IOC 西太平洋分委会成立于 1989 年，是 IOC 在西太平洋及毗邻区域的分支机构，包含中国、美国、日本、俄罗斯及东南亚区域国家共 22 个成员国，主要分布在东亚、东南亚、南太平洋和东印度洋，是亚洲、印度洋和西太平洋区域重要的涉海国际组织。其主要目标为促进该区域国际合作，协调海洋研究、海洋观测和服务方案，加强西太平洋和邻近海域的相关能力建设，了解海洋和沿海地区的性质和资源，并将这些知识用于海洋环境的保护和可持续发展。作为西太平洋分委会成员国之一的俄罗斯本身为传统海洋强国，近年来持续增加在海洋领域的经费预算，致力于维护其海洋强国地位与海洋既得利益。

IOC 非洲分委会于 2011 年成立，遵循非洲联盟区域一体化原则，目标为协调促进非洲国家及邻近小岛屿成员国的研究合作，确保 IOC 方案在非洲的有效实施。截至 2019 年，非洲分委会已举行了 5 届会议，就印度洋、红海、地中海、东大西洋的海洋预报，海水水位监测网络等工作开展了讨论研究。南非作为 IOC 非洲分委会成员国之一，积极参与 IOC 海洋事务。2014 年首届中国－南非海洋科技研讨会上，中非 IOC 代表就推进中非海洋领域合作、制定中非未来五年合作规划等事宜进行了对话。2015 年 IOC 启动南半球国家合作项目"海洋浮游生物、气候与发展"，与南美和非洲发展中国家合作的重要组成部分为能力建设和技术转让。其中，非洲领域合作计划将于 2021 年的达喀尔研讨会上进一步讨论确定。

印度参与了 IOC 主导的海啸就绪计划（Tsunami Ready Programme）[5]，该计划为印度洋 IOC 成员国制定了区域指导方针，开展了海啸应急培训。2018年，印度成立业务海洋学国际培训中心，与 IOC 密切合作，降低自然灾害影响，适应气候变化及维护海洋／沿海生态系统健康。印度主要关注自身对印度洋区域的研究了解及加强自身区域影响力，与中国的科研合作主要为 IOC 印度洋考察项目。2014 年，IOC 正式批准并实施了第二次印度洋考察（IIOE-2）（2015—2020 年），该计划包括六大科学主题，涵盖大气、海洋、地质等学科。中印两国为该计划的发起、规划和编制科学计划做出了重要贡献。中国和印度也是 IndOOS（Indian Ocean Observing System）（IIOE-2 的 6 个优先领域和方向之一）的主要参与方。IndOOS 是全球海洋观测网（Global Ocean Observing System，GOOS）的重要组成部分，能够为全球各大海洋与气候业务化预报中心、科学界和社会公众提供资料共享服务。

8.5.3　相关建议

中国于 1977 年加入 IOC，参加了历次重要会议，派遣专家参与 IOC 框架下的绝大部分项目和合作进程，包括第二次国际印度洋科考和"季风爆发监测及其社会和经济影响"等项目。中国、俄罗斯、南非、巴西等金砖国家分属 IOC 西太平洋分委会、非洲分委会及加勒比海分委会，目前 IOC 5 位副主席中有 3 位分别来自俄罗斯、印度和巴西，金砖国家在 IOC 框架下扮演重要角色。未来我国在继续深入参与 IOC 事务、提升自身海洋领域能力的同时，应结合金砖国家地理区位因素，充分利用 IOC 平台，增进各国合作，以联合海洋科学考察、共享基础设施等形式积极参与国际合作计划，提高海洋科研成果产出数量和质量，促进海洋科学研究和技术创新。

8.6 《生物多样性公约》

为保护生物多样性、持续利用生物多样性组成部分及公平合理地分享利用遗传资源产生的惠益，1992 年联合国环境与发展大会通过了《生物多样性公约》。该公约的签署是全球在生物多样性保护和可持续利用方面里程碑式的事件。目前《生物多样性公约》共有 196 个成员国，国际影响广泛。在该公约框架下，各缔约方针对生物多样性热门议题，达成了国际共识并签署了相关文件。

为应对现代改性活生物体对生物多样性的潜在威胁，经过近五年的谈判努力，2000 年 1 月 29 日，《生物多样性公约》缔约方大会通过了《卡塔赫纳生物安全议定书》(*Cartagena Protocol on Biosafety*)（以下简称《卡塔赫纳议定书》）。该议定书是以《生物多样性公约》原则为基础，规范凭借现代生物技术获得的、可能对生物多样性产生潜在威胁的改性活生物体的转移、处理和使用问题，确定了预先防范原则及事先知情同意（AIA）程序。我国参加了《卡塔赫纳议定书》10 轮工作组会议及谈判，积极推动议定书制订工作，2005 年 9 月，我国正式成为缔约方。截至 2020 年 6 月，共有 173 个国家加入该协定[6]。2010 年 10 月 15 日，《卡塔赫纳议定书》缔约方第五次会议通过了《卡塔赫纳生物安全议定书关于赔偿责任和补救的名古屋 – 吉隆坡补充议定书》(*Nagoya-Kuala Lumpur Supplementary Protocol on Liability and Redress*)（以下简称《名古屋 – 吉隆坡补充议定书》），进一步制定了改性活生物体赔偿责任与补救方面的国际规则和程序。截至 2020 年 4 月，共有 48 个国家加入该协定。

遗传资源获取与惠益分享议题一直是《生物多样性公约》的三大议题之一，为推动相关国际机制的建设，经过近 10 年的谈判，2010 年 10 月 29 日，《生物多样性公约》缔约方大会通过了《获取与惠益分享名古屋议定书》(*Nagoya Protocol on Access and Benefit-sharing*)（以下简称《名古屋议定书》），以《生物多样性公约》遗传资源相关基本原则为基础，旨在维护遗传资源获取与惠益分享的公平公正，强化相关法律保障，推进遗传资源研究与利用。2016 年 9 月，我国正式成为《名古屋议定书》缔约方，标志着我国生物遗传资源监管工作迈入法治规范化新阶段。截至 2020 年 10 月，共有 129 个国家加入该协定。

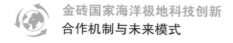
8.6.1 国际背景

海洋生物多样性是《生物多样性公约》谈判重要内容之一[7]。1995年，《生物多样性公约》缔约方大会第二次会议（COP–2）在印度尼西亚雅加达召开，首次将海洋和沿海生物多样性设为正式议题，并将会议对海洋生物多样性的共识称为"关于海洋和沿海生物多样性的雅加达任务"（Jakarta Mandate on Marine）（以下简称"雅加达任务"），"海洋和沿海生物多样性"也成为缔约方大会上的正式议题，主要讨论的焦点包括具有重要生态或生物学意义的海洋区域（EBSAs）、海洋环境影响评价、遗传资源获取和惠益分享等。1998年，《生物多样性公约》缔约方大会第四次会议（COP–4）通过了《关于海洋和沿海生物多样性的工作方案》，协助在国家、区域和全球层面上执行"雅加达任务"，是《生物多样性公约》框架下处理海洋生物多样性相关问题的最主要参考。2010年，《生物多样性公约》通过十年期生物多样性战略目标，即"爱知生物多样性目标"（以下简标"爱知目标"），提出"到2020年，至少有10%的沿海和海洋区域，尤其是对于生物多样性和生态系统服务具有特殊重要性的区域，通过保护区和其他有效保护措施受到保护"。2020年，《生物多样性公约》秘书处发布《2020年后全球生物多样性框架草案》，提出"到2030年，使至少30%的海洋得到有效保护"的行动目标。

（1）EBSAs

《生物多样性公约》关于EBSAs的谈判大致经历了蓄势准备（1998—2003年）、初步定型（2004—2009年）和持续发展（2010年至今）3个阶段。蓄势准备阶段的谈判重点为通过海洋保护区等方式进行海洋生物多样性养护和可持续利用，各缔约国决定编制海洋生物多样性专家名单，设立特设技术专家组，并就相关工作重点及优先顺序进行了讨论。在初步定型阶段，谈判重点从海洋保护区转变为EBSAs，各缔约国围绕《生物多样性公约》与《海洋法公约》合作进行谈判，确认联合国大会为处理国家管辖范围以外区域海洋生物多样性问题的核心机构，《生物多样性公约》为提供科学技术支持的支撑机构，并提出了EBSAs划分标准。在持续发展阶段，EBSAs成为《生物多样性公约》谈判的核心议题之一，各缔约国继续就EBSAs标准进行讨论，明确EBSAs标准仅为科学和技术性质，并在全球范围内设立 EBSAs 清单。

在 EBSAs 谈判进程中，巴西、印度及中国倾向于不在 EBSAs 范围内开展进一步研究及评估工作，巴西、印度认为不应干涉国家在其管辖范围内描述 EBSAs 的主权，不支持在 EBSAs 范围内进行生物多样性现状评估；俄罗斯及非洲集团在海洋生物多样性保护方面较为积极，支持就 EBSAs 开展下一步工作，并由《生物多样性公约》秘书处进行 EBSAs 范围内人类活动类型及强度的研究评估。

（2）海洋环境影响评价

关于海洋环境影响评价的谈判进程主要分为 EBSAs 标准发布前后两个阶段，以《生物多样性公约》缔约方大会第九次会议（COP-9）为界。第一阶段，谈判致力于将生物多样性因素纳入海洋环境影响评价工作，并提供相关工作的指导准则，呼吁各国提供案例经验并加强合作，但从自身利益出发，大部分成员国不愿详述环境影响评价经验；第二阶段海洋环境影响评价成为《生物多样性公约》海洋和沿海生物多样性问题中的重要议题，谈判重点围绕国家管辖范围以外区域，涉及国家管辖范围内活动对国家管辖外区域的影响评价。

在环境影响评价谈判进程中，各缔约方认同将生物多样性因素纳入环境影响评价工作具有其重要意义，如欧盟等部分发达国家积极分享相关经验，支持推进相关工作，并制定标准及准则；大部分发展中国家则强调能力建设重要性，认为相关工作推进需要结合各国实际，其中，巴西呼吁与《保护迁徙野生动物物种公约》（Convention on Migratory Species，CMS）及国际海事组织合作。

（3）遗传资源获取和惠益分享

关于遗传资源获取和惠益分享的谈判进程主要分为 3 个阶段，分别以《关于获取遗传资源并公正和公平分享通过其利用所产生的惠益的波恩准则》（以下简称《波恩准则》）和《名古屋议定书》的制定为界。第一阶段通过制定《波恩准则》，为遗传资源和公平惠益分享提供了透明框架；第二阶段进一步落实《波恩准则》，加强相关组织机构合作，编制《名古屋议定书》，针对国家管辖范围以外区域深海遗传资源保护及相关法律框架进行谈判；第三阶段《名古屋议定书》生效，各国对其进行回顾，并讨论潜在共识领域及下一步工作。

在遗传资源获取和惠益分享方面，部分发达国家作为遗传资源使用国，掌握相应遗传资源获取及使用技术，支持"先到先得"的开发自由；发展中国家作为遗传资源提供国，认为遗传资源是全人类的共同财产，其开发利用应公正公平地向全人类惠益分享。其中，由于非洲拥有丰富的海洋生物多样性资源，海洋旅游业和渔业是其重要经济来源，非洲集团主要立场为获取能力建设援助，并提出"全球多边惠益分享机制"（GMBSM），尝试解决跨界等特殊情况下的获取和惠益分享问题；77国集团及中国反对遗传资源使用国的技术和专利垄断，支持全球多边惠益分享机制，提出应在该机制下讨论海洋生物资源和遗传资源分布跨境问题。

8.6.2　基本情况

金砖五国均为《生物多样性公约》缔约国，但在该公约补充议定书方面，仅印度签署了所有补充议定书，巴西、中国、南非未签署《名古屋－吉隆坡补充议定书》，俄罗斯未签署所有补充议定书。金砖各国签署《生物多样性公约》及其补充议定书时间如表8-4所示。

表8-4　金砖各国签署《生物多样性公约》及其补充议定书时间

国家	时间			
	《生物多样性公约》	《卡塔赫纳议定书》	《名古屋议定书》	《名古屋－吉隆坡补充议定书》
巴西	1994-05-29	2004-02-22	2021-06-02	
俄罗斯	1995-07-04			
印度	1994-05-19	2003-09-11	2014-10-12	2018-03-05
中国	1993-12-29	2005-09-06	2016-09-06	
南非	1996-01-31	2003-11-12	2014-10-12	

（1）巴西

巴西是世界上生物多样性最丰富的国家，包含2个生物多样性热点区域（大西洋沿岸森林系统和塞拉多地区）、6个陆地生物群落和3个大型海洋生态系统。海洋资源丰富，海域面积370万平方千米，海岸线长约7400千米，占国界长度的1/3，拥有世界上最大的连续红树林区1.3万平方千米，以及南大西洋唯一的珊瑚礁环境。

巴西于1994年成为《生物多样性公约》成员，是南美最早全面通过国家生物多样性战略的国家之一，较早开展环境和生物多样性保护相关法律文书的制定，致力于建立更加全面的环境立法体系。2006年，巴西国家生物多样性委员会（CONABIO）批准了51项国家生物多样性目标。2009年，巴西环境部更新其国家环境立法清单，包括550项与实施全球生物多样性目标相关的法律文书。2016—2010年，巴西持续设立保护区，保护了巴西沿海和海洋地区（包括领海和专属经济区）面积的3.14%。在遗传资源方面，巴西建立了允许传统知识持有人参与决策过程的机制，包括遗传遗产管理委员会、国家生物多样性委员会和国家环境委员会等，通过建立信息传播和处理投诉网络，推进有关遗传资源获取和惠益分享的立法进程。2013年，巴西基于"爱知目标"，制定并通过了巴西2020年生物多样性目标，开展如建立生态走廊、发展可持续农林业等与生物多样性目标实施相关的活动。

（2）俄罗斯

俄罗斯的生态系统非常多样化，拥有极地沙漠、冻原、森林冻原、针叶林、混交阔叶林、森林草原、半沙漠和亚热带等，以及世界最大的湿地系统（湿地覆盖了15%的领土）。俄罗斯与三大洋（大西洋、北冰洋、太平洋）的13个边缘海接壤，海岸线约3.4万千米。

俄罗斯国家生物多样性保护战略的优先事项为在关注重点、经济及其他活动的同时，保护物种和生态系统，以及发展自然、历史和文化特别保护网络。在资金投入方面，自2001年以来，俄罗斯在与保护生物多样性有关的国家计划和项目上的资金投入呈下降趋势，资金从2001年度预算的0.4%降至2007年度的0.14%。在保护生物多样性的创新方面，俄罗斯开发了新的非原生境保护方法，建立了稀有濒危物种基因库，成功案例包括异地保护部分哺乳动物物种、鸟类、稀有鱼类（特别是鲟科）。通过卫星监测海岛生物独特筑巢区及迁徙情况，对白海和索洛夫斯基群岛海鸟的动态和多样性进行了合作研究。

（3）印度

印度是世界公认的生物多样性丰富国家之一，拥有全球 34 个生物多样性热点地区中的 4 个。印度拥有漫长的海岸线，专属经济区面积 202 万平方千米，栖息地种类广泛，如河口、潟湖、红树林、盐沼、岩石海岸和珊瑚礁等，生物多样性丰富独特。印度是世界第三大渔业生产国，有 2411 种鱼类，占全球鱼类种类的 11.72%。据估计，印度约有 2.5 亿人生活在距海岸线 50 千米以内的区域。

2002 年，印度颁布《生物多样性法》，成为最早颁布此类法律的国家之一；2008 年，印度制定《国家生物多样性行动计划》，确定人类是可持续发展问题的核心，强调人类与自然和谐相处，追求健康及高生产力的发展目标。在海洋保护方面，为实现"爱知生物多样性目标 11"和"爱知生物多样性目标 14"，印度确定了 106 个沿海和海洋地点，其中，62 个位于印度西海岸，44 个位于东海岸，将其列为重要的沿海和海洋地区（ICMBA），并提议将其作为自然保护或社区保护重要区域，以积极推进地方社区参与海洋保护区管理。2012 年，印度主办《生物多样性公约》缔约方第十一次大会（COP-11），在担任缔约方会议主席期间专门拨款 5000 万美元用于完善体制机制，提高印度生物多样性保护技术和人员能力，促进其他发展中国家开展能力建设。

（4）南非

由于南非的物种及生态系统丰富多样、物种特有率高，其被认为是世界上生物多样性最丰富的国家之一。南非陆地生物多样性可分为 9 个生物群落，河口和沿海海洋生境可分为 3 个生物地理区域（亚热带、暖温带、寒温带）。此外，南非还拥有全球 10% 的植物物种，7% 的爬行动物、鸟类和哺乳动物物种，以及约 15% 的海洋物种。渔业、养殖业及生态旅游业等是南非经济发展的关键产业，十分依赖生物多样性，因此南非生物多样性的丧失和退化将严重影响其社会经济发展。

南非于 2005 年发布了国家生物多样性战略和行动计划，是非洲地区最早根据"爱知目标"制定国家指标的国家，该计划每 5 年更新 1 次。在海洋保护区方面，南非虽然有 21.5% 的海岸线位于海洋保护区中，但仅有 9% 的海岸线被完全保护，专属经济区中仅有 0.4% 的海洋保护区。2011 年，南非国家生物多样性研究所（SANBI）完成了国家生物多样性和生态系统评估，覆盖的空间范围广泛，在某些指标的数据收集和计算方面取得了进步，如自然生境丧失数量、入侵物种数量 / 范围及生态系统受破坏程度等。

8.6.3　相关建议

金砖国家国土面积辽阔，生物多样性丰富，生境、物种及生态系统多样，均被认为是世界上生物多样性极为丰富的国家。渔业、农林业及生态旅游业等经济产业在很大程度上依赖于生物多样性因素，因此金砖各国对生物多样性问题极为关注，积极制订相关国家生物多样性战略和行动计划。金砖国家可以在海洋治理、灾害风险管理、创新循环经济等方面加强合作，推进各国海洋基础设施建设、传统海洋产业转型、战略新兴产业培育及海洋现代服务业充分发展。2021 年 10 月，《生物多样性公约》缔约方第十五次大会（COP–15）在中国云南省昆明市召开，本次大会将确定 2020 年后全球生物多样性框架，制定新的十年期全球生物多样性目标。我国应抓住历史机遇，积极运用这一国际平台，与其他金砖国家共同携手应对全球性挑战，传递中国声音，提出中国方案。

8.7　区域渔业管理组织

8.7.1　国际背景

在公海渔业方面，中国与其他金砖国家保持紧密的联系。公海渔业是中国远洋渔业的重要组成部分，据统计，截至 2019 年年底，中国有远洋渔船 2701 艘，其中公海作业渔船 1589 艘，公海渔业捕捞产量约占我国远洋渔业总产量的 67%。根据渔获中有的鱼种和作业方式，中国公海渔业可大致分为三个部分：一是鱿钓和秋刀鱼项目，包括北太平洋、西南大西洋、东南太平洋和印度洋的鱿钓渔业，以及北太平洋秋刀鱼渔业；二是金枪鱼项目，包括大西洋、印度洋、中西太平洋和东太平洋的金枪鱼渔业；三是大型拖围网项目，包括南极磷虾渔业、东南太平洋竹䇲鱼渔业和北太平洋鲐鱼渔业。

在区域渔业管理层面，由于公海渔业资源受到区域渔业管理组织（RFMO）的管理，要维护我国的公海渔业权益就必须加入相应的 RFMO 才能实现上述渔业的正常生产。截至 2021 年，我国已经加入 8 个 RFMO，包括印度洋金枪鱼委员会（IOTC）、美洲间热带金枪鱼委员会（IATTC）、中西太平洋渔业委员会（WCPFC）、大西洋金枪鱼养护国际委员会（ICCAT）、北太平洋渔业委员会（NPFC）、南太平洋区域渔业管理组织（SPRFMO）、南印度洋渔业协定（SIOFA）和南极海洋生物资源养护委员会（CCAMLR），地理范围涵盖太平洋、印度洋、大西洋和南极水域，管理的鱼种也基本包括了我国全部的公海渔业鱼种。就中国已加入的 8 个 RFMO 而言，我国应该加强与金砖国家在渔业方面的合作活动，从而更好地参与全球渔业资源的养护和治理，维护我国公海渔业利益，促进我国远洋渔业的可持续发展。

8.7.2 基本情况

（1）巴西

巴西海洋渔业基础相对薄弱，仍以传统手工渔业为主。捕捞技术限制了巴西渔船对外海及深远海资源的开发，使其捕捞产量的 30% 来自内陆渔业。1980—1990 年，巴西渔业捕捞产量较高，在 80 万吨以上；1990—2000 年，捕捞产量下降至 60 万吨左右；2000 年以来，巴西的渔业捕捞产量较为平稳，维持在 75 万吨左右；2015—2018 年，捕捞产量维持在 71 万吨左右，其中海洋捕捞产量在 49 万吨左右，占比 70%。

巴西加入的 RFMO 主要为 CCAMLR 和 ICCAT，但巴西在 CCAMLR 公约区域内没有渔获产量，也无授权船只，其主要公海渔获产量来源于 ICCAT，主要捕捞物种为金枪鱼和鲨鱼（图 8-2）。中国和巴西于 2012 年建立全面战略伙伴关系，两国在渔业发展战略上的高度相似性为两国开展渔业合作提供了基础。

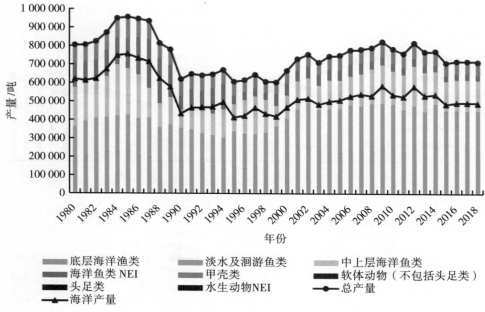

图 8-2　1980—2018 年巴西渔业捕捞产量

（2）俄罗斯

1991 年苏联解体后，俄罗斯渔业因渔船老化、渔业设备落后及管理混乱等问题逐渐衰退；1994 年捕捞产量降至 370 万吨；2004 年捕捞产量达最低的 294 万吨；2007 年俄罗斯成立了国家渔业委员会，大力扶持渔业产业和保护渔业资源，同年其渔业捕捞产量回升至 348 万吨；据 FAO 统计，2018 年俄罗斯的捕捞总产量为 511 万吨，达到 1991 年以来的最高水平，其中海洋捕捞产量约 484 万吨（图 8-3）。

俄罗斯加入的公海 RFMO 主要有东北大西洋渔业委员会（NEAFC）、北太平洋溯河鱼类委员会（NPAFC）、西北大西洋渔业组织（NAFO）等。与我国公海渔业利益相关的 RFMO 共 4 个，分别是 CCAMLR、NPFC、SPRFMO 和 ICCAT。俄罗斯渔业主要的公海海域为大西洋和太平洋，渔获物种包括东北大西洋鳕鱼、鲭鱼、大西洋鲱、北太平洋秋刀鱼、南极犬牙鱼、南太平洋鲐鱼和大西洋金枪鱼。据统计，2016—2018 年俄罗斯在 NEAFC 管辖海域的产量占公海总产量的 90% 左右，2018 年在该区域的渔获量为 248 009 吨。

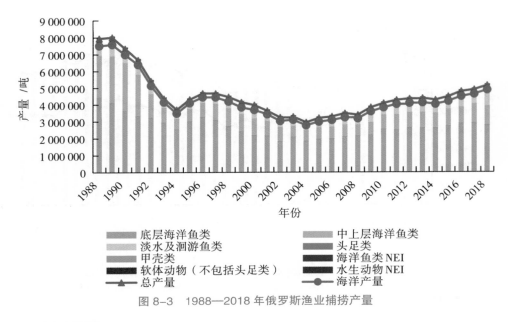

图 8-3 1988—2018 年俄罗斯渔业捕捞产量

（3）印度

渔业在印度国民经济中具有重要地位。2017 年，印度是世界第三大渔业生产国，但是其近几年未向 FAO 报告任何生产数据，产量数据仅能靠估算获得。1980—2018 年，印度渔业捕捞产量虽有小幅波动，但是总体呈现持续增长的趋势，2018 年印度渔业捕捞产量为 532 万吨，其中海洋捕捞产量 362 万吨，内陆捕捞产量 170 万吨（图 8-4）。

印度加入的 RFMO 主要有 CCAMLR 和 IOTC。其在 CCAMLR 公约区域的渔获产量非常少，主要的渔获产量区域位于 IOTC 公约区域，主捕物种为金枪鱼和马鲛鱼类，年度渔获量在 18 万吨左右。中国和印度加入 IOTC 的时间较早，2019 年中国在 IOTC 的渔获量为 9000 多吨，印度约为 18 万吨。可以看出，虽然当前中国积极参与 IOTC 事务，但是印度作为沿海国具有较大的优势。

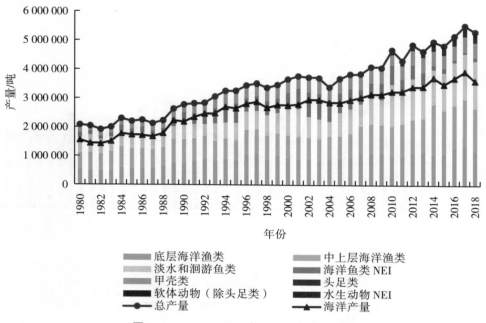

图 8-4　1980—2018 年印度渔业捕捞产量

（4）南非

南非位于非洲大陆最南端，渔业在南非经济发挥重要的作用，特别是海洋渔业（内陆渔业捕捞产量极低）。南非近海的鳕鱼资源是最具商业价值的资源，是南非第一大捕捞物种，第二大渔业部门是沙丁鱼等鱼种的中上层拖网捕捞。1987 年以后，南非渔业捕捞产量大幅下降，由 1987 年的 143 万吨下降至 1996 年的 44 万吨；2004 年逐渐增长至 89 万吨；2006—2018 年，南非捕捞产量为 60 万吨左右；2018 年南非捕捞产量约 56 万吨，其中海洋捕捞产量约 55.8 万吨（图 8-5）。

南非是 CCAMIR、ICCAT 和东南大西洋渔业组织（SEAFO）等 RFMO 的正式成员，这些 RFMO 的目标是管理和养护共有鱼类种群。此外，南非是南方蓝鳍金枪鱼养护委员会（CCSBT）和 IOTC 的非缔约方参与成员。南非在公海主要捕捞物种是金枪鱼、类金枪鱼、鲨鱼及南极犬牙鱼，主要公海渔获产区在大西洋，特别是 ICCAT 管辖海域。南非的国际渔业合作十分注重公约性、资源保护性和利益共赢性，中国可与南非加强渔业治理和保护的探讨，维护两国在印

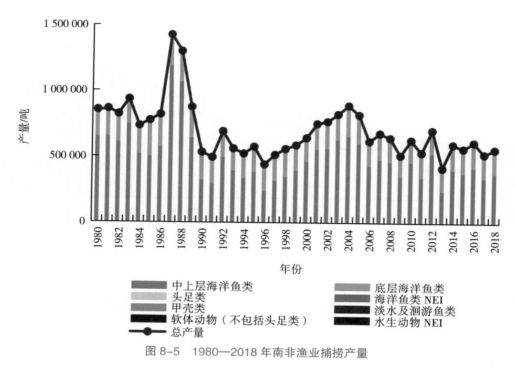

图 8-5   1980—2018 年南非渔业捕捞产量

度洋及大西洋方面的共同利益。

8.7.3   相关建议

　　金砖国家中与中国渔业关系最密切的国家为俄罗斯，其次是南非。涉渔利益的焦点集中在 CCAMLR 和 NPFC，与之相关的渔业为南极磷虾渔业、北太平洋秋刀鱼和鲐鱼渔业、南太平洋竹荚鱼渔业和印度洋金枪鱼渔业；在处理涉渔焦点问题的国家关系上，中国应该立足大局，权衡各方利益，增进双边协商，以期达到共同利益。在其他非焦点问题，以及与中国无特别直接利益关系的金砖四国关系上，应加强对其渔业政策的研判，增进金砖国家在渔业和水产养殖方面的合作。

8.8   小　结

　　本章介绍了海洋领域主要国际组织发展背景、金砖国家参与基本情况及对中国相关建议等内容，涉及国际协定谈判、海洋科学研究及资源获取3个方面的海洋领域国际组织。在国际协定谈判方面，BBNJ 国际协定、国际海事组织船舶温室气体减排及《生物多样性公约》谈判是当前国际社会海洋领域关注重点。中国作为仍处于建设期的发展中大国，主要谈判立场与发展中国家利益诉求相近，应积极谋求合作，坚定维护自身合理权益。在海洋科学研究方面，联合国教科文组织政府间海洋学委员会及国际大洋发现计划等国际平台发挥着重要作用，金砖国家在科学研究领域国际平台表现活跃，积极推动相关科技装备和理论研究快速发展。中国应抓住机遇，增进国际合作，提高海洋科研成果产出数量和质量，促进海洋科学研究和技术创新。在海洋资源获取方面，国际海底管理局及区域渔业组织分别对海洋矿产及渔业资源进行分配管理，中国应与金砖国家一起，主动响应并积极参与或主导相关标准和准则的制定，立足大局，增进协商，以期达到共同利益。

参考文献

[1] 国际海底管理局.“区域”内矿产资源开发规章草案 [EB/OL]. [2021–10–01].https://isa.org.jm/files/files/documents/isba_25_c_wp1-e_0.pdf.

[2] 国际大洋发现计划.国际大洋发现计划 2013—2023 科学计划 [EB/OL]. [2021–10–01]. http://www.iodp.org/about-iodp/iodp-science-plan-2013-2023.

[3] 政府间海洋学委员会.2020 年全球海洋科学报告 [R/OL]. [2021–10–01].https://unesdoc.unesco.org/ark:/48223/pf0000375148_chi.

[4] 王琦.全球海洋科学能力几何？ [N].中国自然资源报，2021–01–13(5).

[5] 政府间海洋学委员会.政府间海洋学委员会第 30 次大会议程和会议文件 [EB/OL]. [2021–10–01]. http://legacy.ioc-unesco.org/index.php?option=com_oe&task=viewEventDocs&eventID=2366.

[6] 生物多样性公约.《生物多样性公约》国家报告 [EB/OL]. [2021–10–01].https://www.cbd.int/reports/.

[7] 银森录，郑苗壮，徐靖，等.《生物多样性公约》海洋生物多样性议题的谈判焦点、影响及我国对策 [J].生物多样性，2016，24(7): 855–860.

第九章
极地领域国际组织和机构概况

极地国际组织是极地治理的重要主体，是国际交往的高级形式，是极地国际合作的主要平台，对于解决共同性的极地问题至关重要。为了更好地认识、利用和保护南北极，近年来国际上成立了多个南北极官方或非官方的国际组织机构。这些国际组织机构组织形式、基本职责和金砖国家参与情况均不相同。本章将对这些极地国际组织机构进行概述，探讨金砖国家在极地组织中的参与情况，最后提出金砖国家极地事务合作建议。

9.1 极地国际组织机构

极地国际组织机构情况如表9-1所示。

表 9-1　极地国际组织机构情况

机构名称	成立时间	成员国	金砖国家参与情况
南极条约协商国	1961年	29个协商国、25个非协商国	巴西、俄罗斯、印度、中国、南非（均为协商国）
南极研究科学委员会	1957年	34个正式成员国、11个准成员国	巴西、俄罗斯、印度、中国、南非（均为正式成员）
国家南极局局长理事会	1988年	30个成员国、6个观察员国	巴西、俄罗斯、印度、中国、南非（均为成员国）
南极海洋生物资源养护委员会	1982年	欧盟及25个成员国、10个签字国	巴西、俄罗斯、印度、中国、南非（均为成员国）
北极理事会	1996年	8个环北极国家、13个观察员国	俄罗斯（成员国）、印度（观察员国）、中国（观察员国）

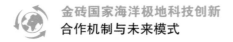

续表

机构名称	成立时间	成员国	金砖国家参与情况
国际北极科学委员会	1990 年	23 个成员国	俄罗斯、印度、中国
北极圈论坛	2013 年	面向所有国家开放	巴西、俄罗斯、印度、中国、南非
北极科学部长级会议	2016 年	24 个国家	俄罗斯、印度、中国
"北极前沿"大会	2007 年	面向所有国家开放	巴西、俄罗斯、印度、中国、南非

9.1.1　南极条约协商国与南极条约体系

南极条约协商国（Antarctic Treaty Consultative Meetings，ATCM）[1] 是国际政府间管理南极政治事务的组织。20 世纪以来，领土主权曾一度成为南极的焦点问题，英国、澳大利亚、新西兰、法国、智利、阿根廷、挪威先后都对南极提出了领土主权的要求。为此，在 1957—1958 年国际地球物理年南极考察活动结束后，美国邀请苏联、日本、比利时、南非及上述有领土要求的国家（共 12 个国家代表），在华盛顿签署了冻结一切领土主张及资源开发的《南极条约》。该条约于 1961 年 6 月 23 日生效，美国为《南极条约》的保存国。条约的主要内容包括禁止在条约区从事任何带有军事性质的活动，南极仅用于和平目的；冻结对南极任何形式的领土要求；鼓励南极科学考察中的国际合作等。

截至 2021 年，《南极条约》有 54 个缔约国，分为 29 个协商国和 25 个非协商国（表 9-2）。缔约国为批准或加入《南极条约》的国家，其中协商国有权委派代表参加南极条约协商会议（ATCM）并参与表决，会议的各项措施和决议，须经所有协商国一致同意才能生效，并且协商国有权指派观察员开展《南极条约》所规定的任何视察；非协商国只能应邀参加协商会议，不能参与表决，也无视察权力。中国、俄罗斯、印度、南非、巴西均为南极条约协商国。

依据《南极条约》所实施的措施、与条约相关的单独有效的国际文书和根据此类文书实施的措施形成了南极条约体系（Antarctic Treaty System，ATS）。

---

① 南极条约协商国官网（http://www.ats.aq）。

表 9-2 《南极条约》缔约国情况

类型	国家
协商国	阿根廷、澳大利亚、比利时、巴西、保加利亚、智利、中国、厄瓜多尔、芬兰、法国、德国、印度、意大利、日本、韩国、荷兰、新西兰、挪威、秘鲁、波兰、俄罗斯、南非、西班牙、瑞典、乌克兰、英国、美国、乌拉圭、捷克
非协商国	奥地利、白俄罗斯、加拿大、哥伦比亚、古巴、丹麦、爱沙尼亚、希腊、危地马拉、匈牙利、朝鲜、马来西亚、摩纳哥、巴基斯坦、巴布亚新几内亚、葡萄牙、罗马尼亚、斯洛伐克、瑞士、土耳其、委内瑞拉、蒙古国、哈萨克斯坦、斯洛文尼亚、冰岛

南极条约体系由南极条约协商会议（Antarctic Treaty Consultative Meetings，ATCM）、南极研究科学委员会（Scientific Committee on Antarctic Research，SCAR）、国家南极局局长理事会（Council of Managers of National Antarctic Programs，COMNAP）及其他有关条约、议定书等组成。

ATCM 是协商国就南极问题进行磋商、作出决议的重要形式。ATCM 通过的建议措施涉及和平利用南极、保护南极资源、便利南极科考和合作、交流情报及完善南极条约体系的运行等。经各国同意已生效的建议措施共 200 余项，构成了南极地区的重要活动准则。ATCM 每年举行一次，1961 年 7 月 10 日，第一次 ATCM 会议在澳大利亚堪培拉国会大厦开幕，截至 2021 年已举办 43 届。第 43 届 ATCM 会议于 2021 年 6 月在法国巴黎召开，会议讨论了包括南极条约体系的运行、南极特别保护区和管理区、南极科考、南极旅游、气候环境变化影响、新冠肺炎疫情与南极等问题。

金砖国家均为 ATCM 成员（表 9-3），具有就南极问题进行讨论协商的义务和权力。在 ATCM 的框架下，金砖国家就南极条约体系的运行、南极气候变化影响、南极特别保护区和管理区等议题开展了交流与合作。例如，2011 年第 34 届 ATCM 会议上印度与中国、俄罗斯、澳大利亚等国家合作提议建设拉斯曼丘陵南极特别管理区；2018 年第 41 届 ACTM 会议上印度和俄罗斯共同提交了关于在东南极拉斯曼山奎尔蒂湾俄罗斯 "Ivan Papanin 轮" 号船体损坏情况的报告；2021 年第 43 届 ATCM 会议上，金砖国家都提交了各国的工作报告和提案，就各国的科考情况、南极研究情况进行了汇报（表 9-4）。

表 9-3　金砖国家加入时间

国家	加入南极条约体系	加入南极条约协商国
巴西	1975-05-16	1983-09-27
俄罗斯	1961-06-23	1961-06-23
印度	1983-08-19	1983-09-12
中国	1983-06-08	1985-10-07
南非	1961-06-23	1961-06-23

表 9-4　金砖国家在第 43 届 ATCM 会议上的工作报告

国家	报告内容
巴西	1. 2020—2021 年和 2021—2022 年巴西南极计划（PROANTAR）； 2. 新费拉兹南极站书籍和邮票； 3. 费拉兹南极站指挥官； 4. 巴西南极计划（PROANTAR）教育和推广活动； 5. 巴西南极水域水文测量； 6.《南极金钟湾特别管理区管理计划》（ASMA No.1）修订进展
俄罗斯	1. 关于南极条约体系相关问题、趋势和挑战的非正式讨论报告； 2. 关于俄罗斯南极考察队在新冠肺炎疫情期间的工作：2020—2021 年考察期的经验； 3. 对澳大利亚 2019/2020 年考察意见的回应； 4. 俄罗斯科学家参加遗迹探险航行； 5. 庆祝人类发现南极 200 周年； 6. 俄罗斯南极站米尔尼起火； 7. 关于推迟 Vostok 站 2021—2022 年新越冬建筑第一阶段组装的报告
印度	汇报第 163 号南极特别保护区（ASPA）：达克辛 - 甘戈特里站，毛德皇后地管理计划
中国	1. 关于加强罗斯海地区企鹅种群动态研究和监测合作的建议； 2. 促进科学研究，为南极决策提供信息
南非	南非首个南极和南大洋战略刊宪

9.1.2　南极研究科学委员会

南极研究科学委员会（SCAR）[1]是国际科学理事会（ICSU）[2]下属的南极科学组织，是负责发起、促进、协调南极科学活动，制定、审查具有极地范围和意义的科学规划的国际学术机构，成立于1957年8月，总部设在英国剑桥，每两年举行一次SCAR大会。SCAR由主席、副主席和执行秘书组成的执行委员会（每届任期两年）领导，设立3个常设科学组（地球科学常设科学组、生命科学常设科学组、物理科学常设科学组）和5个常设委员会（南极数据管理常设委员会、南极条约体系常设委员会、南极地理信息常设委员会、财务常设委员会、人文和社会科学常设委员会）。

截至2021年，SCAR成员包括34个正式成员国、11个准成员国的国家委员会（National Committees）及国际科学理事会下属的9个国际科学联合会成员（表9-5）。金砖国家都是SCAR的正式成员。

表9-5　SCAR成员情况

类型	国家及联合会
正式成员国	阿根廷、澳大利亚、比利时、巴西、保加利亚、加拿大、智利、中国、厄瓜多尔、芬兰、法国、德国、印度、意大利、日本、韩国、马来西亚、荷兰、新西兰、挪威、秘鲁、波兰、俄罗斯、南非、西班牙、瑞典、瑞士、乌克兰、英国、美国、乌拉圭、葡萄牙、土耳其、捷克
准成员国	丹麦、摩纳哥、巴基斯坦、罗马尼亚、委内瑞拉、伊朗、奥地利、哥伦比亚、泰国、白俄罗斯、墨西哥
国际科学联合会成员	国际天文学联合会（IAU）、国际地理联合会（IGU）、国际第四纪研究联合会（INQUA）、国际生物科学联合会（IUBS）、国际大地测量学与地球物理学联合会（IUGG）、国际地质科学联合会（IUGS）、国际提纯及化学应用联盟（IUPAC）、国际生理科学联合会（IUPS）、国际无线电科学联盟（URSI）

SCAR的主要职责是发起、促进和协调南极科学活动，制定南极范围内的重大科学规划。在制定规划中，SCAR将尊重现有国际组织的自主权力，负责在南极地区（包括南大洋）发起、发展和协调高质量的国际科学研究，并就

---

① 南极研究科学委员会官网（http://www.scar.org）。

影响南极洲和南大洋管理的科学和养护问题及南极地区在地球系统中的作用，向 ATCM、《联合国气候变化框架公约》和联合国政府间气候变化专门委员会等其他组织提供客观和独立的科学建议。2017 年 SCAR 公布了其 2017—2022 年的战略计划，主题为连接和建设南极研究（Connecting and Building Antarctic Research），确立了这五年的工作重点将放在以下 5 个关键方面：①进一步加强 SCAR 在南极研究方面的领导地位，扩大高质量合作伙伴关系和更好的南极研究；②为 ATCM 和其他涉及南极和南大洋事务的机构提供独立的科学建议；③提高 SCAR 成员国的研究能力；④通过及时沟通和公布南极研究成果来提高公众对南极洲问题的关注；⑤提供更多免费的南极研究数据。2021 年 3 月，第 36 届 SCAR 大会在线上举行，会议对 2012—2020 年 SCAR 科学研究项目做了总结，并公布了新的 SCAR 科学研究项目计划（表 9-6）。

表 9-6　第 36 届 SCAR 大会研究项目情况

2021—2020 年 SCAR 科学研究项目	SCAR 新启动研究计划
21 世纪南极气候变化（AntClim21）	南极的不稳定性和临界值（INSTANT）
南极生态系统状况（AntEco）	南极和南大洋综合科学保护（Ant-ICON））
南极临界值——生态系统复原和适应（AnTERA）	南极气候系统的近期变化和预报（AntClimnow）
南极冰盖动力学（PAIS）	
固体地球对冰层演化的响应和影响（SERCE）	
2010—2018 年南极洲天文学和天体物理学（AAA）	

　　金砖国家均属于 SCAR 的正式成员。SCAR 下属的每个国家委员会都需要指派一名常驻代表和一名候补代表，金砖各国积极争取 SCAR 大会的主办权（表 9-7）。金砖国家积极配合 SCAR 南极活动保障能力建设，制订具体的南极科研计划，推动南极事务的国际合作和环境保护，并加强国内立法，开展综合性南极科学研究，为南极各方面的研究做出了重要的贡献。

表 9-7　金砖国家参与 SCAR 情况

国家	加入时间	参与情况
巴西	1984 年	第 21 届 SCAR 大会和第 2 届国家南极局局长理事会（COMNAP）会议在巴西圣保罗举行； 制订具体的南极科研计划、推动南极事务的国际合作和环境保护
俄罗斯	1958 年	最早开展南极科考活动的国家之一； 出台具体的南极政策、加强国内立法和开展综合性南极科学研究； 1972 年 8 月成功举办第 11 届 SCAR 常务会议； 2008 年 7 月成功举办第 30 届 SCAR 大会
印度	1984 年	2017 年提交印度近期的南极研究； 国家委员会向 SCAR 提交的报告； 在南极原始大陆和周围水域开展的研究领域做出巨大贡献
中国	1986 年	1992 年，中国极地研究所所长董兆乾当选为 SCAR 副主席兼执委会委员； 2002 年 7 月，第 27 届 SCAR 大会和第 14 届国家南极局局长理事会（COMNAP/SCALOP）会议在中国上海召开； 为制订和协调实施国际合作南极研究计划做出了重要贡献
南非	1958 年	最早参与南极事务的国家之一； 通过 SCAR 积极增强南非在国际舞台上的影响力、挖掘南极经济机遇

　　国家南极局局长理事会（COM NAP）[①]成立于 1988 年，是各国主管南极事务的部门负责人的组织。南极后勤和作业常设委员会（Standing Committee on Antarctic Logistics and Operations，SCALOP）是 COMNAP 的常设委员会，成员由每个国家南极管理机构指定。COMNAP 的主要作用：回顾各国南极考察运作过程中的问题，为日常信息交换提供便利；检查、讨论、寻求解决一般运作性难题的可能方案；为解决南极考察国家作业实施过程中共同遇到的问题，提供一个自由探讨和充分发表意见的论坛，以便更好地为南极科考提供平台和现场作业支撑，并协调与 SCAR 的关系。COMNAP/SCALOP 目前有 30 个成员国和6 个观察员国（表 9-8）。

————————
① 国家南极局局长理事会官网（http://www.comnap.aq）。

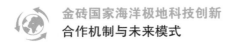

表 9-8　COMNAP/SCALOP 成员国和观察员国

类型	国家
成员国	阿根廷、澳大利亚、白俄罗斯、比利时、巴西、保加利亚、捷克、智利、中国、厄瓜多尔、芬兰、法国、德国、印度、意大利、日本、荷兰、新西兰、挪威、秘鲁、波兰、俄罗斯、韩国、南非、西班牙、瑞典、乌克兰、英国、美国、乌拉圭
观察员国	加拿大、马来西亚、葡萄牙、瑞士、土耳其、委内瑞拉

金砖国家均属于 COMNAP 成员国，每年都派团参加 COMNAP 大会。具体情况和 SCAR 大会同步。2016 年印度国家极地和海洋研究中心执行主任加伟（Mirza Javed Beg）当选 COMNAP 副主席。金砖国家主要通过巴西南极计划、俄罗斯北极和南极研究所（AARI / RAE）、印度国家极地和海洋研究中心、中国国家海洋局极地考察办公室和南非国家南极计划参与南极科学考察。金砖国家南极科考站统计及分布情况如表 9-9 和图 9-1 所示。

表 9-9　金砖国家南极科考站统计

国家	科考站	位置	所属区域	建立时间
巴西	费拉兹站	62° 05′ 08″ S 58° 23′ 55″ W	南极半岛 - 乔治王岛	1984 年
俄罗斯	别林斯高晋站	62° 12′ S 58° 58′ W	南极半岛 - 乔治王岛	1968 年
	友谊 -4 站	69° 44′ S 73° 42′ E	普里兹湾	1987 年
	列宁格勒站	69° 30′ 00″ S 159° 23′ 00″ E	维多利亚地	1971 年
	和平站	66° 33.12′ S 93° 0.88′ E	戴维斯海	1956 年
	青年站	67° 40.97′ S 46° 08.08′ E	东南极阿拉舍耶夫湾	1963 年
	新拉扎列夫站	70° 46.43′ S 011° 51.90′ E	毛德皇后地	1961 年

续表

国家	科考站	位置	所属区域	建立时间
俄罗斯	绿洲站	66° 16′ S 100° 44′ E	威尔克斯地	1956 年
	进度站	69° 23′ S 76° 23′ E	普里兹湾	1989 年
	俄罗斯站	4° 45′ S 136° 40′ W	玛丽伯德地	1980 年
	东方站	78° 28′ S 106° 48′ E	伊丽莎白公主地	1957 年
印度	巴拉提站	69° 24′ 24″ S 76° 11′ 43″ E	拉斯曼山	2012 年
	迈特里站	70° 46′ 00″ S 11° 43′ 51″ E	席尔马赫区	1989 年
中国	长城站	62° 13′ 03″ S 58° 57′ 43″ W	南极半岛 - 乔治王岛	1985 年
	昆仑站	80° 25′ 02″ S 77° 06′ 58″ E	南极冰穹 A	2009 年
	泰山站	73° 51′ 50″ S 76° 58′ 27″ E	伊丽莎白公主地	2014 年
	中山站	69° 22′ 24″ S 76° 22′ 40″ E	普里兹湾	1989 年
	罗斯海新站	74° 54′ S 163° 56′ E	恩克斯堡岛	2022 年（预计）
南非	萨纳埃站	71° 40′ 37″ S 2° 50′ 42″ W	毛德皇后地	1962 年

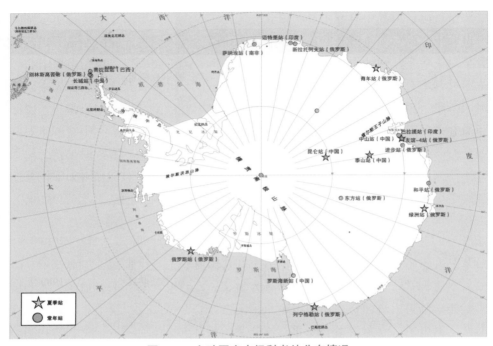

图 9-1　金砖国家南极科考站分布情况

9.1.3　南极海洋生物资源养护委员会

南极海洋生物资源养护委员会（Commission for the Conservation of Antarctic Marine Living Resources，CCAMLR）① 是根据《南极海洋生物资源养护公约》设立的南极海域管理生物资源的多边机构。1980 年 5 月 20 日，为保护与合理利用南极海洋生物资源，澳大利亚、新西兰、美国等国签署了《南极海洋生物资源养护公约》。该公约规定，各缔约方特设立 CCAMLR，目的是管理南极海域生物资源。CCAMLR 是《南极条约》框架下管理海洋生物资源的唯一多边机构。1982 年 4 月 7 日，《南极海洋生物资源养护公约》正式生效，意味着 CCAMLR 正式成立。截至 2021 年，CCAMLR 成员包括欧盟、25 个成员国和 10 个签字国（表 9-10）。

---

① 南极海洋生物资源养护委员会官网（http://www.ccamlr.org）。

表 9-10　CCAMRL 成员国和签字国

类型	国家
成员国	阿根廷、澳大利亚、比利时、巴西、智利、中国、法国、德国、印度、意大利、日本、韩国、纳米比亚、荷兰、新西兰、挪威、波兰、俄罗斯、南非、西班牙、瑞典、乌克兰、英国、美国、乌拉圭
签字国	保加利亚、加拿大、库克群岛、芬兰、希腊、毛里求斯、巴基斯坦、巴拿马、秘鲁、瓦努阿图

CCAMRL 每年就一系列议题召开会议。自 1982 年以来，CCAMRL 会议一直在澳大利亚霍巴特举行。2020 年第 39 届会议在线上举行。会议讨论的内容包括非法、未报告和公约区内无管制的捕捞活动、有效的养护措施，牙鱼、冰鱼和磷虾的渔业管理，渔业研究建议，捕鱼对非目标物种活动的影响，气候变化，以及与其他国际组织的合作等。

金砖国家均为 CCAMRL 成员，全面参与 CCAMRL 和科学委员会的决策过程，积极推进对南极海洋生物资源的养护与可持续利用。第 39 届会议公布了2020—2022 年金砖国家对 CCAMRL 的资金捐助情况（表 9-11）。

表 9-11　2020—2022 年金砖国家对 CCAMRL 资金捐助情况

单位：澳元

国家	2020 年资助金额	未清余额（截至 2020 年 10 月 28 日）	2021 年初步捐助金额	2022 年预计捐助金额
巴西	125 326	255 120	128 901	129 918
俄罗斯	127 866	—	130 888	131 851
印度	125 326	125 326	128 901	129 918
中国	148 098	—	149 150	152 023
南非	126 922	—	130 338	131 517

9.1.4　北极理事会

为保护北极地区的环境，促进该地区在经济等方面的可持续发展，1996 年

8月6日8个环北极国家（美国、加拿大、俄罗斯、挪威、瑞典、丹麦、芬兰、冰岛）的代表在加拿大渥太华举行会议，讨论建立北极理事会的声明（渥太华声明），正式成立高级别的政府间论坛。

北极理事会①是讨论北极地区环境和可持续发展问题的重要国际组织。成员包括8个环北极国家。13个非北极国家（法国、德国、荷兰、波兰、西班牙、英国、中国、韩国、日本、印度、意大利、新加坡、瑞士）在北极理事会中享有观察员地位。在北极理事会享有观察员地位的还有隶属联合国体系的各个组织，以及各个政府间的、学术性和非商业性的联盟及联合会等，北极理事会与它们中的许多组织建立了密切的合作关系。2012年，北极理事会在特罗瑟姆设立了常设秘书处。

北极理事会的宗旨：①确保居住在北极地区的居民，包括当地少数民族及其团体享有的权益；②确保北极地区在经济、社会发展及在卫生条件、文化教育改善方面的可持续发展；③确保北极环境保护，包括北极生态系统的保护、北极生物多样性维持和自然资源的保护和可持续使用。2019年第11届北极理事会部长级会议在芬兰北部城市罗瓦涅米召开，会议的主题是"共同迈向可持续发展的北极"。由于美国的反对，第11届会议未能发表共同宣言，这是北极理事会23年历史上首次出现这种情况。在未能发表共同宣言的情况下，主席国芬兰提议发表一份联合声明，这份声明重申维护北极地区和平、稳定和建设性合作，但未提及气候变化问题。

金砖国家中的俄罗斯作为北极理事会成员国之一，于2021年5月接任北极理事会轮值主席国，任期两年。2020年11月5日在"莫斯科北极和南极日"国际论坛上，俄罗斯宣布将本次担任理事会轮值主席国的工作重点放在解决北极地区环境、社会和经济问题上。在北极理事会第8次部长级会议上，印度和中国成为北极理事会正式观察员国。加入北极理事会后，印度积极与其他成员国发展双边关系，其观察员国身份在2018年获得第二个五年任期。中国自2006年成为北极理事会观察员来，积极参与历届高管会部长级会议，在北极理事会多次会议上强调高度重视北极地区的科学研究和环境保护，尊重北极地区国家的主权及根据国际法享有的主权权利和管辖权，愿在平等的基础上，与有

---

① 北极理事会官网（http://www.arctic-council.org）。

关方就北极问题加强互利合作，为实现北极地区的和平、稳定和可持续发展做出贡献。2017 年 5 月，在北极理事会第 10 届部长级会议上巴西再次与成为北极理事会观察员国失之交臂，但巴西仍然在不断加强与北极国家的合作。截至 2021 年，南非并未实质性地参与北极地区治理。

9.1.5　国际北极科学委员会

1990 年 8 月 28 日，8 个环北极国家成立了国际北极科学委员会（International Arctic Science Committee，IASC）[①]。IASC 是一个非官方性的北极科学协调组织，其成员是能覆盖所有北极研究的国家科学组织。每个成员的国家组织也为理事会和北极科学团体之间的接触提供方便。IASC 正是利用这种关系来确定优先发展的科学问题及工作组成员等。有 IASC 所规划和建议的国际科学研究项目应是北极和全球科学研究优先考虑的领域。几乎所有北半球发达国家都开展了北极研究活动，截至 2021 年，IASC 共有 23 个成员国，分别是加拿大、中国、丹麦、芬兰、法国、德国、冰岛、意大利、日本、荷兰、挪威、波兰、俄罗斯、韩国、西班牙、葡萄牙、瑞典、瑞士、英国、美国，印度、捷克、奥地利。金砖国家中的中国、印度、俄罗斯为 IASC 成员国。

IASC 旨在鼓励和促进所有从事北极研究的国家和地区在北极科学研究各个领域的合作。随着国际社会对北极科学考察与研究的不断深入，北极科考领域内的国际合作日益增多，1999 年，由 IASC 发起，代表北极科学研究最高国际水平的北极科学高峰周会议（Arctic Science Summit Week，ASSW）机制正式形成。该机制的主要目的：将主要的国际北极科学组织集中起来召开各自的年会；通过直接接触和组织集体活动等方式鼓励这些组织间的合作与交流；了解主办国开展的北极研究等。在偶数年，ASSW 还会举行高级别峰会——北极观测峰会（Arctic Observing Summit，AOS），旨在为设计、实施、协调和维持北极国际网络的长期（10 年）运作提供以社区、科学为基础的指导。

金砖国家中，俄罗斯作为 IASC 的初始成员国，具有参与制定北极科学考察与研究的权力。中国于 1996 年加入 IASC，并于 2005 年 4 月成为第一个承办 ASSW 会议的亚洲国家。2012 年 4 月，在加拿大魁北克召开的 ASSW 会议上中

---

① 国际北极科学委员会官网（https://iasc.info）。

国代表杨惠根（中国极地研究中心主任）成功当选 IASC 副主席，这是中国科学家首次进入 IASC 理事会执行委员会，体现出中国在北极科学研究领域中的作用和影响力在不断提升。2011 年，印度成为 IASC 的观察员国，并于 2012 年正式加入其中。印度在处理《南极条约》及南极事务方面有着丰富的经验，能在确保北极地区稳定和安全方面发挥建设性作用。

9.1.6　北极圈论坛

北极圈论坛（Arctic Circle）① 设立于 2013 年 4 月，由冰岛时任总统格里姆松发起，每年 10 月在冰岛召开大会。2013 年 10 月 12 日，北极圈论坛于冰岛首都雷克雅未克宣告成立，200 余名相关国家的政要、企业家和学者围绕北极科学、军事安全、资源开发和环保等一系列问题展开了平等协商，旨在推动各北极利益行为体的多边对话与协调。该论坛是继北极理事会之后成立的另一个专注于北极事务的国际论坛，对所有国家开放。

每年的北极圈论坛大会是北极地区规模最大的年度国际会议，大会有来自 60 个国家的 2000 多名参与者参加，每年 10 月在冰岛雷克雅未克的哈帕会议中心和音乐厅举行。北极圈论坛大会规格高、规模大，是推动国际社会关心、认识、保护北极，共商北极治理的重要平台。除了年度大会外，北极圈还组织有关北极合作特定领域的论坛，目前已在美国、新加坡、加拿大、日本、中国等举办了 14 次分论坛。

北极圈论坛是世界各国讨论北极事务的重要平台，参与国通过开放的、平等的对话，推动北极地区治理，是全球治理的有机组成部分。该论坛将与北极理事会互相促进、互相补充，共同推进北极治理机制的建设。北极圈论坛不会替代北极理事会，但它的存在具有特殊价值，为非北极国家参与北极治理提供了一条重要路径。北极圈论坛的主题包括海冰融化和极端天气、北极旅游和航空、北极生态系统和海洋科学、可持续发展等 23 个。

自 2013 年 10 月首届北极圈论坛大会开始，金砖国家代表团积极参加历届北极圈论坛大会。中国在北极圈论坛大会上积极参与北极各项事务。2015 年 10 月 16—18 日，第三届北极圈论坛大会上中国外交部部长王毅在大会开幕式

---

① 　北极圈论坛官网（http://www.arcticcircle.org）。

上发表致辞，指出中国是北极的重要利益攸关方，秉承尊重、合作与共赢三大政策理念参与北极事务。中国代表团在会上举办以"中国贡献：尊重、合作与共赢"为主题的中国国别专题会议，介绍了中国在北极领域的主要活动和所做贡献。北极圈论坛大会为非参与北极研究的域外国家，如巴西、南非等提供了北极合作平台。尽管巴西不是北极合作的缔约国，但在两极问题上并不是一个新来者，巴西专家表达对北极合作看法的主要平台就是每年度的北极圈论坛大会。

9.1.7 北极科学部长级会议

北极气候环境变化的全球性影响需要国际社会的科学合作及北极地区的全球治理。2015 年美国总统奥巴马呼吁召开北极科学部长级会议（Arctic Science Ministerial）[1] 讨论北极科学研究，推动国际社会了解北极地区气候变化的影响。北极科学部长级会议每两年举行一次。

2016 年 9 月 28 日，首届白宫北极科学部长级会议在美国华盛顿召开。会议由美联邦政府跨部门机构——北极行政指导委员会主办，包括北极理事会和参与北极研究的主要国家（英国、德国、法国、中国、印度、日本、韩国、西班牙、波兰等）在内的 25 个国家和地区派出高级别代表团出席会议，北极原住民组织也派代表出席了会议。本次会议聚焦以下 4 个主题：北极面临的挑战及对当地和全球的影响；加强和集成北极观测网络与数据共享；应用新的科学发现增强北极适应能力，推动全球应对气候变化；以北极科学推动当地理工数学教育，提升公民素质。

2018 年 10 月 25—26 日，欧盟委员会、德国和芬兰在柏林联合主办第二届北极科学部长级会议。美国、加拿大、俄罗斯、英国、德国、法国、中国、日本、韩国、西班牙、波兰等 24 个国家和欧盟，以及北极理事会中的 6 个北极原住民组织，都派出高级别代表团出席会议，参加本次会议的科学家共计 252 位。会议讨论了以下 3 个议题：加强、整合和持续进行北极观测，促进北极数据的获取，共享北极研究基础设施；了解北极变化的区域和全球动态；评估北极环境和社会的脆弱性及提升应变力。

---

① 北极科学部长级会议官网（https://www.arcticscienceministerial.org）。

2021 年 5 月 8—9 日，第三届北极科学部长级会议在日本东京召开。第三届北极科学部长级会议由日本和冰岛共同主办，包括北极理事会（美国、俄罗斯、加拿大、挪威、瑞典、丹麦、冰岛和芬兰）和北极研究主要参与国家（英国、德国、法国、中国、日本、韩国、西班牙等）在内的 25 个国家和地区、6 个北极原住民组织派出高级别代表团出席会议。本次会议主题为"知识促进北极可持续发展——观测、认知、应对和加强：四步迭代循环"，旨在通过国际科学合作，为应对北极当前面临的最紧迫的挑战采取行动，会议主题下设 4 项议题。①观测：观测网络、数据共享——走向实施；②认知：提高对北极环境、社会系统及其全球影响的认知和预测能力；③响应：可持续发展、脆弱性和韧性评估、知识应用；④加强：能力建设、教育、网络、韧性——为下一代做准备。会后，各国部长和国际组织负责人签署了《部长联合声明》。

截至 2021 年，北极科学部长级会议只召开了三届，从三届会议的报告中能清晰地看出其定位：为应对北极气候环境变化给北极地区和世界范围带来的影响，由各国政府、原住民组织及国际组织等相关行为体代表参加的，为人类更好地了解北极、提高精确预测气候变化的能力、保护人类社会未来的安全而创建的政府决策者和科学界之间直接互动的多边合作和交流平台[1]。与北极理事会等政府间论坛不同，北极科学部长级会议强调北极环境变化对北极以外地区的影响，北极科学研究的多元性、平等性，行为体之间的合作，以及北极圈以外的国家对北极科学研究做出的贡献。其与国际北极科学委员会等非政府北极科学研究组织也有不同，北极科学部长级会议旨在推动政府决策者与科学研究团体之间的对话，为北极科学研究的正确和准确决策做出贡献。

金砖国家中，俄罗斯、中国和印度三国均参加了北极科学部长级会议。第一届会议达成并签署了《部长联合声明》，凝聚了各国加强北极科学合作的政治共识，并围绕各主题确定了 15 项技术成果和倡议。为第二届北极科学部长级会议议题做出贡献的国家、地区和原住民组织如表 9-12 所示。金砖国家在不同议题中的贡献略有差异，但都积极参加北极科学部长级会议的活动。

表 9–12　为第二届北极科学部长级会议议题做出贡献的国家、地区和原住民组织

议题	为该议题做出贡献的国家、地区和原住民组织 （反映其感兴趣的程度，按贡献大小排序）			
	贡献较多	贡献中等	贡献较少	没有足够信息
加强、整合和持续进行北极观测，促进北极数据的获取，共享北极研究基础设施	加拿大、中国、丹麦、意大利、荷兰、瑞典、瑞士、欧盟	芬兰、法国、德国、冰岛、日本、挪威、波兰、葡萄牙、韩国、俄罗斯、西班牙、英国、美国、因纽特环北极理事会	捷克、法罗群岛、格陵兰岛、印度、新加坡、俄罗斯北方原住民协会、萨米理事会	阿留申国际协会、北极阿撒巴斯卡议会、哥威迅国际议会
了解北极变化的区域和全球动态	捷克、德国、格陵兰岛、冰岛、印度、日本、挪威、波兰、韩国、俄罗斯、新加坡、西班牙、瑞士、英国、美国、俄罗斯北方原住民协会	加拿大、中国、法罗群岛、法国、意大利、荷兰、葡萄牙、欧盟、萨米理事会	丹麦、芬兰、瑞典、因纽特环北极理事会	阿留申国际协会、北极阿撒巴斯卡议会、哥威迅国际议会
评估北极环境和社会的脆弱性及提升应变力	法罗群岛、芬兰、法国、新加坡、因纽特环北极理事会、俄罗斯北方原住民协会、萨米理事会	加拿大、丹麦、格陵兰岛、日本、挪威、波兰、葡萄牙、俄罗斯、瑞典、美国、欧盟	中国、捷克、德国、冰岛、印度、意大利、荷兰、韩国、西班牙、瑞士、英国	阿留申国际协会、北极阿撒巴斯卡议会、哥威迅国际议会

注：根据报告中的注释，该表格的数据是来自各方提交的信息，并不一定代表这个国家全部的北极科学力量。

资料来源：Report of the 2nd Arctic science ministerial: co-operation in Arctic science——challenges and joint actions[C]. Berlin: 2nd Arctic Science Ministerial，2018，33.

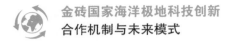

9.1.8　"北极前沿"大会

2007 年 1 月 21 日，第一届"北极前沿"大会[①]在挪威特罗姆瑟市的特罗姆瑟大学举行。最开始的"北极前沿"大会只有科技和政策两个议题，到了 2014 年议题开始延展，现在包括政策、商业、科学、青年等各议题。北极前沿大会召开时间和地点固定，每年 1 月的第 4 周在被称作"北极之门"的挪威特罗姆瑟市召开。

"北极前沿"大会是一个关注北极地区可持续发展的国际性平台，大会主要讨论如何处理、应对在社会和环境保持可持续性发展的前提下实现经济增长的机会和挑战。"北极前沿"大会将学术界、政府部门和企业聚集在一起，为北极地区的决策和可持续经济发展创造更为坚实的基础。

"北极前沿"大会会议参加者主要是学者、科学家等，以及一些参与北极事务国家的政府官员。来自世界各国的学者、科学家和政府官员就北极的政策、商业、科学、青年等问题进行探讨和交流，加强了各国之间北极事务的合作。在举办过的共 15 届大会中，金砖国家的学者和科学家均积极参与北极事务。在"北极前沿"大会上中国向世界展示了其极地研究的起点、重点方向、组织机构、人才队伍、设备装备、重大成果和未来构想，展现了中国极地研究的实力，表达了更多参与北极研究国际合作的愿望。

9.2　金砖国家多边机制

近年来，俄罗斯、巴西、印度和中国等金砖国家纷纷通过建立科学考察站、申请建立南极特别保护区（Antarctic Specially Protected Area）和特别管理区（Antarctic Specially Managed Area）等形式加强在南极地区的"实质性存在"，其中俄罗斯在 2010 年 10 月 30 日出台《俄罗斯 2020 年前与更长期的南极战略》，明确俄罗斯在南极地区各领域活动的基本方向，提出俄罗斯南极政策的总体目标，包括保持南极作为和平合作的区域、借助南大洋的生物资源增强俄罗斯经济活力、提升俄罗斯的国际威望。巴西在 2006 年联合波兰、厄瓜多尔和秘鲁在南极洲乔治王岛阿德默勒尔蒂湾（Admiralty Bay）成功申请建立了南极地区

---

① "北极前沿"大会官网（https://www.arcticfrontiers.com）。

第一个特别管理区，并于 2014 年 5 月发布《巴西 2013—2020 年间南极科学计划》。该文件建议根据南极地区和南美洲环境的联系确定 5 个科学研究优先领域，其中强调对影响南美洲尤其是巴西的过程研究。印度更是于 1983 年成为南极条约协商国之后，在南极事务中"后来者居上"，其南极科研成果彰明较著，在南极国际治理中发挥了具有一定可见度的国际影响。

在多边外交舞台，南非、印度和巴西在"三国对话论坛"和金砖国家机制框架下推动南极事务合作。2009 年 8 月，南非、印度和巴西在"三国对话论坛"框架下召开了南极科研工作研讨会。三国官员、学者就南极研究的科学技术、后勤保障供应问题及三国南极合作的长期目标进行了研讨。同时，三国在南极条约协商会议舞台上密切磋商和交流，推动三国联合南极科学考察项目的制定和实施，并联合提出行使《南极条约》赋予的视察权。

在金砖国家机制下，在 2016 年 5 月召开的第四届金砖国家科技创新部长级会议上，金砖国家决定成立科技创新资金资助方工作组，签署了《金砖国家科技创新框架计划》及《金砖国家科技创新框架计划实施方案》，决定在该框架下联合征集多边研发项目。

9.3　金砖国家后续极地事务合作与工作建议

对金砖国家来说极地合作可以算是一个新维度，从金砖国家参与国际极地组织机构、地理位置、国家利益等综合情况分析，南、北极合作应分而论之。

9.3.1　南极合作建议

在国际组织机构背景下深度构建金砖国际多边南极利益共同体，重点考虑参与南极科学研究和先进技术研发的合作，并积极加强在南极海洋生物资源合理开发和利用上的合作，增加金砖国家在南极国际组织机构上的影响力。

全球变化背景下，南极的变化会影响到全人类的生存环境，保护南极地区的生态平衡和自然环境符合世界各国利益，南极的和平与稳定有助于营造对金砖国家整体发展有利的外部环境。

自加入南极条约协商国以来，巴西形成了完备的南极事务管理与协调体系，印度融入式参与南极事务使其在南极国际议题中拥有较高声望。作为拥有

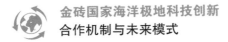
南极事务话语权、南极条约原始缔约国的南非，近年来也将极地科技重心置于南极。但在实践中，巴西、南非深度介入南极事务受到国内资金投入和国外多重因素的制约。因此，联合金砖国家发挥其在南极事务中的优势，以各国对南极未来部署的诉求为导向，在南极科学、环境保护方面开展金砖国家多边合作，构建南极利益共同体，是金砖国家参与南极治理、提升国际影响力的迫切需求。

首先在 ATCM 的组织构架下，由于金砖国家均属于 ATCM 成员，拥有就南极问题讨论协商的义务和权力，因此应积极争取 ATCM 协商会议的主办权。在未来金砖国家可以就其对南极的共同诉求，共同提出和平利用南极、保护南极资源、便利南极科考和合作、交流情报及完善南极条约体系的运行等方面相关建议，发挥金砖国家在 ATCM 组织下的作用。

在 SCAR 和 COMNAP 的组织构架下，金砖国家均积极参与南极的科学研究，制订了南极科学研究计划，同时金砖国家在南极都设有科考站，积极参与南极科学考察，在前期也进行了一定的合作，为南极各方面的研究做出了重要的贡献。金砖国家在未来可以基于 SCAR 制定的南极科学活动和规划，设立金砖国家南极国际合作专项，整合科研资源，在联合科研、专业人才培养、气候变化等领域互利合作，实现国家间优势互补。

此外，SCAR 大会和 COMNAP 会议为金砖国家的南极科考活动提供了重要的交流、合作和学习平台。俄罗斯和中国在南极分别拥有 10 个和 5 个科考站，两国在南极科考活动，如科考站基础设施建设上具有丰富的经验，可以利用 SCAR 和 COMNAP 提供的强大支撑后盾和科学考察交流平台，立足南极事业可持续发展的需要，发挥俄罗斯和中国科学考察基础建设的优势，联合金砖国家加强南极基础设施建设，即后勤、作业、物流等方面的支持及相关业务能力建设，为开展高频次和高质量的科学考察及研究提供稳固的保障能力。同时借助南极科学考察，联合研发极地先进技术与设备，如极端工作环境下的水下无人观测平台、水下机器人等，推动极地科技创新，带动金砖国家相关产业的发展。

CCAMLR 是南极海域管理生物资源的多边机构。金砖国家均为 CCAMLR 成员，南极海域生物资源保护也将是金砖国家在南极事务中的合作重点之一。南极海域海洋生物资源丰富，渔业资源包括产量庞大的磷虾、市场价值较高的南极犬牙鱼、南极冰鱼等。金砖国家可以在 CCAMLR 组织下共同推进对南极海洋生物资源的可持续利用，使其成为金砖国家渔业经济的有机部分，带动金砖国家渔业经济发展。

9.3.2 北极合作建议

在北极国际组织机构的框架下，从中俄双边合作到中俄印的多边协调，同时带动巴西和南非（参与北极研究的域外国家）积极参与北极事务，增强金砖国家在北极国际组织中的影响力。

俄罗斯是金砖国家在北极合作的关键。俄罗斯是金砖国家中唯一的环北极国家，是北极理事会和国际北极科学委员会等重要的北极国际组织机构的重要成员，多年来一直在开发其北极地区，拥有世界上最大的破冰舰队。目前，俄罗斯和中国、俄罗斯和印度之间基于双边层面，在北极实施了多种项目，但金砖国家在北极地区合作的双边形式存在一些挑战和限制 [2]，如印度与美国的密切关系、俄罗斯也在积极寻求北极合作伙伴的多样化。在这种背景下，虽然近年来巴西对北极也表示出兴趣，但在巴西成为北极理事会观察员之前，中、俄、印应该是金砖国家在不久的将来最有可能进行北极合作的多边形式。同时为了加深金砖国家在北极研究上的国际影响力，构建北极利益共同体，中、俄、印需要积极带动南非和巴西参与北极事务，使其早日加入北极理事会等国际组织机构，形成金砖国家北极合作多边机制。

首先，在北极理事会的组织构架下，俄罗斯作为该组织的 8 个环北极国家成员之一，在北极理事会上有着不可或缺的地位。中国和印度作为北极理事会的观察员，在决定北极未来发展方面拥有发言权。中国和印度应加强和俄罗斯的合作，通过俄罗斯在北极理事会上的影响力来表达两国对北极地区环境和可持续发展问题的诉求，从而发挥两国在北极理事会中的影响力。此外，理事会设立可持续发展、北极监测与评估、北极海洋环境保护、北极污染物行动计划、北极动植物养护、突发事件预防反应共 6 个工作组，金砖国家可以在以上 6 个方面加强合作。特别在环境保护方面，金砖国家于 2018 年签署了《金砖国家环境合作谅解备忘录》，备忘录的签署为金砖国家在水资源、生物多样性、气候变化及其适应研究等方面加强环境合作提供了坚实保障。备忘录规定，金砖国家部长将定期举行年度环境问题会议。因此，北极环境保护可成为金砖国

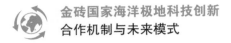

家在北极理事会工作小组中的一个重要合作方向。

IASC 是鼓励和促进所有从事北极研究的国家和地区在北极科学研究各个领域合作的重要平台，中、俄、印均属于 IASC 的成员国，为其在 IASC 组织下的科学研究提供了有利的平台。由 IASC 发起的 ASSW 代表了北极科学研究最高国际水平。中国和俄罗斯曾作为 ASSW 会议的主办国，增强了 IASC 各成员国对主办国开展北极研究的了解，特别是中国举办的 ASSW 会议发挥了其在 IASC 的影响力。未来中、俄、印等金砖国家仍要积极争取 ASSW 的主办权，密切加强金砖国家在北极科学研究上的合作。

北极圈论坛是世界各国讨论北极事务的一个平台，参与方通过开放的、平等的对话，推动北极地区治理。区别于北极理事会，其为北极域外的国家参与北极治理提供了一条重要路径。巴西和非洲通过北极圈论坛充分表达了对北极事务的关注。金砖国家可以通过该组织机构在北极科学、军事安全、资源开发和环保等方面进行合作。特别是在该论坛下带动巴西和南非（参与北极研究的域外国家）加强北极事务的参与度。新开发银行（NDB）是由金砖五国建立的多边开发银行，旨在为金砖国家、其他新兴经济体及发展中国家的基础设施和可持续发展项目提供资金。新开发银行的设立使得多边及区域金融机构为全球增长和发展贡献了力量。因此，可以发挥新开发银行的作用，向北极地区基础设施、可持续发展等与北极圈论坛相关的 23 个主题研究提供资金支持。

北极科学部长级会议是应对北极气候环境变化给北极地区和世界范围带来的影响，而创建的政府决策者和科学界之间直接互动的多边合作及交流平台。随着北极气温上升、冰盖消融，温室气体排放及海洋垃圾量增长日益加快，如何科学应对气候变化成为一个非常重要的议题。在已举办的两届北极科学部长级会议上中、俄、印均签署了《部长联合声明》，表达了应对北极气候变化的相同态度，凝聚了金砖国家加强北极科学合作的政治共识。金砖国家基于北极科学部长级会议的诉求，未来可以进行北极科学研究合作，建立北极观测网络与数据共享平台，推动全球应对气候变化。

"北极前沿"大会是关注北极地区可持续发展的国际性平台，并探讨在此前提下，如何实现经济增长的机会。该大会所关注的这一前沿问题，和中俄开展北极航道合作，共建"冰上丝绸之路"理念相辅相成。在全球变暖的趋势下，北极气温上升、冰盖消融，北方海航线的优势越来越明显，能够提供更多的能

源和资源供给渠道，提高海上运输的安全性和可靠性并节约时间成本，其商业
价值受到世界各国的广泛关注，因此，中俄可以利用各自国家相对于北极航线
的地理分布特点，结合"北极前沿"大会的主题，加强北方海航线的商业航运
合作，充分降低风险、节约成本。

9.4　小　结

　　极地国际组织机构具有组织形式多样、体系完整、功能健全等特点，为
国际极地合作提供了非常便利的平台。在南极组织机构框架下，金砖国家积极
参与南极事务，在南极的政策决策、南极科考及气候环境变化等方面做出重要
的贡献；在北极组织机构框架下，作为金砖国家的俄罗斯发挥了重要的引领作
用，同时为印度、巴西、中国和非洲这些非北极国家参与北极研究提供了重要
的窗口。金砖国家应充分发挥各国的特点和优势，加强极地合作，增强各国在
国际极地事务上的影响力。

参考文献

[1] 潘敏，徐理灵.超越"门罗主义"：北极科学部长级会议与北极治理机制
　　 革新 [J]. 太平洋学报，2021，29（1）：92–100.
[2] LAGUTINA M，LEKSYUTINA Y. BRICS countries'strategies in the Arctic and
　　 the prospects for consolidated BRICS agenda in the Arctic[J]. the polar journal，
　　 2019，9（1）：45–63.

第十章
金砖国家海洋与极地领域
合作基础与挑战

2020 年以来，国际形势发生深刻复杂变化，全球治理不确定性增加。面对海洋资源开发、海洋产业创新、海洋灾害应对、海洋权益维护等方面的复杂挑战，开展金砖国家间的海洋和极地科技领域创新合作，有望成为中国参与全球海洋极地国际事务的重要抓手和关键突破点。中国与金砖国家通过多种形式加强海洋极地科技交流合作，不断拓展国际合作的深度和广度，相关合作取得了显著进度，但仍有进一步扩展合作的巨大潜力。

10.1 金砖国家合作机制

2006 年，巴西、俄罗斯、印度和中国四国外长举行首次会晤，开启金砖国家合作序幕。为应对金融危机，2009 年 6 月，金砖四国领导人在俄罗斯首次会晤，金砖国家间的合作机制正式启动。截至 2021 年，金砖国家领导人共举行了 13 次会晤和 9 次非正式会晤。金砖国家合作机制形成以来，合作基础日益夯实，领域逐渐拓展，形成以领导人会晤为引领，以安全事务高级代表会议、外长会晤等部长级会议为支撑，在经贸、财金、科技、农业、文化、教育、卫生、智库、友城等 10 多个领域开展务实合作的多层次架构。金砖国家合作的影响已经超越五国范畴，成为促进世界经济增长、完善全球治理和促进国际关系民主化的建设性力量。

金砖国家科技创新合作是金砖国家领导人会晤框架下的重要板块和内容，

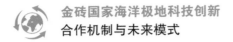

金砖国家科技创新合作机制组织框架如图 10-1 所示。

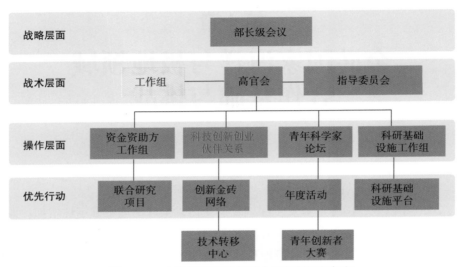

图 10-1　金砖国家科技创新合作机制组织框架

　　2014 年 2 月 10 日，首届金砖国家科技创新部长级会议在南非开普敦举行。会议主题是"通过科技创新领域的战略伙伴关系推动公平增长和可持续发展"。金砖五国科技部部长或代表在会上介绍了各自国家的科技创新政策及成果，重申加强金砖国家务实合作、落实历届金砖国家领导人峰会提出的加强科技和创新领域合作倡议的意愿，并共同发表了《开普敦宣言》，确定了金砖国家框架下科技创新合作的重点领域和合作机制。2015 年 3 月 18 日，第二届金砖国家科技创新部长级会议在巴西首都巴西利亚举行。中方参会代表向与会金砖国家代表介绍了中国实施创新驱动发展战略、推进科技体制改革，以及促进科技创新与经济社会发展紧密结合的相关政策、措施，并就金砖国家之间开展务实的科技创新合作提出了建议。会后发表了《巴西利亚宣言》，重申了科技创新在推动包容性宏观经济和社会政策方面的核心作用，以及在应对人类面临的挑战同时取得增长、包容性、环境保护的重要作用；强调合作模式将包括科技创新政策和战略的信息交流、制订问题导向的长期合作计划等；提出将寻求合适的合作机制。本届部长级会议签署了《金砖国家政府间科技创新合作谅解备忘录》，确定了海洋与极地科学在内的 19 个重点合作领域，为推进具体和务实的科技创新合作、携手应对全球经济社会的共同挑战搭建了一个框架。

2017 年 7 月 18 日，第五届金砖国家科技创新部长级会议在中国浙江省杭州市举行，其间正式成立"海洋与极地科学"专题领域工作组，旨在推动金砖国家海洋与极地科学研究和科技合作。工作组章程规定每年召开一届会议，地点按照国别轮换。工作组第一届会议于 2018 年 7 月 26 日在巴西利亚召开，会议围绕推动多边科技合作、优先合作科技领域、共同组织金砖航次及建立海洋与极地基础设施数据库等工作，形成了《金砖国家"海洋与极地科学"专题领域工作组第一届会议联合声明》。该届工作组会议有力推动了中巴深海方面的科技合作，巴西圣保罗大学的薇薇安·佩利扎里教授搭乘我国"深海勇士"号载人潜水器，于 2019 年 3 月在西南印度洋热液区开展了微生物菌席、硫化物、热液羽流等样品采集和研究工作。工作组第二届会议于 2019 年 8 月 1 日在俄罗斯莫斯科召开，会议围绕加强优先合作领域、跨领域合作议题、各国科技设施互补方案、联合航次准备等工作，形成了《金砖国家"海洋与极地科学"专题领域工作组第二届会议联合声明》，并建议在金砖国家科研机构及大学间组织青年科学家研讨会和学生交流项目。工作组第三届会议由印度作为主办国于 2020 年 9 月 23 日以线上视频的方式召开。各国代表分别在线报告了本国海洋极地研究进展、合作现状和发展蓝图，并围绕金砖国家海洋极地领域优先合作主题、共享航次和船时、《联合国海洋科学促进可持续发展十年规划（2021—2030 年）》等主题进行了讨论，形成了《金砖国家"海洋与极地科学"专题领域工作组第三届会议联合声明》，同时计划开展"海洋与极地科学"专题领域工作组发展路线图编制工作。工作组第四届会议由中国作为主办国并于 2021 年 7 月在福建厦门召开。

2020 年 11 月 13 日，第八届金砖国家科技创新部长级会议以线上方式举行，确保了金砖国家科技创新合作在特殊时期的顺利推进，为未来合作提升了信心、指明了方向。2020 年 11 月 17 日，习近平主席在金砖国家领导人第十二次会晤上宣布，将在中国福建省厦门市建立金砖国家新工业革命伙伴关系创新基地，同年 12 月 8 日金砖国家新工业革命伙伴关系论坛暨创新基地启动仪式在福建厦门举行。

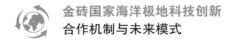
10.2 中国与巴西合作

　　1974年8月15日中国与巴西建立外交关系。1993年，两国建立战略伙伴关系。2012年，两国关系提升为全面战略伙伴关系，两国高层交往频繁。2014年7月，习近平主席出席在巴西举行的金砖国家领导人第六次会晤，中国、拉美和加勒比国家领导人会晤并对巴西进行国事访问。中巴双方发表关于进一步深化中巴全面战略伙伴关系的声明。2015年5月，李克强总理对巴西进行正式访问；6月，国务院副总理汪洋访问巴西并主持召开中国—巴西高层协调与合作委员会第四次会议。2016年9月，巴西总统特梅尔来华出席二十国集团领导人杭州峰会，习近平主席同其举行双边会见。2017年6月，巴西外长努内斯访华并出席金砖国家外长会晤，中国外交部部长王毅同其举行中巴第二次外长级全面战略对话；7月，巴西总统府机构安全办公室主任埃切戈延来华出席第七次金砖国家安全事务高级代表会议；9月，特梅尔总统对华进行国事访问并出席金砖国家领导人厦门会晤。2018年7月，习近平主席在金砖国家领导人约翰内斯堡会晤期间同特梅尔总统举行双边会见；5月，国家副主席王岐山和外交部部长王毅分别会见来华的巴西外长努内斯。2019年5月，巴西副总统莫朗来华进行正式访问，并举行中国—巴西高层协调与合作委员会第五次会议；7月，外交部部长王毅在巴西出席金砖国家外长正式会晤，并对巴西进行正式访问，举行第三次中巴外长级全面战略对话；10月，中共中央政治局委员、中央外事工作委员会办公室主任杨洁篪赴巴西出席第九次金砖国家安全事务高级代表会议，巴西总统博索纳罗来华进行国事访问；11月，习近平主席赴巴西出席金砖国家领导人第十一次会晤，同博索纳罗总统举行会谈。

　　中巴两国在航空航天、信息技术、生物技术、农牧林业、水产养殖、医药卫生、冶金等领域签有合作协议。中巴联合研制地球资源卫星项目被誉为南南合作的典范，已成功发射5颗卫星。巴西是我国在拉美地区共建联合实验室最多的国家，双方建有农业联合实验室、气候变化和能源创新技术中心、纳米研究中心、南美空间天气实验室、气象卫星联合中心等，并正在筹建生物技术中心。

　　中巴两国在海洋极地领域的产业发展、基础设施、科技创新等方面交流密切，具有广泛合作前景。

10.2.1 海洋极地战略合作协议

2006年，中国水产科学研究院同巴西水产养殖与渔业秘书处签署《中国水产科学研究院与巴西联邦共和国水产养殖与渔业秘书处谅解备忘录》，双方同意在水产养殖与渔业领域进行信息交流，开展教育和培训及两国技术交流，并促进两国的私有企业在水产养殖与渔业领域建立商业伙伴关系；2009年，中国国家海洋局与巴西科技创新部及环境部签署合作谅解备忘录，涉及海洋环境保护、海洋科研、发展蓝色经济、防灾减灾等领域；2010年，中巴两国领导人共同签署《中华人民共和国政府与巴西联邦共和国政府2010年至2014年共同行动计划》；2011年又在此框架下制定《十年合作规划》，提出要重点关注在能源、矿产及科技创新等领域的战略合作，并加强在石化产品及油气方面的合作；2015年，巴西国家石油公司发表公报称与中国进出口银行签署10亿美元贷款协议，并在巴西利亚共同签署《中国进出口银行与巴西国家石油公司关于支持中巴海洋工程装备产能合作的融资备忘录》。根据该协议，中国进出口银行将为巴西国家石油公司在中国采购海洋工程装备及为巴西国家石油公司向中国出口石油产品等提供信贷支持。中国和巴西签署的协议如表10-1所示。

表 10-1　中国和巴西签署的协议

时间	签署协议
2006 年	《中国水产科学研究院与巴西联邦共和国水产养殖与渔业秘书处谅解备忘录》
2009 年	《中国国家海洋局与巴西科技创新部及环境部合作谅解备忘录》
2010 年	《中华人民共和国政府与巴西联邦共和国政府2010年至2014年共同行动计划》
2011 年	《十年合作规划》
2014 年	《中华人民共和国国家自然科学基金委员会与巴西联邦共和国国家科学技术发展委员会科学与技术合作协议》
2015 年	《中国进出口银行与巴西国家石油公司关于支持中巴海洋工程装备产能合作的融资备忘录》
2019 年	《中国国家自然科学基金委员会与巴西圣保罗研究基金委员会合作协议》

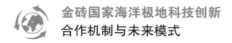
10.2.2　科研合作

2014 年 10 月，中国国家自然科学基金委员会与巴西国家科技发展委员会
（CNPq）签署了科学与技术合作协议，共同资助联合研究项目和学术交流会
议，两国优先合作领域为生物多样性、绿色能源、航空航天、海洋研究；2019
年 5 月，中国国家自然科学基金委员会与巴西圣保罗研究基金委员会在巴西圣
保罗签署合作协议，共同资助联合研究项目，推动两国在优先合作领域展开联
合科学研究和技术开发合作；2019 年 11 月，厦门大学承担了中国、俄罗斯、
巴西三国在河口羽流对塑料垃圾陆海传输调控作用方面的联合研究项目。

10.2.3　合作平台建设

在合作平台建设方面，中国石油大学（北京）与巴西里约热内卢联邦大学
于 2016 年成立了"中巴深海技术联合研究院"，联合开展深海油气开采及高端
装备技术攻关，为两国深海石油事业培养高层次人才。双方已在深海油气开发
模式、水下生产系统关键技术、长距离回接管线、复合材料立管、虚拟现实技
术等方向取得重要研究进展。截至 2021 年，已联合培养博士生近 20 人，成为
两国深海油气工程装备领域的骨干力量。此外，双方分别于 2016 年在里约热
内卢、2018 年在北京联合召开了两届"中巴深水技术论坛"，增进了两国科研
人员的了解与互信。

10.2.4　海洋油气资源开采

巴西国家石油公司与中国石油化工集团有限公司（以下简称"中石化"）
签署协议，中石化将开发巴西北部外海 BM-PAMA-3 及 BM-PAMA-8 两个区
块。同时，中巴两国建立了合资公司，在厄瓜多尔和伊朗等国家勘探和开采石
油；2019 年 11 月，中国石油天然气集团有限公司（以下简称"中石油"）、中
国海洋石油集团有限公司（以下简称"中海油"）和巴西国家石油公司联合中
标巴西位于里约州外海桑托斯盆地的盐下层石油布济乌斯区块。

10.2.5　中国与巴西前期合作的不足

一是在北极事务方面缺乏合作。巴西近年来深度介入南极治理，中巴两

国在海洋领域合作不断加强，两国科研院所及企业在海洋开发领域深入合作。然而，在极地合作领域，巴西政府更侧重于推动南美国家在南极事务上的协同参与，中巴两国在北极地区的合作尚少，在北极事务方面存在较大的提升空间。

二是需要进一步加大国家战略支持，细化项目支持。中巴两国在战略层面已经签署长远规划，但落实到具体国家重点关心领域，如深海开发、极地勘探等领域还需要继续加强联系，争取建立扎实的长效合作机制，保证两国政策支持力度。

10.3　中国与俄罗斯合作

中俄 1996 年建立战略协作伙伴关系；2001 年签署《中俄睦邻友好合作条约》，之后相继签署了《中俄联合声明》《中俄睦邻友好合作条约实施纲要》《中俄国界东段补充协定》《中国东北地区与俄罗斯远东及东西伯利亚地区合作规划纲要（2009—2018 年）》《中俄关于全面深化战略协作伙伴关系联合声明》《中俄两国元首关于第二次世界大战结束 65 周年联合声明》等系列文件，奠定了双方良好的合作基础；2011 年建立平等信任、相互支持、共同繁荣、世代友好的全面战略协作伙伴关系；2019 年提升为中俄新时代全面战略协作伙伴关系。当前，中俄关系处于历史最好时期。两国高层交往频繁，形成了元首年度互访的惯例，建立了总理定期会晤、议会合作委员会，以及能源、投资、人文、经贸、地方、执法安全、战略安全等完备的各级别交往与合作机制。双方政治互信不断深化，在涉及国家主权、安全、领土完整、发展等核心利益问题上相互坚定支持。积极开展两国发展战略对接和"一带一路"同欧亚经济联盟对接，坚持通过务实合作取得新的重要成果。两国人文交流蓬勃发展，世代友好的理念深入人心，两国人民之间的了解与友谊不断加深。中俄在国际和地区事务中保持密切战略协作，有力维护了地区及世界的和平稳定。

科技创新一直是中俄两国务实合作中的重点。两国可以取长补短，彼此借力，共同提高技术能力和国际竞争力。近年来，双方在示范快堆、远程宽体客机等高技术领域的合作取得丰硕成果，未来在信息通信技术、人工智能、物联网等领域的研发合作也潜力巨大。2019 年 6 月，习近平主席和普京总统共同确定 2020—2021 年为中俄科技创新年。中俄两国以举办科技创新年为契机，密切沟通，加紧制定中俄科技创新年重点任务清单、实施方案等事宜，积极推动两国科技创新合作取得更多新成果，有力促进两国共同发展振兴。

中俄两国在海洋极地领域开展科技合作的形式包括联合科考、联合研究、共同参与第三国或国际合作计划、人才培养、国际会议和智库合作等。目前，中俄在联合开展北极科学考察和共建科研合作机构方面取得了积极进展。

10.3.1　海洋极地战略合作协议

2019 年 6 月，中俄两国签署关于发展新时代全面战略协作伙伴关系的联合声明，将两国的北极合作领域进一步拓展至北极航线开发利用、北极地区基础设施、北极资源开发、北极旅游、极地生态环境保护与极地科考等领域。在海洋极地科技合作领域，两国领导人签署的联合声明、政府总理会晤纪要及在此框架下科技部及工业和信息化部的合作分委会纪要中都对两国在极地科技领域的合作明确表示支持（表 10-2）。

表 10-2　中国和俄罗斯签署的协议

时间	签署协议
2001 年	《中俄睦邻友好合作条约》
2002 年	《中俄联合声明》
2004 年	《中俄联合声明》《中俄睦邻友好合作条约实施纲要》《中俄国界东段补充协定》
2005 年	《关于中俄国界东段补充协定》
2008 年	《中俄国界东段补充叙述议定书》
2009 年	《中国东北地区与俄罗斯远东及东西伯利亚地区合作规划纲要（2009—2018 年）》
2010 年	《中俄关于全面深化战略协作伙伴关系联合声明》《中俄两国元首关于第二次世界大战结束 65 周年联合声明》
2011 年	《中俄关于当前国际形势和重大国际问题的联合声明》
2012 年	《中华人民共和国和俄罗斯联邦关于进一步深化平等互信的中俄全面战略协作伙伴关系的联合声明》
2015 年	《欧亚经济联盟与"一带一路"倡议对接协议》

续表

时间	签署协议
2016 年	《中华人民共和国主席和俄罗斯联邦总统关于加强全球战略稳定的联合声明》
2017 年	《中俄关于当前世界形势和重大国际问题的联合声明》
2019 年	《中华人民共和国和俄罗斯联邦关于发展新时代全面战略协作伙伴关系的联合声明》《中华人民共和国和俄罗斯联邦关于加强当代全球战略稳定的联合声明》

10.3.2 联合航次

2010 年以来，在自然资源部的支持下，自然资源部第一海洋研究所与俄罗斯科学院远东分院太平洋海洋研究所分别于 2010 年、2011 年、2013 年、2016 年、2019 年在日本海、鄂霍茨克海、白令海和北太平洋执行了 5 航次的多学科综合调查和观测。在 2019 年中俄两国建交 70 周年之际，双方执行的 2019 日本海 - 鄂霍茨克海联合科考航次作为庆祝活动内容，受到中俄两国政府高度重视，俄罗斯科学和高等教育部部长出席了起航仪式。

2016 年，在极地专项的支持下，自然资源部联合俄罗斯科学院首次实现了我国科学家对北冰洋"东北航道"（楚科奇海和东西伯利亚海）在海洋地质、物理海洋、海洋化学及大气化学等多个学科的综合考察。此次科考历时 35 天，共完成 CTD 作业站位 43 个、海洋光学站位 40 个、投放抛弃式 XBT/CTD 33 枚及表层温盐全程走航式观测。该海域的成功观测，实现了与中国北极传统考察海域水文资料的整合，有助于更全面地掌握北冰洋、太平洋扇区内水团的演化过程与输运路径，推动对北极上层海洋结构和淡水含量变化的研究。这次联合科学考察标志着中俄在北极海洋领域的合作实现了历史性突破。

2018 年，青岛海洋科学与技术试点国家实验室、自然资源部第一海洋研究所与俄罗斯科学院远东分院太平洋海洋研究所组织实施了第二次中俄北极联合科学考察，对北冰洋俄罗斯专属经济区内的东西伯利亚海和拉普捷夫海进行了综合调查。此次科考历时 46 天，共完成 CTD 作业站位 35 个、海洋光学站位 31 个、表层海水温盐及荧光数据 1104 小时、抛弃式海雾光学剖面站位 35 个、雾情能见度数据及影像照片资料 864 小时。我国在本次科考中首次取得了俄罗斯专属经济区内的海洋资料，具有重要的科学价值和社会意义。

2020 年，在国家海洋局极地考察办公室的支持下，自然资源部第一海洋研究所与俄罗斯科学院远东分院太平洋海洋研究所组织实施了第三次中俄北极联合科学考察，调查区域覆盖楚科奇海、东西伯利亚海和罗蒙诺索夫海脊。该航次主要调查研究北冰洋西伯利亚海过去和现在沉积物时空分布规律和古海洋、古海冰演化过程，揭示北冰洋在陆地气候形成过程中所扮演的角色，为未来气候变化预测和"冰上丝绸之路"建设提供支撑。

2021 年，青岛海洋科学与技术试点国家实验室将联合俄罗斯科学院希尔绍夫海洋研究所共同组织实施北极综合科学考察。目前已完成联合航次实施方案，主要对东西伯利亚陆架及边缘海开展物理海洋、海洋地质、海洋化学及生物等多学科综合调查，增强对北极海洋环境变化及其在北极系统中作用的认识，加强对北极多圈层相互作用的研究，探究北极海洋环境气候变化及其对"冰上丝绸之路"的影响。

10.3.3 合作平台建设

为进一步加强中俄两国在海洋与极地领域的深入务实合作，两国涉海科研院所与高校在搭建海洋极地科研合作平台的过程中做出了有益探索——双方在海洋与极地多学科领域共同建设了多家联合研究中心，在推动两国科学家联合开展科学研究、进行人才培养与学术交流等方面发挥了重要作用。

2008 年 12 月，中国科学院烟台海岸带研究所、山东东方海洋科技股份有限公司与俄罗斯科学院远东分院海洋生态研究所联合组建中俄海洋生物工程中心。该中心面向海洋生物领域，加强三方学术交流，提高科技创新能力和水平，凝集和培养海洋生物领域的优秀科技人才，推进科技成果向生产力转化，加快产业化进程。三方通过合作研究，引进和交流海藻、海参等物种资源，开展海藻育种、育苗技术及海藻深加工技术交流。

2016 年 9 月，哈尔滨工业大学与远东联邦大学共建中俄极地工程研究中心，旨在为双方开展学术交流、联合科研等搭建平台，推动海洋抗冰平台、寒区冻土工程等极地工程领域深入合作。

2017 年 9 月，自然资源部第一海洋研究所与俄罗斯科学院远东分院太平洋海洋研究所在俄罗斯符拉迪沃斯托克市共同建立中俄海洋与气候联合研究中心。联合研究中心以进一步扩展两国在海洋领域的合作研究，提升两国海洋科技水平，加深对海洋关键过程与气候效应的认识，增强两国共同应对气候变化和海洋防灾减灾的能力，保护海洋环境，促进海洋资源可持续利用为目标，重点任务是为两国政府提出的"冰上丝绸之路"提供科技支撑。

2019年4月，青岛海洋科学与技术试点国家实验室与俄罗斯科学院希尔绍夫海洋研究所签署协议在俄罗斯莫斯科共建中俄北极研究中心。中俄北极研究中心旨在北极地区开展多领域、全方位合作，将会聚中俄优势科研人才，在北极气候变化、北冰洋生态系统、北极地质过程等领域开展合作研究。此外，该研究中心将联合开发环境适用性好、可靠性高的自动观测仪器，形成具有国际前沿水平的研究成果，推动北极科学进步，培养年轻学者，推动我国北极研究团队的发展。

2019年6月，哈尔滨工程大学与俄罗斯圣彼得堡国立海洋技术大学牵头成立中国–俄罗斯极地技术与装备"一带一路"联合实验室，是科技部首批审批通过的14家"一带一路"联合实验室之一，属于参照国家重点实验室建设的国家对外科技合作创新的最高级别平台，以北极航运、能源合作、极地科考等为主要合作领域，共享双方在极地船舶建造、极地航道运行、极地资源开发等领域发展经验和成果，支撑以北极航行安全保障和北极亚马尔油气田开发为代表的重大项目建设，提升中俄极地技术与装备领域科技创新能力和协同发展能力。通过联合研究、学术交流、国际技术转移、人才培养培训与机制创新，提升中俄极地技术与装备领域科技创新能力和协同发展能力，重点突破制约我国极地发展的技术与装备关键核心技术，充分发挥双方优势及作用，为中俄双方共同推进"冰上丝绸之路"建设提供科技支撑。

2020年9月，烟台经济技术开发区管理委员会、哈尔滨工程大学烟台研究（生）院、俄罗斯科学院远东分院及俄罗斯马林内特行业中心等多家单位共建中俄海洋科技创新中心。合作领域主要包括先进材料与应用化学、海洋生物医药、先进光学应用、海洋信息与检测、医疗设备开发、现代渔业装备、海洋声学应用、水下智能机器人等，旨在推动中俄双方技术创新、成果转移、人才引进及联合培养等方面的合作。

10.3.4 其他海洋科技合作

2015年，中国国家海洋技术中心与俄罗斯科学院希尔绍夫海洋研究所签

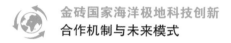
署合作谅解备忘录。双方同意在海洋观测技术研究、物理海洋及海洋生态监测系统、海洋观测仪器的测试评估方面加强合作，联合开展黑海区域、大洋及极区观测技术联合科学与观测技术研究，并建立专家互访和学生交流机制。

2018 年，中国科学院沈阳自动化研究所赴俄罗斯科学院远东分院海洋技术问题研究所开展交流。双方探讨在水下机器人领域继续深入开展学术和技术交流，并提出利用双方已有的技术成果，开展自主水下机器人联合海上实验及拓展应用领域等方面的科技合作建议，获得了俄方的积极响应。2019 年双方在俄罗斯符拉迪沃斯托克附近海域举行了中俄自主水下机器人联合海上实验。

10.3.5 中国与俄罗斯前期合作的不足

中俄两国在北极科学考察、极地科学技术方面已开展一系列的合作与交流，但双方在深入务实合作的实践探索中也存在瓶颈与问题亟须解决，主要表现在以下 3 个方面。

一是合作项目的落地亟须国家层面进一步的激励与支持，相关政策需进一步细化，相关项目投入力度需进一步加大。中国作为"近北极国家"，是北极事务的重要利益攸关者，国家顶层设计体现了对中俄科技合作战略重要性的高度重视。但是，仍缺乏明确的相关政策文件具体支持极地科技合作，经费支持渠道分散，不利于谋划大型国际合作计划。

二是合作体量与维度需要进一步拓展，中俄极地科考是近 10 年来两国极地海洋科研合作的"重头戏"，但目前局部或零星小区域的北极科考海域或科考资料已不能满足中国极地科研需求与"冰上丝绸之路"建设要求。2017 年中国首次实现了环北冰洋科学考察，获取了北极航线第一手资料，积累了冰区航行的经验，为开发利用北极航线、打造"冰上丝绸之路"奠定了基础。在"冰上丝绸之路"建设过程中，两国应进一步加强对北极领域的考察，为北极航道航行、能源开发、港口建设提供依据。2018 年中国发布白皮书，计划通过北极的东北、西北和中央航道，建立连接亚洲与欧洲的新航道。2020 年，中国继续推进"冰上丝绸之路"建设，并积极参与两极地区的相关事务，推动南北极地区发展。国家新的战略部署意味着对"冰上丝绸之路"关键科学问题涉及的气候变化、海洋过程、资源状况、极地观测探测技术与基础设施等极地科研及共享机制提出更高的要求。

三是合作平台资源整合创新力度有待进一步提升，极地科研人才队伍建设有待进一步加强。近 10 年来，中俄两国共建海洋极地科技研究中心的实践探索卓有成效，积极发挥了第二轨道外交的作用。然而共建研究中心的建设只依靠两国单一科研机构的"一己之力"，受限于科研领域、经费资助、软硬件支撑等条件，不能实现资源最大化利用，难以充分发挥中心科研辐射效应，也不利于极地科研人才的培养。目前亟须国家层面顶层设计，整合优化创新资源，着力打造中俄两国极地科研共建平台，培养引进极地科研不同梯队、领域的复合型与帅才型人才，大力发展两国极地科研能力。

10.4 中国与印度合作

中国和印度签署的协定如表 10-3 所示。

表 10-3　中国和印度签署的协议

时间	签署协定
2003 年 6 月	《中印关系原则和全面合作的宣言》
2003 年 6 月	《中国国家海洋局与印度海洋开发部海洋科技合作谅解备忘录》
2005 年 4 月	《中华人民共和国与印度共和国联合声明》《中华人民共和国政府和印度共和国政府关于解决中印边界问题政治指导原则的协定》
2006 年 9 月	《中国科技部与印度科技部科技合作谅解备忘录》
2008 年 1 月	《中印关于二十一世纪的共同展望》
2013 年 10 月	《中印战略合作伙伴关系未来发展愿景的联合声明》
2015 年 5 月	《中华人民共和国国家海洋局和印度共和国地球科学部关于加强海洋科学、海洋技术、气候变化、极地科学与冰冻圈领域合作的谅解备忘录》

1950 年 4 月 1 日中印建交。2003 年 6 月，双方签署《中印关系原则和全面合作的宣言》。2005 年 4 月，双方签署《中华人民共和国与印度共和国联合声明》，宣布建立面向和平与繁荣的战略合作伙伴关系。同时，签署《中华人民共和国政府和印度共和国政府关于解决中印边界问题政治指导原则的协

定》，阐述了解决中印边界问题的政治指导原则。2006 年 11 月，双方发表《联合宣言》，制定深化两国战略合作伙伴关系的"十项战略"。2008 年 1 月，两国签署《中印关于二十一世纪的共同展望》。2019 年 12 月，中国外交部部长王毅同印度国家安全顾问多瓦尔在新德里举行中印边界问题特别代表第二十二次会晤。

中印两国科技合作已有很好的基础。1988 年两国就签订了政府间科技合作协定。2006 年 9 月 7 日，两国在北京签署了关于《中国科技部与印度科技部科技合作谅解备忘录》并确定成立中印科技合作指导委员会。此外，两国有关部门还签署了许多部门间的科技合作协议和备忘录。中印两国科技合作涉及农业、生物技术、化工、医学、电子和新材料等许多领域，具有广度和深度。"中印科技合作指导委员会"对于进一步协调解决双边合作中的战略性问题，指导两国科技合作的发展做出了重要贡献。

中印两国同为新兴海洋大国，在全球与地区海洋问题上的影响力日渐扩大，双方在海洋领域的互动也成为地区安全的重要元素，对各自的海权发展有重大影响。

10.4.1　海洋极地战略合作协议

2003 年 6 月 23 日，自然资源部与印度海洋开发部（后并入地球科学部）签署了《中国国家海洋局与印度海洋开发部海洋科技合作谅解备忘录》后，两国海洋部门、科研机构和专家间开展了良好的互访与交流活动，与有关国家一道推动了印度洋海洋观测系统（IndOOS）的规划、建设和运行，彻底改变了印度洋缺乏现场观测资料的局面。2014 年，联合国教科文组织政府间海洋学委员会正式批准了实施第二次印度洋考察，中印两国为该计划的发起、规划和编制科学计划做出了重要贡献。

2013 年 10 月，中印签署《中印战略合作伙伴关系未来发展愿景的联合声明》，双方同意将继续加强在中俄印、金砖国家、二十国集团等多边机制中的协调配合，共同应对气候变化、国际反恐、粮食和能源安全等全球性问题，推动建设更加公平合理的全球政治经济秩序。

2015 年 5 月 15 日，中印签署了《中华人民共和国国家海洋局和印度共和国地球科学部关于加强海洋科学、海洋技术、气候变化、极地科学与冰冻圈领域合作的谅解备忘录》。该备忘录的签署，为亚洲两个重要的海洋国家开展海洋合作奠定了坚实的法律基础。随后，成功举办了首届中印海洋科技合作研讨会，就开展西南印度洋季风研究和预测、南北极科学考察、生物地质化学过程研究等合作达成共识。

2016 年 5 月 17 日，中印海洋科技合作联委会第一次会议在京召开。中方提出加强对中印海洋科技合作的规划和指导，坚持"平等互利，合作共赢"的原则，加强优势互补、提升两国海洋科研水平和能力，突出重点领域，创新合作内容，充分利用双方的资源、技术和人才优势，推动在印度洋、太平洋和南北极等更广阔海域空间开展合作，继续加强双方海洋管理人员和专家学者间的沟通与交流，增进双方了解。印方提出，加强海洋、极地和气候研究对印中两国都十分重要，特别是开展印度洋海洋观测、研究季风变化对于印度农业和东亚季风研究具有重要意义。印方愿与中方建立长期的、可持续的合作关系，充分发挥双方的优势，就海洋科研、极地科考等领域开展丰富、务实的合作。

在极地领域，中国与印度同为南极条约缔约国、北极理事会永久观察员、国际海底管理局的重要成员国，在南极的"中山站"和"巴拉提站"、北极的"黄河站"和"希玛德里站"、海底资源勘探与开发技术、深海海洋环境保护等方面也开展了富有成效的交流。中国极地研究中心与印度国家南极与海洋研究所是"亚洲极地论坛"的成员单位，双方在极地科学研究方面开展了相关的交流和合作。

10.4.2　合作的不足

中国和印度在海洋领域既有共同利益，也存在分歧，其中，印度对中国在印度洋地区开展国际海底矿产资源调查、海军护航编队护航、印度洋海洋科考、印度洋周边国家基础设施建设等感到焦虑，并采取多种措施企图压制中国在印度洋地区提高影响力。此外，双方在边界问题上的冲突也使得双边关系出现倒退，原来签署的海洋合作方面的文件也未能很好落实。

10.5　中国与南非合作

中国与南非于 1998 年 1 月 1 日建交。建交以来，双边关系全面、快速发展。2000 年 4 月两国宣布成立高级别国家双边委员会，迄今已举行 6 次全体会议，并多次召开外交、经贸、科技、防务、教育、能源、矿产合作分委会会议。2004 年，双方确立了平等互利、共同发展的战略伙伴关系。2010 年 8 月，祖马总统访华期间，两国签署了《中华人民共和国和南非共和国关于建立全面战略伙伴关系的北京宣言》，将双边关系提升为全面战略伙伴关系。2013 年 3 月，习近平主席对南非进行国事访问，双方发表联合公报，中南全面战略伙伴关系迈上新台阶。2014 年 12 月，祖马总统对中国进行国事访问，双方签署《中华人民共和国和南非共和国 5 ~ 10 年合作战略规划 2015—2024》，为中南关系进一步深入发展注入了新的强劲动力。

中南两国科技合作发展迅速，在生物、信息、采矿、激光、新材料等技术领域合作取得了可喜的成果，科技领域已经成为中南全面战略伙伴关系的重点和亮点。2014 年 12 月，习近平主席与访华的祖马总统就两国开展科技园合作达成重要共识。2017 年 4 月 24 日，举行的中南高级别人文交流机制首次会议，将科技作为重要领域纳入机制框架，进一步明确了合作的方向和重点；正式启动中南科技园合作项目，中南两国科技界、企业界代表就科技园合作交流研讨，是落实两国领导人共识的积极行动，对深化两国创新合作、实现互利共赢具有重要意义。中国与南非分享在高新区规划、建设和运营等方面积累的经验，结合两国科技产业发展优势，探索切实、有效、可持续的双赢发展道路，推动科技进步和技术创新，促进科技成果商业化，以创新驱动发展，造福中南两国人民。中国与南非之间有着良好的经济合作基础，近年来，双方经贸关系不断加强，推进两国在海洋领域的合作已经成为双方领导人的共识。

10.5.1　海洋极地战略协议

2013 年，习近平主席访问南非，双方共同签署了《中华人民共和国政府与南非共和国政府海洋与海岸带领域合作谅解备忘录》。2014 年，双方又签署了《中华人民共和国和南非共和国 5 ~ 10 年合作战略规划 2015—2024》，旨在加强两国在包括海洋经济在内的诸多领域的合作。2015 年，中非合作论坛约翰内斯堡峰会成功召开，习近平主席再次到访南非，双方签署了价值 65 亿美元的合作协议，为中国、南非合作奠定了基础。2015 年，中南两国签署了多项备忘录和行动计划。在此基础上，中南两国在 2019 年签署了《关于共同实施中国—

南非青年科学家交流计划的谅解备忘录》，旨在拓宽两国青年科研人员交流渠道，夯实中南科技创新合作基础（表10-4）。

表10-4　中国和南非签署的协议

时间	签署协定
2013 年	《中华人民共和国政府与南非共和国政府海洋与海岸带领域合作谅解备忘录》
2014 年	《中华人民共和国和南非共和国 5 ~ 10 年合作战略规划 2015—2024》
	《中南两国关于共同推进丝绸之路经济带和 21 世纪海上丝绸之路建设的谅解备忘录》
	《中南两国关于加强海洋经济合作的协议》
	《中国商务部和南非高等教育及培训部人力资源开发合作行动计划》
2015 年	《中南两国关于互设文化中心的谅解备忘录》
	《中国科技部与南非科技部关于科技园合作的谅解备忘录》
	《中国海关总署与南非税务署合作备忘录》
	《中国商务部与南非经济发展部关于反垄断合作的谅解备忘录》
2019 年	《关于共同实施中国—南非青年科学家交流计划的谅解备忘录》

10.5.2　科学研究合作

2014 年 4 月，中国国家海洋局与南非环境部在开普敦联合主办了首届中国—南非海洋科技研讨会。自然资源部第二海洋研究所、自然资源部第三海洋研究所、国家海洋环境监测中心、国家海洋环境预报中心及南非环境部下属各处、西开普大学、曼德拉都市大学、南非气象局、地质咨询委员会等部门、单位的代表和相关科学家参加了会议。会议就业务化海洋学、海洋与海岸带管理、生物多样性及保护、海洋地质、海洋资源开发利用等多个议题进行了深入交流，共做了 17 个报告，就未来合作具体内容达成共识。

2018 年 9 月，中国科技部部长王志刚在天津会见了来华出席"2018 天津夏季达沃斯论坛"的南非科技部部长库巴伊一行，并就深化中南科技创新合作交换意见。王志刚部长指出，双方应进一步做好中南科技创新合作的顶层设计，突出项目、平台、园区和科技人文等重点合作内容，并欢迎南非积极参与

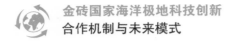
中非创新合作中心建设。库巴伊部长指出，中南两国领导人对中南科技创新合作的重视极大地推动了两国务实合作的进展，双方应落实好签署的合作协议，确保合作项目取得务实成果。

10.5.3　合作的不足

金砖国家各自出台本国经济发展宏观战略，其战略定位和优先方向各有侧重，并且金砖国家海洋经济合作制度尚未建立。与海洋科学监测和海洋环境管理合作相比，海洋安全合作进展缓慢，对开展海洋经济合作形成一定制约。

一是经济发展能力的差异制约海洋经济合作。中国提出"一带一路"倡议，南非则致力于推动区域经济一体化。各自的经济合作倡议战略优先不同，对于加强国家发展倡议战略对接、推进海洋经济务实合作构成了挑战。另外，发展海洋经济的能力存在差异。以海上运输和船舶制造业为例，中国的船舶制造与船只数量是其他四国总和的 4 倍，集装箱运量是其他四国总和的 2 倍。而从海上运输服务贸易进出口总额来看，均存在贸易逆差，这显示出中国、南非海上运输服务贸易的产业升级和产业转型压力较大。海洋经济发展能力的差异反映到国家间合作中，会出现相对收益的差异，可能会影响合作的积极性。

二是海洋经济合作制度尚待建立。海洋贸易合作有待发展，对于合作制度的需求不足。2019 年 3 月，中国对其他金砖国家渔业产品的进出口总额为 3500 万美元，只占到对金砖国家货物贸易进出口总额的 2%，表明海洋产业在金砖国家贸易合作中所占的比重不高，海洋经济合作的潜力有待挖掘。

三是缺乏海洋安全合作的强有力支撑。海洋安全是海洋经济发展支撑体系的重要内容。但是，海洋安全议题受重视程度不足，海上安全问题并未成为金砖国家安全合作的优先方向，使金砖国家海洋经济合作缺乏有力支撑。中南之间的安全利益分歧很可能会影响国家的政治互信，增加经济问题政治化的风险，影响海洋经济合作的深度和水平。

10.6　小　结

金砖国家均为沿海国家，都拥有漫长的海岸线和广阔的专属经济区，各国高度重视海洋极地战略布局，在海洋极地科技合作方面拥有巨大的发展潜力。

中国与金砖各国通过签署战略合作协议、合作科研项目、开展联合航次、建设合作平台等多种形式加强了在海洋极地科技领域的创新合作,不断拓展金砖国家间合作的深度和广度,相关合作取得了显著进展,但仍有进一步扩展合作的巨大潜力。金砖各国在海洋极地科技领域各有所长,如俄罗斯在极地、能源、深海等领域,印度在海洋灾害、气候变化等领域,南非在渔业资源、海洋运输等领域,巴西在深海油气资源、装备研发等领域处于世界先进水平。开展金砖国家间海洋极地科技领域创新合作不仅有助于金砖国家充分发挥海洋区位优势,促进各自区域的海洋开发利用和海洋经济发展,也可提升金砖国家在全球海洋极地国际事务中的竞争力,为金砖国家未来经济发展提供新动力。

第十一章
金砖国家海洋与极地科技创新合作机制与模式

全球和区域治理是一个复杂的系统和过程，在长期的历史实践中基本形成了世界政府治理模式、国家中心治理模式、有限领域治理模式、网络治理模式、权威治理模式、非正式集团治理模式等。这些模式各具特色与优势[1]，但也都存在局限和不足。在实践中，各种模式并非界限分明，而是交汇融合，并根据具体领域或特定公共事务的不同特征有所侧重。尤其近来非正式集团治理模式的大量涌现[2]，使新兴大国以集团身份参与、改进全球治理，来解决国际社会面临的全球性和区域性问题，成为当前全球权力转移及全球治理体系变化的重要方式，越来越受到关注。

11.1　全球治理的主要模式

11.1.1　世界政府治理模式

世界政府成立的前提是现有国家要削弱和放弃某些权力，参照民族国家的政府在全世界范围内建立统一的有等级特征的权威体系。美国哈佛大学斯劳特教授指出，在全球化背景下，国家并不是正在消失，而是正在分裂成各自独立、功能不同的部分。如今世界政府方案越来越成为一个难以实现的过程。因其实现必须要将民族国家的主权收归一体，这必然遭到各主权国家的抵制，在全球化民主浪潮影响下，仅依靠权威体系不足以实现世界政府的合法性。

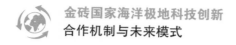

11.1.2 国家中心治理模式

国家中心治理是以主权国家为主要治理主体的代表性治理模式，既要求主权国家在全球治理进程中起首要作用，又要求国家间的合作。它的作用途径分为两个方向：一个是全球公民社会游说国家决策层来施加影响，另一个是全球经济发展政策由各国首脑、部长级会晤和多边会议确立。这种模式是目前全世界最现实可行的全球治理模式，但也存在一定的局限性，如社会、经济议题合作较为通畅，而在政治议题中多是"强强联合"，具有较高的准入门槛。

11.1.3 有限领域治理模式

有限领域治理是以国际组织为主要治理主体的代表性治理模式。国际组织针对特定领域开展活动，以使相关成员国之间实现对话与合作，谋求共同利益。这种模式的典型例子是联合国，联合国在维护国际和平、促进经济发展、解决全球环境等方面发挥了重大作用。由于国际组织自身的条件限制，有限领域治理模式的有效性有很多局限，如管理和机制的混乱，执行的非强制力导致实施不力。

11.1.4 网络治理模式

网络治理是以非政府组织为主要治理主体的代表性治理模式，它指在现存的跨组织关系网络中，针对特定问题，在信任和互利的基础上，协调目标与偏好各异的行动者的策略而展开的合作管理。非政府组织的这种网络化特点使全世界范围内的人们很容易为了共同的目标联系和组织起来，并形成新的身份认同和共同的价值观。兴起的市民社会产生了独立的社会与政治空间，从而更加深刻地影响了国际社会，但由于非政府组织存在着组织上的分散性、权威性不足、技术与资金匮乏等较多弊病，它的成长还需较长时间。

11.1.5 权威治理模式

随着国家内部和外部各种新的控制机制的出现，需要全球政治权威甚至治理的新形式，这种形式被称为"权威领域"，在权威领域里，有一些可以行使权力的行为体，在各自相应的领域里得到民众的支持和服从，这种服从不是依靠国家机器的强制力，而是来自民众对它的支持和服从。该理论提供了一个从微观公民技能革命到中观权威迁移再到宏观全球治理的完整分析框架，同时对于解决当前诸多的全球性问题，是有效的解决办法和途径，然而该理论既肯定又否定民族国家在全球治理中的作用，是自相矛盾的。

11.1.6　非正式集团治理模式

非正式集团治理模式是由一些具有一定影响力的地区或全球性大国组成，就特定议题或彼此关心的全球或地区性议题举行磋商，协调立场，做出承诺。非正式集团的兴起，固然与既有正式国际组织的改革陷入僵局或停顿、新兴大国群体性崛起密不可分，然而不可否认的是，非正式集团松散的组织结构、灵活的议事日程、共识式的软约束在全球治理上具有"比较优势"。在冷战后涌现的诸多非正式集团中，大致存在两类平行的大国协调：第一类是西方大国内部或西方大国主导的协调，如八国集团；第二类是发达国家与新兴经济体之间的协调，如二十国集团。此外，新兴经济体组成的非正式集团在全球的作用也日益凸显，如金砖国家。

11.2　非正式集团的优势

非正式集团的涌现是当前全球治理的一个重要现象，并成为全球治理体系中新崛起的重要力量。与联合国、国际货币基金组织、世界银行等正式的国际组织相比，这些新涌现的全球治理行为体的一大特征就是其"非正式性"，即不具有严密的组织和章程，主要通过定期或不定期的领导人峰会进行沟通、协商与合作，共同解决地区或全球性问题。而且与既有的"西方国家俱乐部"性质的八国集团不同，这些新涌现的协调机制的一个重要特征是新兴大国在其中发挥积极作用，反映了 21 世纪全球治理的新现象及新趋势。其优势主要有以下 4 点。

①非正式集团不具有正式的国际法地位，其实际效果只是一种相互之间的政治承诺。当国家在缔约阶段还没有形成充分的政治意愿来严格地约束各自的行为时，就会选择非正式国际机制，主动避免有法律约束力的权利与义务关系的建立。

②非正式国际协议不必通过复杂、冗长的国内批准程序，只需要获得政府首脑或部门首长的同意和签署即可生效。借助非正式国际协议，行政部门可以根据现实的需要更加灵活地开展国际谈判，缔结国际协议，避免因国内政治中不利因素的影响而阻碍机制的适时建立。

③国家面临的外部环境随时可能发生变化，并且常常难以预知。若外部环境一旦发生重大的转变，原有的机制安排将不能有效地解决问题，或者从根本上动摇了原有机制安排所赖以存在的收益分配和激励结构，国际机制就需要重新谈判，对原有机制进行适当的修正。由于非正式国际机制与正式国际机制相比具有更大的灵活性和机动性，当外部环境的不确定性较大时，成员国将更加倾向于选择非正式国际机制以便于重新谈判或以较低的成本退出机制。

④非正式国际协议能够在危机时期或在时间紧迫的条件限制下快速达成。在危机事态中，如果紧张状态不能得到及时的处理或控制，就很可能转变为重大的国际冲突。此时，程序烦琐的正式国际机制显然不能适应各国快速处理国际危机的现实需要。为使危机事态得到及时、有效的解决，各国往往会选择非正式的国际协议来约束各自的行为，避免危机进一步升级。

11.3　非正式集团组织架构

非正式集团机制作为一种国际治理机制，不同的组织采用不同的组织形式。总体来看，其组织架构大致分为 4 个层级：首脑会议、部长级会议、领导人私人代表会议和专家小组与工作小组会议。

11.3.1　首脑会议

首脑会议是指各国首脑直接面对面沟通和磋商，这种形式已成为集政治、经济、军事于一身的综合性的最高级会议。尽管涉及领域比较广泛，但每次会议的侧重点有所不同，根据当年任务制定出近期的政策目标，或者联合发表公报或宣言等。

11.3.2　部长级会议

部长级会议是指各国不同领域部长间进行的磋商会议。部长级会议根据合作内容和特定的问题，可以设不同的专业领域。根据国际形势的发展，不同领域的部长级会议定期或不定期召开，并为峰会做准备。

11.3.3 领导人私人代表会议

领导人私人代表会议一般指各国首脑指派私人代表进行磋商，为峰会做准备。磋商的内容涉及峰会日程设置、各领域议题选择、向领导人建言和最终文件起草等方面，私人代表均为非政府官员，由首脑亲自指定，以提高会议效率、避免本国政府官僚机构的干扰。这种方式有助于各国加深相互了解及提出易被接受的议题，但是私人代表在能力、学识及经验上的不足导致私人代表会议的权限受到相应削弱。

11.3.4 专家小组与工作小组会议

首脑会议遇到的专业性问题通常需要专业知识及长时间谈判才能解决，因此特别设立了专家小组或工作小组。

11.4 非正式集团治理的发展模式和决策机制

非正式集团与正式集团治理模式形成优势互补，在全球经济治理中发挥着重要的作用，其中非正式集团治理模式建设方向有两种：一种是为克服非正式集团不足，提高机制合法性，把非正式集团转变为正式集团，建立常设秘书处、确定相对固定的议题、采取投票的决策方式、增加协议的法律约束力等；另一种是使机制的非正式性与正式机制并行发展，强调要维持成员国主导（轮值主席国）和没有官僚机构的组织模式、采取开放的议程设置程序、坚持协商一致的决策方式，发挥领导人峰会的政治引领功能。

不同的治理模式选择有不同的决策机制，大体可以分为4类：一是由部长级会议根据各国需要提出相应的议题和建议，交由首脑会议讨论通过，然后交付部长级会议或专家工作组执行；二是领导人私人代表经过多次筹备小组会议，向首脑会议提出议题和建议，在首脑会议通过后，由部长级会议或专家工作组执行；三是专家工作组直接向首脑会议提出建议方案，首脑会议通过后，由部长级会议或专家工作组执行；四是部长级会议自身选择议程并做出决议。

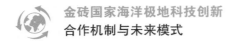

11.5　金砖国家间构建科技创新非正式治理机制的必要性

11.5.1　新一轮科技革命创新发展的必然要求

　　随着新一轮科技革命和产业变革的不断深入，对现代科学的研究方式产生重大影响。现代科技呈现出分支越来越多、交叉融合日益增强、科学技术化与技术科学化越来越明显等特点，对科技创新的设备要求日趋大型化和复杂化，科技创新的规模、科研经费和人力投入也越来越大，创新的难度和复杂性也越来越强，单个国家和组织承担大规模现代科学研究的困难不断增加。在此背景下，任何一个国家要赶上科技潮流，必须与世界保持紧密联系，加强科技创新合作，实现优势互补，提高创新的成功率和效率，同时对重大科技问题的联合攻关可以更好地分摊创新成本和分散创新风险，推动社会进步。

11.5.2　金砖国家间优势互补的内在需要

　　金砖国家作为发展中的新兴经济体，在科技研发装备、人才、投入、经验等领域都存在一些不足和劣势，需要寻求其他国家的帮助，这使得国与国之间的创新合作更显重要。金砖国家间在海洋和极地领域形成了优势互补的状态，各国加强科技创新合作，对发挥后发优势，提高技术能力和研发水平，与世界发达国家接轨甚至赶超等具有共同需求。

11.5.3　金砖国家间合作意愿强烈

　　面对发达国家对技术的垄断和核心技术的封锁，越来越感觉到科技创新对国家的重要性，发展中国家加强科技创新合作的愿望越来越强。推动金砖国家间大学、研究机构和非政府组织在内的其他利益攸关方围绕创新议题、促进公私伙伴关系等开展对话交流和科技合作，对于提高彼此的科技创新能力，共同应对来自发达国家所施加的气候变化、减排、资源紧缺、可持续发展等领域的压力，需要进一步加强合作。

11.6 金砖国家海洋极地科技创新合作机制和模式

11.6.1 构建正式和非正式合作机制相互支持的复合型合作机制

金砖国家的合作形式属于开放性的对话协调机制,非正式对话机制是金砖机制中占绝对主体地位的机制,其中的核心是领导人会晤机制,其次是部长级会议机制,以及其他各层面的政府间协调机制;正式约束机制较少。对金砖机制来说,"非正式对话机制 + 正式约束机制"的复合机制模式,既可以提高机制的灵活性,又可以保证机制的可信性。构建正式和非正式的合作机制是解决目前金砖国家合作机制制度化程度低的重要方向,而且应该从机制上完善和推动。一是设立金砖国家海洋科技工作组秘书处,重点推动海洋科技领域的合作;二是政府间联合资助设立海洋科技合作计划,尤其是重点培育在海洋酸化、微塑料污染、海洋资源开发利用、南极和北极科学考察等方面的合作;三是提升科研单位在金砖国家合作机制中的应用,发挥科研单位和科技人员的主动性,强化和支撑科技人员间的交流往来和合作机制对接,构建完备的服务体系。

11.6.2 打造"金砖 +"朋友圈,构建海洋命运共同体

在世界经济政治形势不确定性上升,保护主义、民粹主义抬头的情况下,金砖国家尽管在文化、历史、经济、社会传统等方面存在一定的差异,但都是新兴经济体,对全球问题有共同关切。金砖国家可以进一步扩大朋友圈,发挥抱团作用,共同推动海洋环境、气候变化、海洋安全等世界重大问题的解决和发展,发挥各成员国在海洋资源禀赋及在海洋科研、海洋人才等方面的优势,构建海洋命运共同体,合力拓展更大发展空间,提高在全世界的话语权。"金砖 +"模式可以打造金砖机制开放多元的发展伙伴网络,让更多新兴市场国家和发展中国家参与到团结合作、互利共赢的事业中来。形式可以多样,方式可以创新。一是可以采取"金砖 + 新成员"模式。面对更多发展中国家对加入金砖表达的兴趣,可以采取增员的方式吸引相关国家参与,在更大范围内产生联动和聚合效应,为金砖国家的海洋合作注入新的活力。二是可以采取"金砖 + 区域"模式。为最大限度地寻求各自发展战略的利益契合点,充分挖掘利用

经济的互补性，金砖国家可以加强与中国其他发展、对外合作倡议及战略的对接，尤其是"一带一路"倡议，可以探讨与"一带一路"倡议的对接模式、途径和措施，并在此基础上逐步将海洋科技领域作为金砖国家合作的重要抓手和依托，为金砖国家合作的长远发展提供持续动力。三是可以采取"金砖＋国际组织"模式。针对目前国际组织在全球治理中发挥越来越大的作用，而且大都在西方国家主导下运行的情况，金砖国家可以考虑作为一个整体加入或参与相关规则的制定，增加影响力。

11.6.3 推动金砖五国与现有多边、区域合作机制和海洋国际组织对接，推动海洋合作平台建设

一是强化与现有国际组织之间的合作与互动。海洋科技合作作为一个重要领域，已成为大多多边和区域合作机制中的重要议题，而且现有的国际组织主要由发达经济体主导，议题的提出也反映当今世界面临的重要问题。其中，2019 年 G20 大阪峰会就达成"蓝色海洋愿景"，同意以 2050 年为目标，将海洋塑胶垃圾减少到零。金砖国家可以加强与 G20、G7、APEC、东盟等国际组织的对接，实现与这些国际组织合作的良性互动，共同推动海洋科技的发展。二是加强与海洋国际组织的对接，提高金砖国家在国际组织中的影响力和话语权。在气候变化、海事组织、南极、北极等事务中，加强与联合国教科文组织政府间海洋学委员会、全球海洋观测系统、全球气候观测组织（GCOS）、国际海事组织、国际海事卫星组织、北极理事会、南极研究科学委员会等国际组织的交流，协调立场，统一和扩大共识，共同推进共同利益的实现。

11.6.4 完善金砖国家海洋科技合作领域的制度体系

金砖国家作为区域合作机制，想要作为独立的国际行为体开展各种活动需要有法律依据、行为规范和准则，这些规范和准则有的是国际通行的，有的是针对该组织特点专门制定的。为了该组织的健康可持续发展，有必要在现有的合作框架基础上，制定配套的制度文件，出台相关的合作规则。一是针对金砖国家成立以来签署的条约、公约、协定、声明等文件进行梳理，确定下一步需要制定和修订的文件清单。二是针对目前海洋科技合作中存在的问题进行梳理，共同商定加强合作的规范文件，形成制度性的约束，推动合作的深入推进。三是加

强金砖国家在专业领域的制度化和组织化建设，以提高机制在专业领域的合作效率。尤其是随着金砖机制的增多，机制建设需要从内涵上进行提升，多一些制度化和组织化的机制。

11.7 小 结

近年来，金砖国家利用各成员国在资源禀赋、产业结构上的互补性优势，广泛拓展合作领域，形成了多领域、多层次、全方位合作格局。在海洋科技合作领域，金砖国家各有特点和优势，对于构建金砖国家间科技创新非正式治理机制有很好的合作基础。金砖国家间构建科技创新非正式治理机制必要性强，合作模式和合作机制方面建议如下：构建正式和非正式合作机制相互支持的复合型合作机制；打造"金砖+"朋友圈，构建海洋命运共同体；推动金砖五国与现有多边、区域合作机制和海洋国际组织对接，推动海洋合作平台建设；完善金砖国家海洋科技合作领域的制度体系。

参考文献

［1］刘宏松. 非正式国际机制的形式选择 [J]. 世界经济与政治刊名，2010（10）：24.
［2］韦宗友. 非正式集团、大国协调与全球治理 [J]. 外交评论，2010，27（6）：105-116.

第十二章
金砖国家海洋与极地科技创新合作政策建议

当前，世纪疫情和百年变局交织，国际格局正经历深刻变动。金砖国家面临的复杂困难日益增加，经济合作面临新的机遇和挑战。中国经济总量在金砖国家中排名最高，是金砖国家合作机制形成的重要推动者。作为一个海洋大国，中国在金砖国家海洋与极地合作领域，应通过务实的双边及多边合作，在关键方向和重大问题上主动凝聚共识，起到"压舱石"的作用，推动金砖国家海洋和极地科技创新合作取得新突破，共同构建海洋命运共同体。

12.1 金砖国家双边合作建议

12.1.1 中巴双边合作建议

中国和巴西同为重要的新兴经济体，均拥有巨大的市场容量和发展潜力，合作前景广阔，目前中巴在海洋领域具有相同的发展诉求，可开展更加广阔的市场合作。

（1）加强国家战略支持，充实全面战略伙伴关系

中巴两国合作基础坚实，在 2009 年就签署了海洋科研、海洋环境保护、发展蓝色经济、防灾减灾等领域合作谅解备忘录。在前期合作与互信的基础上，中国科技部可与巴西科技创新部等相关部门共同签署海洋开发合作谅解备忘录，增强双方在海洋技术、海洋生物研究、生态系统、地球物理等方面的合作。同时，巴西本国战略具有国际合作的诉求，完全有理由成为"一带一路"

倡议向拉美延伸的重要参与方。

（2）加强中巴两国极地领域合作

南极环境变化的影响是全球性的，需要国际社会共同应对。中国和巴西同为金砖国家、二十国集团、南极条约协商国会议等重要国际机制的成员国，在南极治理关键性议题领域互相寻求政治支持，符合中巴的共同利益。中国应主动参与并引导南北极事务和相关领域合作，提出中国方案、奉献中国智慧。中国拥有较强的基建能力，应以中国承建巴西费拉兹科考站工程建设为合作起点，争取未来在南极科考站基础设施建设中开展更深层次科研合作。

（3）加强资源勘探开发和海洋安全能力建设

近年来，巴西陆续发现几个特大型海上油田，逐步成为世界重要的石油出口国之一。2013年，中石油、中海油与巴西国家石油公司共同参与巴西深海里贝拉项目，开采区块面积超过1500平方千米，为全球石油开采规模最大的海上油田。中国同巴西一样具有丰富的海洋油气和天然气水合物资源，并且油气勘探开发技术和装备处于蓬勃发展时期，拥有较强的制造能力。但中国的深海油气开发经验相较于巴西有所不足，巴西海洋油气工业的发展路径及成功经验，对中国发展海洋油气工业具有十分重要的借鉴意义，应联合两国石油企业、科研院校和生产单位的优势力量，组建攻关团队，承担科研任务，攻克前沿石油开发科学问题，排除制约中国深水油气产业发展的障碍，快速推动深海油气的勘探开发。同时，中巴可通过开展海洋安全合作为海洋经济发展保驾护航。巴西在安全能力建设上有借助外援的需求，并且希望通过在南大西洋的安全合作保障其国家安全，所以，南大西洋可以作为金砖国家开展海洋安全合作的优先方向。除此之外，中巴可通过论坛和研讨会的形式促进两国专家的信息共享，组织海洋风能、生物能的研讨会，鼓励两国在海洋可再生能源方面及海洋工程装备制造方面开展更深层次合作。

（4）进一步增强国际交流与人才培养

2014年10月，中巴签署科技合作协议，联合资助合作研究项目和学术会议项目。中巴建立联合实验室，共同承担基金会科研项目的合作基础是中巴进一步增强合作交流的有利契机，双方可在深水勘探、极地科考、海洋新能源、海洋污染治理等领域开展更深层次学术交流，联合培养高层次科技人才，服务国家创新驱动发展战略，并不断加强中巴智库、媒体、人文等领域交流，为两国合作开辟更广阔空间。

12.1.2　中俄后续合作建议与工作建议

中俄在载人潜器、北极研究、国际交通走廊建设等方面已有较好的合作基础，建议进一步深化中俄极地海洋科技国际合作，整合优势资源和技术，共建共享海洋极地领域科研成果。

（1）建议加大政策扶持力度，加快相关项目实施落地

在国家科技规划中进一步明晰中俄在极地科研领域的合作路径，重点部署一批合作项目，并细化路线图、时间表。梳理现有政策，根据战略需要在项目合作、平台共享等方面出台一批扶持政策。建立完善极地科技创新激励机制，激励引导一批科研机构和团队参与到具体合作实践中，助推中俄两国在极地科研领域的可持续合作跨入新领域、新阶段。

（2）推动关键技术和关键领域的深度合作

按照"优势互补，共促发展"原则，整合中俄双方的优势资源与技术，共享在极地观测、极地船舶建造、极地海工装备、极地航道运行、极地资源开发等领域的经验和成果，开展多学科、多领域、全方位合作。积极组织开展北极联合科考航次、北极观测站、极地自动观测仪器研发、极地长期观测能力与组网能力建设、深海钻探预研究，深入研究北冰洋关键过程及其全球变化效应，推动中俄整体海洋科技水平的提升。探索建设中俄极地科研数据库，将科学考察、极地海洋气象预测等过程中产生的数据纳入其中，处理分析后作为北极航道开发的参考，深入研究"冰上丝绸之路"建设面临的科学问题，为推动"冰上丝绸之路"建设和经贸合作，提供决策参考和科学支撑。

（3）着力打造国际一流平台和一流人才队伍

重点推动"冰上丝绸之路"建设，将其建设成为高端国际合作平台，依托该平台，深化与俄罗斯科学院希尔绍夫海洋研究所的相关合作，并协同俄罗斯科学院远东分院太平洋海洋研究所、俄罗斯科学院远东分院太平洋海洋地质

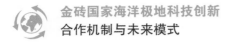
研究所等俄罗斯海洋与极地优势机构，搭建不同层次、不同领域的合作平台。建立极地科研领域高端智库，培养杰出极地科学家。加强极地领域高等教育合作，联合培养优秀青年极地人才。

（4）加强中俄学术人文交流，拓展互通渠道

优化国内外极地人才培养引进与服务保障机制，针对中俄海洋极地发展特点，采取设立领域奖学金、人才交流基金等形式，组织海洋极地相关论坛、研讨会等活动，拓展、丰富中俄人才交流与培养渠道。

12.1.3 中印后续合作建议与工作建议

中印两国共同参与多个国际大科学计划，如分别于 2003 年、2015 年签署了海洋极地领域的合作谅解备忘录。建议结合海洋监测观测、深海能源矿产开发等需求，开展联合研究攻关。

（1）加强海洋灾害预警合作，为区域国家提供公共服务

中印两国作为海洋大国，高度重视海洋灾害监测与预报体系。同时，中印两国都是 Argo、印度洋国际计划、国际大洋发现计划的重要参与者，在海洋监测、预测、灾害预警等方面拥有大量的观测数据和研究经验。建议围绕海啸预警、风暴潮预报、海洋观测监测等领域的技术研发，相关海域的联合调查，设备的联合布放等开展合作，为区域海域环境安全和海洋经济发展提供公共服务产品。

（2）加强深海能源和矿产资源开发，缓解国内能源紧张局面

中印两国的石油、天然气、大宗矿产资源长期依赖进口，两国都致力于加大投入开发海洋能源和矿产资源，在技术研发、资源调查、参与全球相关规则的制定等方面拥有共同利益诉求。一是聚焦天然气水合物勘探开发，充分利用中国在水合物勘查试采领域的优势力量与印度开展能源合作；二是聚焦深海采矿开发。当前，中印两国都在印度洋拥有多金属硫化物矿区，都致力于深海矿产资源开发的系统研制，而且在国际海底管理局正在推行的区域内矿产资源开发规章制定谈判中，印度与中国所持的立场基本相同。双方可以围绕深海采矿系统研发、国际规则制定等方面开展更深入合作。

（3）开展极地科学问题研究，共同提高在国际研究中的地位

中印两国都重视极地研究，并在喜马拉雅山脉、南极、北极等方面开展了多项研究工作。其中，在北极方面，双方都不是北极周边国家，但都对北极的环境、资源、生物、气候变化等开展了深入研究；在南极方面，印度在生物资源、冰岩芯、遥感、气候变化、南大洋勘探等领域投入大量研究工作。双方可以加强交流，围绕共同关心的科学问题开展合作，提高两国在国际上的学术地位。

12.1.4 中南后续合作建议与工作建议

中南两国在海洋经济领域有着明显的互补优势。2013 年，双方签署了《中华人民共和国政府与南非共和国政府海洋与海岸带领域合作谅解备忘录》，为中南两国海洋领域合作奠定了坚实的基础。应在加强中南合作项目的基础上，深入拓展中南两国海洋事务合作领域，深化合作交流机制。

（1）强化中南两国政府的顶层合作

南非提出"费吉萨"计划的目的是充分挖掘海洋经济的潜力，扭转国家经济衰退趋势。"费吉萨"计划和中国的"海上丝绸之路"倡议为两国在经济合作领域提供了强力的政策支持。尽管海洋经济在南非的国民经济中占比还不是很高，但其发展潜力巨大。南非有着良好的海洋经济发展环境，中南两国在海洋经济领域有着明显的互补优势。中国可以利用自身的资金、技术和经验优势，加大对南非港口的投资力度，抢占先机。此外，中国在海洋油气业和海洋渔业的发展方面有着丰富的经验，可以积极参与南非的海洋油气开采，申请在南非海域的捕捞权。通过双方共同努力，可以有效助力南非"费吉萨"计划和中国"海上丝绸之路"倡议的实施。

（2）加大力度支持中南合作项目

中南双方应加强项目协商、筛选和对接，建议南非牵头部门组织开展对合作项目的研究、分析，定期向中方提出合作诉求和推选重点合作项目清单，中方则由相关牵头部门以多种方式向中方企业推介合作项目，鼓励中方企业积极参与重点合作项目，最终通过南方推选、中方企业自主选择，确定中南双方达

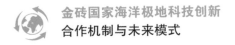

成共识的主要合作项目。

（3）拓展中南两国海洋事务合作领域

中南两国可以拓展海洋事务的合作领域：一是在海洋人才培养领域。中国企业在专业技能培训方面经验丰富，可以为南非提供海洋领域专业的劳动技能培训；南非在部分领域的人才建设也颇具成效，值得中国企业学习借鉴。二是在大洋科考领域。随着近年来中国海洋科考装备技术、人才队伍等实力的不断提升，邀请南非相关领域顶级科学家团队，联合开展西南印度洋等相关海域的联合大洋考察越来越频繁。

（4）建立中南合作交流机制

为推进中南海洋经济合作顺利开展，建立海洋经济领域双边政府合作的沟通协调机制，搭建中南双方高层协调与合作委员会，增进双方理解，强化合作。以中非合作论坛、中非部长级会议等为交流平台，构建中南对话和务实合作的核心机制，形成加强和深化中南海洋极地务实合作的重大举措，实现中非经贸合作的互利共赢及跨越式发展。

12.2　金砖国家多边合作建议

12.2.1　凝聚金砖国家合作共识，拓展深化合作领域，打造一批重点项目

推动"一带一路"与金砖国家各自优势对接，遵循"开放透明、团结互助、深化合作、共谋发展"的原则，着力构建更紧密的海洋极地科技合作伙伴关系。在《金砖国家科技创新框架计划》下达成的开展联合资助合作研究项目的协议基础上，增加扩充海洋极地科技方面的研究，资助支持各国科学家开展联合研究攻关。特别是在海洋塑料污染、灾害预警、深海油气、海上风电等方面打造合作项目，凝练形成亮点成果，实现共同发展和繁荣。

12.2.2　深化拓展金砖国家海洋极地领域的国际科技合作基地平台建设，激发金砖国家科技创新效能

一是深化金砖国家现有国际科技合作平台，整合各国优势资源和技术力量，筹划发起全球海斗深渊前沿科学、极地环境与气候变化国际大科学计划。二是在涉及金砖国家共同利益问题上，加强研究，促进合作协商，加强在国际海底管理局、国家管辖范围以外区域海洋生物多样性养护与可持续利用国际协定、北极科技部长级会议等多边磋商中的合作。三是加强金砖国家海洋极地工作与《联合国海洋科学促进可持续发展十年规划（2021—2030年）》的对接，推动设立"海洋十年规划"金砖国家合作中心。四是在海洋极地工作组下设战略政策研究组，就各方共同关切的问题进行政策、战略方面的沟通交流，加强政策了解和政治互信。提前识别合作研究中潜在的政治、经济、社会和文化风险，为科技合作相关方行动提供支持，在政治互信基础上为开展务实合作指明方向。

12.2.3　推动科技工作人才、专家团队建设，依托专家团队，服务金砖国家海洋极地咨询工作

一是建立健全科研项目、人才，加强法律、金融等方面专家储备，为金砖国家海洋极地合作提供知识产权保护、技术转移对接、绿色技术融资、运行模式保障等全链条全环节咨询工作。二是深化金砖国家海洋极地科技工作人才团队能力建设，储备后备力量。可以着力培养金砖国家海洋极地国际合作人才，推动人才深度参与国际合作交流，与国际组织、多边合作平台及机构等联合开展能力建设培训，全环节参与、全方位培养提升服务能力。三是加强金砖国家海洋极地科学人才联合培养和共享能力建设。建议多元化开展金砖国家交流机制建设，大力支持青年科学家、工程技术人员和科技管理人才参加培训、学术交流、合作互动。

12.2.4　深化金砖国家海洋极地技术转移信息共享渠道建设

一是整合金砖国家海洋极地技术转移信息资源。收集金砖国家政治、经贸与科技等领域信息和法律法规，形成完善的政策信息库，为开展宏观形势研究

和制定项目实施方案提供决策依据。汇总分析各技术转移中心执行项目情况，筛选出经济适用的先进技术，归纳梳理合作渠道，建立技术供应商、中介机构等合作单位清单，建立金砖国家海洋极地技术转移信息资源网站平台。二是建立国家级资源配置统筹机构。通过优化国家层面的"一带一路"技术转移体系架构，推动形成紧密互动的技术转移网络，建立统一工作管理制度。推动区域性技术转移中心在国家级统筹协调下形成合力，提升技术转移工作效率并保证质量。三是探索建立海洋科学样品库和数据库、共享航次信息平台等，在金砖国家间形成相应的标准、规范和共享机制。

12.2.5 稳步推进金砖国家"海洋与极地科学"专题领域工作组工作，创新高级别定期交流机制

一是加强会议研判，充分利用召开工作组会议、部长级会议等形式，从议题设置、项目合作、能力建设、资金投入等方面加强研究部署，及时提出优先合作建议和合作亮点；二是结合双边国家、多边国家原有的合作机制，继续把合作内容做实做强，带动金砖其他国家参与，推动合作领域、合作规模、合作程度不断向前发展。在金砖国家新开发银行平台上，加强蓝色金融合作，助力海洋项目和产业发展。进一步加强南南合作，促进能力建设和提升。

12.3 小 结

金砖国家通过务实的双边及多边合作，在未来的海洋极地科技合作中，可以大有作为。通过双边合作，深化互信、凝聚共识、拓展合作，形成优势互补，发挥后发优势，提高各国整体研发能力和技术水平。通过多边合作，深化合作领域，拓展海洋极地国际科技合作基地平台建设，搭建海洋极地科技工作专家团队，优化金砖国家海洋极地技术转移信息共享渠道建设，创新高级别定期交流机制，推进金砖国家"海洋与极地科学"专题领域工作组工作，激发金砖国家科技创新效能，共谱金砖科技创新合作新篇章，使金砖国家成为促进世界经济增长、完善全球治理、推动国际关系多边化的重要力量。

后 记

　　辛丑牛年岁末，《金砖国家海洋极地科技创新合作机制与未来模式》一书终于与各位读者朋友相见。为了完成"金砖国家海洋极地科学研究系列"丛书的首部著作，汇聚国内海洋院所专家的编写组付出了艰辛劳动和大量心血。历时两载，终见付梓，希望本书能为金砖国家的海洋极地合作发展贡献绵薄之力。

　　当前，新冠肺炎疫情给世界带来很多不确定性，给全球科技合作带来影响和冲击，但金砖国家的海洋科技合作仍展现出蓬勃活力。2021 年 9 月，习近平主席在金砖国家第十三次领导人会晤时指出，要全面落实 2030 年可持续发展议程。积极应对气候变化，促进绿色低碳转型，共建清洁美丽世界。2021 年10 月，中巴外长会晤中提到两国要加强科技和气候变化等领域合作。2021 年是中俄科技创新年的收官之年，中俄全面开启海洋与极地合作新阶段。2021 年7 月，在中国厦门召开的金砖国家海洋与极地科学专题领域工作组第四届会议确立了海洋观测预测、深渊资源、生态系统和极地研究为五国优先合作主题。

　　中国 21 世纪议程管理中心作为科技部直属事业单位，自成立以来就以促进国家可持续发展为宗旨，通过开展资源、环境、海洋、气候变化等领域的项目管理、战略研究和国际合作工作，持续依靠科技创新促进可持续发展。作为金砖国家"海洋与极地科学"专题领域工作组中方牵头单位，中心于 2021 年设立"金砖国家海洋与极地科学专题领域工作组中方秘书处"。秘书处的设立，可以是一架桥梁，连接政府和学术部门，连通金砖五国海洋机构；也可以是一座智库，汇聚国内海洋极地领域专家学者，进行海洋极地科技创新战略研究；更可以成为一个枢纽，最大程度召集国内海洋极地领域利益相关者，共同为中国海洋极地领域的发展出一分力。

后续我们在"金砖国家海洋极地科学研究系列"丛书框架下会继续致力于研究金砖国家海洋与极地领域自然科学和社会科学相关内容，包括金砖国家海洋可持续发展研究、极地战略研究、科技前沿进展、海洋碳中和研究、联合国"海洋十年"框架下的金砖国家合作等，敬请读者朋友们关注。在此，我们再次向全力支持并参与本书编写的各位领导、专家、学者、编辑等表示深深的谢意。我们定不负众望，继续在金砖国家海洋极地领域深耕，做出更多成果。

2022 年中国将担任金砖国家主席国，金砖合作必将"如虎添翼"，谨以此书出版为 2022 金砖中国年的海洋极地领域合作谱写序曲，期待金砖海洋极地领域合作 2022 新篇章！

编　者
2021 年 12 月